JN061234

畠 山 武 道

アメリカ環境政策の展開と規制改革

——ニクソンからバイデンまで——

〔アメリカ環境法入門 3〕

信山社

はしがき

本書は，1970年代に始まり1990年代に転機をむかえたアメリカ環境政策の変遷をたどりつつ，それらと平行して進行した環境規制改革をめぐる議論の経緯と特徴を，とくに法学者の論稿を中心に明らかにしようとするものである。

ところで，アメリカ環境法に関する邦語文献を概観すると，個別領域や時折下される重要判決を論じる研究は比較的多いが，アメリカ環境法政策の大きな流れや，その政治的・社会的背景の変化を通覧したものは意外に少ないようである。しかし，アメリカでは，法律（法案を含む）や判決がそれぞれ特有の政治的要素を含んでおり，政権がかわると，しばしば評価や扱いが一変する。また，法学者の議論も当時の状況を敏感に反映したものが多く，立場によって論評の中身も大きく異なってくる。そこで，アメリカ環境法の学習にあたり，個々の法律や判決の意味を正確に理解するためにも，1970年代以後のアメリカ環境法政策の歴史，それに対応した学界の動き，さらにその背景にあるアメリカ環境法理論の全体的特徴などを簡潔に説明したテキストが必要ではないか。

そんなことを考え，『環境規制の法と理論』という大まかな表題（仮題）で執筆を開始した。しかし環境規制の動向を論じた文献は非常に多く，あれこれ目を通しているうちに，第1章〜第3章だけで相当の分量に達してしまった。そこで当初の予定を変更し，第4章以下に含める予定であった，各種の法的手法の比較，環境法理論の潮流などは，これを切り分け，続刊で扱うことにした。しかし，本書は，1970年以降のアメリカ環境政策の展開過程や規制改革論議の経過をかなり詳しく論じたので，第4章以下とは独立に，まとまった著書として読むことが可能ではないかと考えている。

本書の執筆にあたり留意した点は，前著『環境リスクと予防原則Ⅰ・Ⅱ』（以下，『入門1』，『入門2』と引用）に記したとおりである。とくに今回は，関連する文献が多いので，論文内容を精査し，著名な研究者の論文や引用頻度の多い論文を優先的に参照したことをお断りしておきたい。さらに，引用文献の趣旨を正確に伝えるために，原文の翻訳部分を多くしたほか，意訳や省略が加わる部分は括弧を外し，原文の範囲を明らかにした。

なお，EPA，OMB/OIRA などが公刊した報告書は，ほぼすべてがEPA や White House のアーカイブに永久保存され，検索エンジンに表題を打ち込むだけで容易にアクセスできるので，長くなりがちなアドレスの表示を簡略化した。ニューヨークタイムズ，ワシントンポストの記事・論説などの扱いも同じである。

上記『入門2』を脱稿したのは，2018 年 10 月である。その後，直ちに本書の執筆に取りかかったが，草稿がほぼ完成したころに，新型コロナウイルス感染拡大の影響で，いつも利用している図書館が部外者立入禁止になった。そのため，米日の基本文献を用いた加筆・訂正，引用文献のページ確認などができず，相当部分を削除することになった。しかし，その結果，所蔵していた単行本や収集した多数の論文に繰り返し目を通し，本書の内容を再思三考する機会がもてたのは幸いであった。

なお，本書の執筆途中で，杉野綾子『アメリカ大統領の権限強化と新たな政策手段――温室効果ガス排出規制政策を事例に』（日本評論社，2017 年）とテーマが重複することに気がついた。しかし，予断（アンカリング効果）が入るといけないので，今回は，本書の執筆をそのままに進め，最後に同書と内容を照合することにした。結果的に記述や引用文献の重なる箇所が多くなったが，記述が類似する箇所はできるだけ脚注に明記したので，分析視点や論述スタイルの違いなどを感じ取っていただければ幸いである。

文献収集にあたり，今回も二見絵里子氏（朝日大学法学部講師）のお世話になったが，図書館の利用がかなわず，主要ローレビュー論文の収集までお願いすることになった。再度，謝意を表したい。

最後に，前著の発行から数年を経過したが，今回も信山社編集部の稲葉文子氏のお力添えにより本書を刊行することができた。ご芳情に改めて御礼申し上げる。

2022 年 4 月

畠山 武道

目　次

略 語 集

APA	Administrative Procedure Act（連邦行政手続法）
BACT	best available control technology（利用可能な最善の抑制技術）
BAT	best available technology economically achievable（経済的に達成できる利用可能な最善の技術）
BCT	best conventional technology（最善の一般汚染物質抑制技術）
CAA	Clean Air Act（大気清浄法）
CAFE	corporate average fuel economy（企業別平均燃費）
CEQ	White House Council on Environmental Quality（大統領府環境諮問委員会）
CERCLA	Comprehensive Environmental Response, Compensation, and Liability Act（包括的環境対策・補償・責任法／スーパーファンド法）
COE（or ACE）	Army Corps of Engineers（陸軍工兵隊）→ U.S. COE
COWPS	Council on Wage and Price Stability（賃金・物価安定評議会）
CPP	Clean Power Plan（クリーン電力プラン）
CRS	Congressional Research Service（議会調査局）
CSI	Common Sense Initiative（コモンセンス・イニシアティブ）
CWA	Clean Water Act（水質清浄法）→ FWPCA
EDF	Environmental Defense Fund（環境防衛基金／全国的環境 NPO）
ELP	Environmental Leadership Program（環境リーダーシップ・プログラム）
EMAS	eco-management and audit scheme（環境マネジメント・監査スキーム／EU）
EMS	environment management system（環境マネジメントシステム）
EPA	Environmental Protection Agency（環境保護庁）→ U.S. EPA

ESA	Endangered Species Act（絶滅のおそれのある種の法）
FDA	Food and Drug Administration（食品医薬品局）
FFDCA	Federal Food, Drug, and Cosmetic Act（連邦食品・医薬品・化粧品法）
FIFRA	Federal Insecticide, Fungicide and Rodenticide Act（連邦殺虫剤・殺菌剤・殺鼠剤法）
FPA	final project agreement（最終事業協定）
FR（Fed. Reg.）	Federal Register（連邦公報）
FWPCA	Federal Water Pollution Control Act（連邦水質汚濁防止法）→ CWA（1977 年に題名改正）
GAO	Government Accountability Office（政府監査院, 会計検査院）
HCP	habitat conservation plan（生息地保全計画）
HSE	health, safety, and environment（健康・安全・環境）
LAER	lowest achievable emission rate（達成可能な最も少ない排出率）
MACT	maximum achievable control technology（最大限達成可能な抑制技術）
NAAQS	national ambient air quality standards（全国大気環境基準）
NAS	National Academy of Sciences of the United Stats of America（合衆国科学アカデミー）
NEPA	National Environmental Policy Act（国家環境政策法）
NFMA	National Forest Management Act（国有林管理法）
NHTSA	National Highway Traffic Safety Administration（全国幹線道路交通安全局）
NIPCC	National Industrial Pollution Control Council（全米産業汚染統制評議会）
NOAA	National Oceanic and Atmospheric Administration:（商務省全国海洋大気局）
NPR	National Performance Review（連邦政府業務審査）
NRDC	Natural Resources Defense Council（自然資源防衛評議会／全国的環境 NPO）

OIRA	Office of Information and Regulatory Affairs（情報・規制問題室／OMB の内局，オーアイラ）
OMB	White House Office of Management and Budget（大統領府行政管理予算局）
OSHA	Occupational Safety and Health Administration（労働安全衛生局）
PT	Performance Track（パフォーマンス・トラック）
QOL	Quality of Life（生活の質）
RACT	reasonably available control technology（合理的な費用で利用可能な抑制技術）
RARG	Regulatory Analysis Review Group（規制分析審査グループ）
RCRA	Resource Conservation and Recovery Act（資源保全回復法）
RIA	regulatory impact analysis（規制影響分析）
SARA	Superfund Amendments and Reauthorization Act（スーパーファンド改正・再授権法）
SDWA	Safe Drinking Water Act（安全飲料水法）
SIP	state implementation plan（州の実施計画）
TRI	Toxics Release Inventory（有毒化学物質排出目録）
TSCA	Toxic Substances Control Act（有毒物質規制法）
U.S.C.	United States Code（アメリカ合衆国法令集／編纂法令集）
U.S. COE	United States Army Corps of Engineers（合衆国陸軍工兵隊）→ COE（or ACE）
U.S. EPA	United States Environmental Protection Agency（合衆国環境保護庁）→ EPA
WOTUS	Waters of the United States（連邦政府の〔権限が及ぶ〕水域）

アメリカ環境政策の展開と規制改革
――ニクソンからバイデンまで――

〔アメリカ環境法入門 3〕

第1章　環境規制政策の展開

1　前史――アメリカにおける環境保護の濫觴

「1970年4月22日，その日のアメリカは，広い範囲ですっきりと晴れた。若者を主として二千万人もの人びとが，街路や大学構内，水辺や広場，政府と地方政府の建物の前につどい，環境の現状への危機感と不安を表明するデモをくりひろげた。アースデーである。一種の革命といえることが始まった。アースデーはおこるべくしておこった」(1)。

シャベコフがいうように，「アースデーはおこるべくしておこった」のであって，突発的に生じたものではない。ラザレスは，「環境法は1960年代末から1970年代はじめにかけて自然発生的に生じたというのが，しばしば繰り返されてきたフィクションである」と述べ，さらにつぎのように続ける。

「環境法が，初めてこの時期に，もっとも定式化された形で示されたことは疑いがない。しかし，その歴史上の法的起源ははるかに深く，また幅広い。それはこの国の最初の150年で主要な役割を果たした国の自然資源法にまで遡る。合衆国の環境法は，20世紀を通して着実に築かれてきた公衆衛生や労働安全領域における立法的および公共政策的な先例にも由来する。それはメディアの多くがみなしているような“歴史をもたない動き”ではない」。「一連の主要な法律は非常に素早く姿を現したが，そこには，先在の重要な法理論，およびより包括的な法的仕組みのための理性（reason）が，長きにわたり，かつ深くしみこんでいた」(2)。

(1)　フィリップ・シャベコフ（さいとう・けいじ＋しみず・めぐみ訳）『環境主義――未来の暮らしのプログラム』130頁（どうぶつ社，1998年）。
(2)　Richard J. Lazarus, The Making of Environmental Law 44 (2004).

(1) 公有地および野生生物保護の長い伝統

いわゆる「環境法」のなかで最初に整備されたのは，ラザレスのいうように，公有地管理法や自然保護法であった。アメリカが世界に前例のない自然物を対象とした国立公園を設立するために「イエローストーン国立公園を設置する法律」を制定しのは1872年であった。イエローストーン国立公園が，その後の各国の国立公園や自然保護区のモデルとなったことを疑う者はいない(3)。

その後も，合衆国では，レーシー法（1900年），古物法（1906年），ウィークス法（1911年），国立公園局設置法（1916年），渡り鳥条約法（1918年），租鉱権法（1920年），渡り鳥保全法（1929年），テーラー放牧法（1934年），史跡・建造物・古物法（1935年），ハクトウワシ・イヌワシ保護法（1940年）などが制定されたが，それらは合衆国が，希少野生生物とその生息地，自然的・歴史的・文化的遺産，レクリエーション資源などの保護に意をつくしてきた証である。

第2次大戦後も，合衆国では，浸水地法（1953年），連邦有地多目的利用・持続収穫法（1960年），土地・水保全基金法（1965年），原生自然法（1964年），国設野生生物保護区管理法（1966年），国民の歴史的保存法（1966年），原生・景勝河川法（1968年）など，自然地域や野生生物保護を直接の目的とする重要な連邦法（国法）があいついで制定された(4)。

---

(3) 畠山武道・土屋俊幸・八巻一茂編著『イギリス国立公園の現状と未来』25-29頁，240-271頁〔畠山武道執筆〕（北海道大学出版会，2012年）。「合衆国が最初の国立公園と国有林を創設したのは，ユリシーズ・グラントとベンジャミン・ハリソンという2人の〔共和党・畠山〕大統領のときであった。20世紀の初め自然資源の保全を連邦の優先政策に定めたのは，セオドア・ローズヴェルトという共和党大統領であった」(James Morton Turner & Andrew C. Isenberg, The Republican Reversal: Conservatives and the Environment from Nixon to Trump 5 (2018))。

(4) Christopher McGrory Klyza & David J. Sousa, American Environmental Policy: Beyond Gridlock 31-33 (updated and expanded ed. 2013); Lazarus,

(2) 公衆および労働者の安全衛生保護

安全衛生分野に目を向けると，1838年，連邦議会は蒸気船ボイラーの爆発を防止するための安全規則の制定を命じた[(5)]。1912年には，マッチ製造工場におけるリン中毒性顎骨壊死を防止するためにエシュ・ヒューズ法が制定された。しかし，連邦法による衛生規制については，憲法上の疑義があったことから，この法律では連邦政府は白燐の使用を直接には禁止せず，使用に対して禁止的に高額な税を課す方法がとられた[(6)]。

当時の連邦法のなかで重要なのが，河川港湾法（1899年），純正食品・医薬品法（1906年），殺虫剤法（1910年）などである。これらの法律は，いずれも健康・環境保護よりは通商の促進を意図したもので，河川港湾法は航行を妨害するおそれのある廃棄物の航行可能水域への投棄を禁止し，他の２つの法律は中身が表示されない製品による消費者の詐取を防止するものであった[(7)]。

この頃から大都市を中心に煤煙被害が深刻なものとなった。しかし，憲法上の疑義を回避するため，連邦による直接規制ではなく，もっぱら自治体に規制を委ねる方法がとられた[(8)]。

---

supra note 2, at 49-50. その他，Michael J. Bean & Melanie J. Rowland, The Evolution of National Wildlife Law（3d ed. 1997）; Samuel Trask Dana & Sally K. Fairfax, Forest and Range Policy: Its Development in the United States（2d ed. 1980）などの基本文献を参照。

(5) Robert L. Rabin, Federal Regulation in Historical Perspective, 38 Stan. L. Rev. 1189, 1196（1986）.

(6) Robert V. Percival, Regulatory Evolution and the Future of Environmental Policy, 1997 U. Chi. Legal F. 159. 161-162（1997）.

(7) Percival, supra note 6, at 162.

(8) Robert V. Percival, Symposium - Environmental Federalism: Historical Roots and Contemporary Models, 54 Md. L. Rev. 1141, 1148-55（1995）に詳細な説明がある。1912年までに28の大都市のうち23の都市で（実効性には疑問があるものの）煤煙防止法が制定されていた（Lazarus, supra note 2, at 51）。

(3) ケネディ・ジョンソン政権の取組み

大戦後に経済復興がすすみ，生活不安が一段落つくと，人びとはより高い生活水準を求め，大都市地域における健康・生活環境の悪化だけではなく，郊外地域の開発による居住環境（アメニティ）の低下，森林地域の乱伐，景勝地でのダム建設など，自然・レクリエーション資源の消失にも広く関心を向けはじめた(9)。

こうしたなかで，人びとの環境問題への関心を一挙に高め，「アメリカの環境改革の基礎を作った」とされるのが，レイチェル・カーソン『沈黙の春』（1962年）である。その内容を改めて説明する必要はないだろう。本書は「アメリカばかりか世界中の人びとの生き方を変えた」「20世紀のもっとも重要な書物の1冊」である(10)。

ケネディ大統領（在任期間は1961年1月から1963年11月）は，カーソンを大統領府にまねき，彼女の勇気を激賞したが，実際に農薬規制が始まったのは，1964年にジョンソン政権のもとで連邦殺虫剤・殺菌剤・殺鼠剤法（FIFRA）改正法が議会を通過し，「健康への急迫した危険を防止する」ために農薬の登録を保留または撤回する権限が農務省にあたえられて後である(11)。

---

(9) Lazarus, supra note 2, at 52.

(10) V. B. シェファー（内田正夫訳）『環境保護の夜明け――アメリカの経験に学ぶ――』169頁（日本経済評論社，1994年），シャベコフ（さいとう・しみず訳）・前掲（注1）124頁。See also Richard N. L. Andrews, Managing the Environment, Managing Ourselves: A History of American Environmental Policy 217-218（2d ed. 2006)（以下，同書からの引用は基本的に第2版により，第3版（2020年）からの引用に限り，その旨を記す。

(11) ジョンソン大統領は，法案署名にあたり，「残念なことに（I am sorry)，レイチェル・カーソンの声のごとく，対策をしばしばかつ雄弁に語る声がいまもある。彼女は，この法案とこの瞬間を誇りに思ったであろう」と述べた（Lyndon B. Johnson, Remarks Upon Signing the Pesticide Control Bill, 1 Pub. Papers of the Presidents 681（May 12, 1964); シェファー（内田訳）・前掲（注10）215頁）。しかし農薬の本格的な規制は，連邦環境農薬規制法（1972年）および連邦農薬法（1978年）によるFIFRAの抜本改正を待たな

ジョンソン大統領（在任期間は1963年11月から1969年1月）は，環境問題に並々ならぬ関心をもち，FIFRA改正法案にくわえ，土地・水保全基金の拡充（1965年），その他いくつかの汚染防止法案（1965-66年）に署名したが，ベトナム戦争への対応や社会変革（「偉大な社会」の実現と「貧困との戦い」）への取組みにおわれ，環境対策で目に見える成果をあげることはできなかった。

(4) 環境保護に取り組みはじめた議会

ところで，連邦制をとるアメリカでは，連邦政府・連邦議会が行使できる権能の範囲が合衆国憲法に（限定列挙で）明記されており，それ以外の権利・権能は基本的に州政府・州議会に留保されている。そのため，人びとの不安の原因であった大気汚染，水質汚濁，森林資源などの乱獲，化学物質の増大などへの対応は，州や地方自治体のもっとも重要な権限（福祉権能）の一部とされ，連邦議会といえども容易に口出しできないのが現状であった。

しかし1950年代に入ると，民主党が支配した連邦議会は，環境保護の強化を求める世論やマスメディアの熱気におされ，大気汚染防止法（1955年），1948年水質汚濁防止法の改正法（1956年），連邦有毒物質法（1960年），大気清浄法（1963年），自動車大気汚染規制法（1965年），水質法（1965年），固形廃棄物処理法（1965年），水質清浄回復法（1966年），大気質法（1967年）などの法律を矢継ぎ早に制定した。

しかし，これらの法律は，州による水質規制，大気汚染調査および下水道建設などに対する連邦政府の支援を定めたにすぎず[(12)]，連邦政

ければならなかった。See William H. Rodgers, Jr., Environmental Law 420-430（2d ed. 1994).

(12)　たとえば，大気質法（1967年）は，連邦機関の汚染物質評価をもとに州が大気質目標（州大気基準）や実施計画を作成することを包括的に定めた。しかし，計画の実施は州の任意の意思に委ねられ（ボランタリーシステム），連邦機関はそれ以上積極的に動こうとはしなかった。「連邦行政は，州が（上

府の役割は，国家政策の作成，特定の大気汚染物質の科学的判定条件の検討，自動車および一部の固定発生源の規制などに限られた(13)。

連邦の直接介入を求める声が高まる

しかし有害物質による発がんや発病，子供たちの健康への影響，さらに土地家屋の財産価値の低下など，人びとの不安から生じた環境問題への関心の全国的な高まりは，連邦がより強力で包括的な環境対策に乗り出すべきであるという国民の要求を基礎付けるものであった。かくして連邦政府の積極的な介入による強力な環境対策を求める世論やマスコミ報道が喧しくなってきた。

ラザレスによると，人びとが不統一で十分な質が確保されない州・地方政府の規制に満足せず，統一的でより強力な連邦政府の規制を求めた理由は，つぎのようなものである。

第１に，州政府は汚染規制コストに対して地元企業がもつ不満に敏感になりがちであり，これらの規制を実施し，維持する政治的意思をもちにくいことである。第２に，同じ理由により，州は隣接する州よりは緩い環境規制を課すことによって新規の企業を奪いあう“規制引下げ競争”に陥りがちである。第３に，力を増しつつあった環境公益団体が，地域の細かな問題よりも全国的な話題に運動上の利点を見い

記の）行動をとらない場合には，自ら行動することができた。しかし，これは“ほとんど信用できない規制スキーム”であった。1970 年には，いくつかの州と自治体が厳しい規制を制度化したが，連邦官吏は積極的に行動しなかった。裁判所に連邦強制執行を求めた訴訟は，わずか１件であった」（David Schoenbrodt, Goals Statutes or Rule Statutes, The Case of the Clean Air Act, 30 UCLA L. Rev. 740, 745（1982-1983））。

(13)　Percival, supra note 8, at 1155-58. See also Daniel J. Fiorino, Making Environmental Policy 25（1995）; Michael E. Kraft & Norman J. Vig, Environmental Policy over Four Decades, in Environmental Policy: New Directions for the Twenty-First Century 10-11（Norman J. Vig & Michael E. Kraft eds., 7th ed. 2010）; Percival, supra note 6, at 162-164; Andrews, supra note 10, at 424.

だしたことである。つまり「環境団体にとって，個々の州で努力するよりは，その限られた資源を連邦議会または連邦行政機関へのロビー活動に集中する方が，はるかに容易であった」からである[(14)]。

第4に，当初は産業活動の規制に反対していた産業界も，この頃になると，州によるバラバラな規制よりも，連邦による統一的でバランスのとれた規制を望むようになったことである。「1960年代末には，多くの企業が環境に対する潜在的損害の規制における連邦の役割の増大に好意を示すようになった。とくにより多くの州や大都市が自ら大気汚染防止法を制定するにつれ（1967年，州は112の汚染防止法を制定した），規制される地域の企業にとって，一律的な連邦専占基準の可能性が次第に魅力的なものとなった」のである[(15)]。

2　環境規制システムの形成（ニクソン〜カーター政権）

(1)　強い環境対策を求める世論が沸騰

1960年代後半のアメリカは，経済的には豊かなアメリカを象徴する繁栄のなごりをとどめつつ，公民権運動，反戦運動，学生運動が頻発し，これら社会不安の高まりが，アメリカの未来に暗い影を投げかけ続けた。「国民は，公民権の主張，ベトナム戦争への反対，それにケネディ大統領，マーチン・ルーサー・キング牧師，ロバート・F・ケネディ上院議員の暗殺から生じた混乱の波に打ちのめされ，1970年には，現状を変革し，公衆の関心を戦争や全国の主要都市で発生し

---

(14)　Lazarus, supra note 2, at 92.

(15)　Id. at 54.「自動車企業は，50の州それぞれが別々の排出規制を主張し，その結果，製造基準を複雑にする可能性を排除するために，連邦大気清浄立法を推進しはじめた」(Id. at 91)。ラザレスは，さらに環境運動家の多くが公民権運動家であり，州の従前の公民権政策に疑念をいだいていたこと，環境汚染は州の境界を越えて拡散するので，州は雇用や税収をもたらす経済活動は推進しつつ，環境汚染損害を他州に輸出し自州民への負担を最小にできることを理由にあげる（Id. at 92)。

た人種暴動からそむけてくれる前向きで世論をまとめる課題を渇望していた。公衆は，もはや穏当で小刻みな歩みには満足せず，早急で劇的な変化を要求した」[16]。

これらの社会不安に追い打ちをかけたのが，深刻化する都市問題や公害問題である。1969年前後に相次いで発生した，カリフォルニア州サンタバーバラ沖石油掘削プラットフォームの大規模石油流失，8日間続いたオハイオ州クリーヴランド・カイヤホガ川の揮発性化学物質火災，デトロイト地域の工場排水によるエリー湖汚染，ロサンゼルス・ニューヨークなどの大都市の深刻な大気汚染などは，その視覚的効果によって人びとの恐怖をかき立て，人びとの関心を一挙に環境保護へと導いた。「1970年代を通してアメリカ環境法を形作った国家的な規制立法は，公衆の環境に対する関心の注目すべきうねりのたまもの」であった[17]。

(2) ニクソン大統領と環境政策への野望

1969年1月大統領に就任したニクソン（在任期間は1974年8月まで）にとって，当面の政治的課題は，1970年の中間選挙に勝利し，1972年11月の大統領選挙で再選されることであった。「ニクソンにとってはすべてが政治〔的手段〕であり，環境法もその例外ではなかった」[18]。

環境の10年間の始まり──国家環境政策法の制定

他方で，連邦議会もこの政治的・社会的情勢のもとで，（民主・共

(16) Lazarus, supra note 2, at 53; Judith A. Layzer, Open for Business: Conservatives' Opposition to Environmental Regulation 31-32 (2012).

(17) Percival, supra note 6, at 164.

(18) Lazarus, supra note 2, at 75. 及川敬貴『アメリカ環境政策の形成過程──大統領環境諮問委員会の機能』118頁注3（北海道大学図書刊行会，2003年）。

和党をとわず）環境保護を政策課題（アジェンダ）にすえざるを得なかった。「環境主義に対する真摯な信念が動機であったかどうかはともかく，両政党は1968年の大統領選挙の直後に，政治的便宜主義の源泉として環境保護に飛びついた。1968年の選挙運動および両党の政策綱領において，環境問題はほとんど注目をあびなかった。しかし，1969年末から1970年はじめにかけ，ニクソン大統領府と民主党支配の議会は，環境の外套を競いあった」[(19)]。

とくに議会のリーダー役をになったのが，民主党のマスキー（メーン州選出），ネルソン（ウィスコンシン州選出），ジャクソン（ワシントン州選出）各上院議員，ディングル下院議員（ミシガン州選出）などであった。議会は1968年後半から本格的な連邦環境法案の審議を開始し，1969年末には最初の画期的な法案を通過させた。それが「環境法におけるシャーマン法，そして同種の法律では地球上でもっとも有名」な法律[(20)]と評される「国家環境政策法」（NEPA）である。法案は，12月20日に上院を，22日に下院を圧倒的多数の賛成で通過し，署名を得るために大統領府に送付された[(21)]。

ニクソン大統領は，当初この法案に反対したが，法案が圧倒的支持

---

(19)　Lazarus, supra note 2, at 53-54. 1969年当時大統領府は共和党が，議会は民主党が上下両院で多数を占めていたが，いずれの政党も連邦政府を力で支配することができず，それが法律制定を困難にしていた。かくして「アイロニックで嘆かわしい理由ではあるが，公衆が関心をもつ問題に取り組むという超党派的合意を築き，法律を制定するために手を組むという両党の熱意はかつてないほど大きくなった」（Id. at 53）。

(20)　Rodgers, supra note 11, at 801.

(21)　NEPAの立法史は，及川・前掲（注18）93-125頁，Matthew J. Lindstrom & Zachary A. Smith, Foreword by Lynton Caldwell, The National Environmental Policy Act: Judicial Misconstruction, Legislative Indifference, & Executive Neglect 34-52（2001）などに詳しい。なお制定後50年を迎えたNEPAの評価および再評価については，畠山武道「持続可能な社会と環境アセスメントの役割──NEPAをめぐる最近の議論によせて──」大塚直責任編集『環境法研究』5号129頁（2016年）を参照されたい。

を得ていることや，環境問題への取組みで評価を高めたマスキー上院議員のお株を奪い，自身の再選を確実にすることを目標に[22]，1970年1月1日，「環境の70年代の最初の仕事」と称して法案に署名した。かくしてNEPAは法律になり，この様子はテレビを通して全米に中継された[23]。

「環境大統領」を標榜するニクソンは，1970年2月10日，37項目からなる詳細な「環境の質に関する特別教書」（公害教書）を議会に送り，さらに7月9日，1949年行政組織変更法の手続に則り，15の省庁に分散していた各種の権限や施策を統合し，環境保護庁（EPA）と商務省全国海洋大気局（NOAA）の設置を提案する組織変更計画No.3（特別教書）を，議会に送った。計画No.3は，議会が指定期限までに反対決議をしなかったために発効し，12月2日，初代EPA長官ラックルスハウスの任命が上院で承認された。この日（1970年12月2

(22)　ニクソンは，1968年の大統領選挙で，民主党のハンフリー・マスキーのコンビに僅差で勝利したが，マスキーの人気は高く，1972年大統領選挙における最大のライバルと目されていた。「ニクソンは，とくにきたる1970年の議会選挙において，民主党が環境問題に関するキャンペーンによって政治的優位を得るのを確実に阻止することに関心を示したが，それ以上に，1972年の大統領選挙における民主党の有力な大統領候補と目されるエドマンド・マスキー上院議員に関心を示した。……マスキーは上院環境・公共事業委員会委員長として，自身が好意的な評判を得るとともに，ニクソンを環境問題にさらに取り組まないと非難することで，環境問題を利用（横取り）する態勢を整えていたからである」(Lazarus, supra note 2, at 75-76)。

(23)　Turner & Isenberg, supra note 3, at 35. 今日NEPAと称される法律の正式名称は「国の環境政策の確立，環境諮問委員会（Council on Environmental Quality: CEQ）の設置およびその他目的のための法律」（一般法律・第91議会190号）であり，制定日は1970年1月1日と明記されている。しかし，同法1条後段が「この法律は，“1969年国家環境政策法”として引用されることができる」(Pub. L. No.91-190, §1, 83 Stat. 852, 852（1970））と定めているために，制定年について誤解が生じうる。なお付け加えると，ニクソン大統領が最初に署名した環境法案は「絶滅のおそれのある種の保全法案」（1969年12月5日著名）である。

日）が，伝統的にEPA誕生の日とされている(24)。

同年秋，議会は1970年大気清浄改正法案を圧倒的多数で可決し，12月31日ニクソン大統領はこれに署名した（本書219頁以下参照）。

しかし，こうした環境問題への取組みにもかかわらず，ニクソンの支持率は低迷したままであった。そこでニクソンは，外交問題（とくに中国やロシアとの国交回復）で人気を回復することを選び，国内問題への関心を失ってしまった。さらにニクソンは，いつまでも満足しようとしない環境団体への悪態を，しばしば口にするようになった(25)。

重要法律の制定ラッシュが続く

1972年，議会は，「河川，湖沼への汚染物質の流入を1985年まで

(24)　NOAAは，海洋における環境保護を所掌する行政機関として，組織変更により設置された。ニクソン政権は，環境問題を所管する行政機関として「環境・自然資源省」を構想したが，内務省・農務省などの関連の行政機関や議会委員会が既得権益を奪う新設機関の設立に同意せず，結局，行政組織変更法によりEPAが設置されたのである（Marc K. Landy, Marc J. Roberts, & Stephen R. Thomas, The Environmental Protection Agency: Asking the Wrong Questions From Nixon to Clinton 30-33 (expanded ed. 1994); 及川・前掲（注18）161-162頁に詳しい）。なお，1949年行政組織変更法は1977年と1984年に改正され，EPA等の廃止には議会の明示の同意が必要とされることになった。したがって，大統領権限のみによって，EPAを廃止することはできない。

EPAの規模は，1970会計年度は常勤職員4084人，事業予算10億ドル強であったが，その後急速に規模を拡大し，1990会計年度には常勤職員1万6318人，事業予算55億ドル弱，2010会計年度には常勤職員1万7278人，事業予算100億ドル強を擁する巨大官庁となった（参照，久保文明『現代アメリカ政治と公共利益――環境保護をめぐる政治過程』146-149頁（東京大学出版会，1997年））。2021会計年度は常勤職員が1万4297人に減少したが，事業予算は92億ドル強を維持している（各種の数値があるが，ここではhttps://www.epa.gov/planandbudget/budget（last visited Sep. 24, 2021）によった）。

(25)　Lazarus, supra note 2, at 77; Layzer, supra note 16, at 38-39; 及川・前掲（注18）220-222頁。

になく〔し〕」,「1983年までにすべての河川,湖沼で人が泳ぎ,魚が生息できる」という野心的な目標を掲げ,「歴史上もっとも包括的な連邦環境法」と称された水質汚濁防止法（FWPCA）改正法案を,上院74対0,下院336対11の圧倒的多数で可決した。ニクソンは自治体補助金などが100億ドルに達するなどと主張し,拒否権を行使したが,翌日,議会は3分の2以上の多数決でこれを再可決し,同法案は法律となった[26]。

その他,この時期の連邦議会は,FIFRA改正法（1972年。農務省からEPAへの規制権限の移管などを定めるもので,法律の正式名称は環境殺虫剤規制法）,海洋哺乳動物保護法（1972年）,沿岸地域管理法（1972年）,絶滅のおそれのある種の法（ESA：1973年）などを,圧倒的多数かつ超党派の支持によって成立させた[27][28]。

これら怒濤のごとく制定された数々の環境立法は,ニューディールの副産物である「権利革命」の一環であり[29],まさに「環境法革命」

---

(26)　Lazarus, supra note 2, at 71-72; Klyza & Sousa, supra note 4, at 19; シェファー（内田訳）・前掲（注10）213-214頁。

(27)　Lazarus, supra note 2, at 69-73; Percival, supra note 8, at 1160-63. ニクソン政権以降,歴代政権時に制定されたおもな法律の名称と内容（概要）を知るには,Andrews, supra note 10, at 425-435; Vig & Kraft, supra note 13, at Appendix 1を参照するのが適切である。以下,とくに断らずに同リストから法律の概要説明を引用することがある。

(28)　議会は,“圧倒的多数”で“一方的”な投票によってこれらの法案を可決した。「2つの政党のだれも,環境保護の敵とみられることを望まなかった」からである（Richard J. Lazarus, A Different Kind of “Republican Moment” in Environmental Law, 87 Minn. L. Rev. 999, 1002, 1003 n.17（2003））。

(29)　「私は,本書で規制の歴史,ニューディールの影響,および1960年代・70年代の権利革命を叙述する」（Cass R. Sunstein, After the Rights Revolution: Reconceiving the Regulatory State 8（1990））。サンスティーンは続いて,「私は,とりわけこれらのイニシアティブは私的選択に対する不当な干渉であるという主張に対し,規制イニシアティブを全般的に擁護する」（Id.）という。サンスティーンは,根っからの規制緩和・自由市場主義者ではない。

とよぶのにふさわしいものであった[30]。さらに付け加えると，1970年代における環境立法の急増は，「連邦の権限を社会目的を達成するために行使するという新しい意思へのシグナルであり，アメリカ人の“大きな政府”と“官僚制”に対するの伝統的な嫌悪からの驚くべき転換であった」[31]という点でも，画期的なものであった。

(3) フォード政権・カーター政権

1974年8月，ニクソンが議会の弾劾決議をうけて辞任したのをうけ，副大統領フォードが大統領に就任した（任期は1977年1月まで）。フォードは国立公園レンジャーを務めた経験もあり，環境保護派の期待が膨らんだ。しかし，フォードは，ウォーターゲイト事件の後始末，石油危機・インフレーション対策，不安定な証券市場対策に追いまくられ，環境面では，自動車産業や原発・石油産業の優遇をもくろんだだけに終わった[32]。

ただし，議会では民主党が圧倒的多数であったこともあり，フォード大統領は，議会が可決した環境法案にはほとんど異論をとなえなかった。フォードは，安全飲料水法（SDWA：1974年），有毒物質規制法（TSCA：1976年），連邦有地政策管理法（FLPMA：1976年），資源保全回復法（RCRA：1976年），国有林管理法（NFMA：1976年）などの重要法案に署名している。他方でフォードは，露天掘り規制・埋

(30)　「環境立法はとくに“権利”には言及していないが，立法の革命的性格については疑う余地がない」（Percival, supra note 6, at 164-165 n. 30）。

(31)　Andrews, supra note 10, at 250.「超党派の強い支持と多くの抵抗を圧倒した立法的熱狂の波に乗り，これらの法律は，新たに生じた価値と新しい強力な利益に奉える政府権限の顕著な拡大をもたらした。反汚染法は，連邦政府に大気・水質の保護および改善における中心的役割をあたえることで，新たな境地を開いた」（Klyza & Sousa, supra note 4, at 1）。See also Percival, supra note 8, at 1160-63.

(32)　Layzer, supra note 16, at 41-43; Andrews, supra note 10, at 223-224 (3d ed. 2020); 及川・前掲（注18）235-236頁。

戻し法案に拒否権を行使したため，同法の成立はカーター政権時に持ち越された。

カーター大統領（任期は1977年1月から1981年1月まで）は，もともと農場経営者として環境保護に強い関心をもっており，政権の要職に，マスキー国務長官（1980年5月〜81年1月），アンドレス内務長官，コーストルEPA長官，スペースCEQ委員（後に委員長）などの環境保護派を配した(33)。しかしカーター大統領はインフレーションの抑制に失敗し，エネルギー危機およびイランアメリカ大使館の人質事件への対応でもつまずき，露天掘り規制・埋戻し法案への署名（1977年），独立発電事業者の電力買取を電力会社に義務付けた公益事業規制政策法の制定（1978年）など，若干の成果を除き，環境政策におけるリーダーシップを十分に発揮することができなかった(34)。

カーター大統領の環境業績としては，国務省とCEQが1980年に公表した報告書『西暦2000年の地球』があげられる。この地球の未

---

(33) アンドレス（Cecil D. Andrus）はアイダホ州知事から内務長官に抜擢され，とくに連邦有地保護，自然河川保護のために奮闘した。アンドレスは，1977年3月26日，全米野生生物連盟（保守系の自然保護団体）における講演で「私たちはアメリカにおけるダム建設の時代は終わった」と述べている（Tim Palmer, Endangered Rivers and the Conservation Movement 199 (1986)）。スペース（James Gustave Speth）は，イエール大学ロースクールを卒業し自然資源防衛評議会（NRDC）の創設にたずさわった。その後，CEQ委員および委員長（1979年8月〜81年1月）を務め，世界資源研究所（World Resources Institute）の所長も歴任した。シャベコフ（さいとう・しみず訳）・前掲（注1）136-137頁。

(34) 同前236-237頁，古矢旬『グローバル時代のアメリカ』43-46頁，56-58頁（岩波書店，2020年），岡山裕『アメリカの政党政治──建国から250年の軌跡』170-171頁（中央公論新社，2020年）。カーターは，エネルギー保全と効率性を加速させるために公益事業規制政策法を制定し，小規模再生可能エネルギー利用の道を拓いたが，他方で国内エネルギー供給の開発と生産を推進するために，エネルギー開発の許可を優先的に一括審査する機関（エネルギー効率化委員会）の創設を提案し，環境主義者者から激しい批判をあびた。Lazarus, supra note 2, at 104, 151.

来を予測した報告書は各国で翻訳され，広く熟読されたことは周知のとおりである。またカーターは，大統領選挙で敗北し，政権交代が確定した後の1980年12月になって，アラスカ地域に1億エーカーを超える原生自然保護地区などを設置するアラスカ国益地保全法（1980年），およびラブキャナル事件に対応するための法律である包括的環境対策・補償・責任法（スーパーファンド法／CERCLA：1980年）という2つの重要な法律の制定に成功した[35]。

3　規制緩和時代の環境政策（レーガン政権）

(1) レーガン政権が押し進めた規制緩和

1970年代末のアメリカ経済は，景気が急速に悪化するなかで2桁のインフレーションが猛威をふるうという最悪のスタグフレーションに見舞われ，ミザリー・インデックス（インフレ率＋失業率）も戦後最悪の20％を超えるというどん底状態にあった[36]。

レーガノミックス

こうしたなか，大統領選挙に出馬したレーガンが掲げたのが，サプライサイドの経済政策と「小さな政府」の実現である。前者は，社会保障支出および軍事費の拡大と減税を組合せ，労働と資本の供給を増加することで経済成長を促し，歳入増大と財政赤字の解消を実現するというものであり，後者は，「政府の失敗」を是正するために，政府

(35)　Andrews, supra note 10, at 224-225 (3d ed. 2020); 岡島成行『アメリカの環境保護運動』179頁（岩波書店，1990年）。カーター大統領の陰でアラスカ連邦有地保護に奔走したのは，アンドレス内務長官である。また，ラブキャナル事件発生からスーパーファンド法成立までの経過を記述した文献は非常に多い。ここでは，Landy et al, supra note 24, at 133-172の詳細な記述およびRobert W. Collin, The Environmental Protection Agency: Cleaning Up America's Act 73-77 (2006) の的確な説明を参照。

(36)　河内伸幸「成長と破綻のジレンマ――景気循環の背景と要因――」谷口明丈・須藤功編『現代アメリカ経済史』60頁（有斐閣，2017年）。

の役割を縮小し（および州・地方政府に移管し），すべての産業活動の規制を緩和し，市場経済の活力を復活させるというものであった[37]。これらはすぐに「レーガノミックス」とよばれるようになったが，共和党内で大統領候補を争ったH・W・ブッシュがこれを「ブードゥー・エコノミー（おまじない経済学）」と揶揄したように，その実体は，既存の政策にサプライサイドの主張を接ぎ木したものであった[38]

レーガンは，1980年11月の大統領選挙で民主党カーター候補に圧勝すると，早速多数の者を政権移行チームに呼び集めた。しかし，彼らの大部分は，行政経験や政策的知見ではなく，レーガンの政治的イデオロギーへの賛同や，レーガン個人に対する忠誠心によって選ばれた者たちであった[39]。

---

(37) 以下の記述は，おも Andrews, supra note 10, at 257-258; Richard N. L. Andrews, Deregulation: The Failure at EPA, in Environmental Policy in the 1980s: Reagan's New Agenda 162-165（Norman J. Vig & Michael E. Kraft, 1984）に依拠している。

(38) 十河利明「連邦政府財政と財政政策」萩原伸次郎・中本悟編『現代アメリカ経済 アメリカン・グローバリゼーションの構造』112頁（日本評論社，2005年），古矢・前掲（注34）103頁。しかし，サプライサイダーの主張したような税収増は結局おこらず，大幅減税と不況によって巨額の財政赤字が発生した。また1970年代には顕在化していた基幹産業の競争力衰退（産業構造の空洞化）により貿易赤字が急速に拡大し，アメリカは「双子の赤字」に陥った（河村哲二『現代アメリカ経済』249-253頁（有斐閣，2003年），十河・前掲113-116頁）。

(39) Thomas O. McGarity, Regulatory Reform in the Reagan Era, 45 Md. L. Rev. 253, 262（1986）；久保・前掲（注24）75-76頁，Andrews, supra note 10, at 257; Layzer, supra note 16, at 100-102; Landy et al., supra note 24, at 246-248. レーガン政権が任命した者は「当該の行政機関または職員によって規制される技術分野について，驚くほど経験がなかった」（George C. Eads and Michael Fix, Relief or Reform? Reagan's Regulatory Dilemma 12（1984））。政権移行チームにはトレイン（Russell Train）やラックルスハウスなど，ニクソン・フォード政権で環境規制にたずさわった経験豊かで著名

ストックマンの暴走

レーガンによって予算責任者に任命されたのがストックマンである(40)。ストックマンは，大統領選挙から3週間もたたないうちにケンプ下院議員（共和党・ニューヨーク州選出）と共同で執筆した「レーガンへのメモ“共和党の経済ダンケルクを回避せよ”」と題する23頁の政策メモをレーガンに送りつけた。その内容は「もしも規制政策の迅速で包括的で広範な是正が直ちになされなければ，18月から40月の間に，何度も議論されてきた“規制負担”の前例のない量の増加が生じ」，「共和党の経済ダンケルク」をまねくであろうと警告するものであった(41)。彼はメモのなかであらゆる規制を攻撃したが，とりわけ標的にしたのが，EPAが提案していた一酸化炭素，バス・トラック騒音，有害廃棄物，有毒物質，工場ボイラー排出物などの規制に関する規則であった(42)。

レーガンの同意を取りつけると，ストックマンは政権移行チームで経済規制を担当していたウィーデンバウム(43)およびOMB職員と共

な共和党員が参加していたが，彼らの主張はことごとく退けられた。「これらの共和党員が最初の環境規制システムを創設し，3代の前政権の2つでシステムを運用し，2人がストックマンやウィーデンバウムよりはるかに政策と問題点に精通していることを考えると，これは致命的な政策選択であった」（Andrews, supra note 37, at 163）。

(40)　ストックマン（David Stockman）は，下院共和党議員総会事務局で6年間働き，1976年から3期続けて下院議員（ミシガン州第4区）に当選した。彼は議会に入るやいなや，リバタリアンとして，福祉，法律扶助，連邦支出，政府規制などをことごとく批判し，とくに彼の州の主要産業である自動車産業と対立するEPA，OSHA，NHTSAをきまって攻撃した（ネーダー・グループ（海外市民活動情報センター訳）『レーガン政権の支配者たち』86頁（亜紀書房，1983年）。

(41)　Andrews, supra note 10, at 257; Layzer, supra note 16, at 103.

(42)　Turner & Isenberg, supra note 3, at 104; Layzer, supra note 16, at 103; Andrews, supra note 37, at 162-163.

(43)　ウィーデンバウム（Murray L. Weidenbaum）は，ワシントン大学（セ

同で，連邦政府の役割を削減するための野心的な柱をたてた。それが3D，つまり「規制緩和」(deregulation)，「予算削減」(defunding)，および「権限委譲」(devolution) の3つである。

レーガン政権の連邦規制に対する敵意は，(1)規制緩和は経済を推進する方法であるという理念，および(2)政府規制は私的活動に対する不当な介入であるというレーガン個人の確信の2つによって動機付けられていた。その結果，従来の規制審査を動機付けたのが規制の質の向上という問題意識であったのに対し，レーガン政権の主たる目標は，はるかにラジカルで，規制を可能な限り廃止することであった[44]。また，レーガン政権のめざす規制緩和は，規制規則の撤廃や緩和にとどまらず，(違反者に対する) 法執行に要する予算や人員の削減，およびそれらの任務の州への引き渡しまたは完全放棄など，連邦政府機能の大幅な縮小によって達成されるものであった[45]。

ントルイス) に長く在籍し，規制緩和・費用便益分析の強固な主張者として知られた (Layzer, supra note 16, at 61-62, 87)。ニクソン政権の財務次官補 (経済政策) を務め，レーガン政権では経済諮問委員会委員長という要職に指名された。ウィーデンバウムは，ミラーやスカリア (Antonin Scalia) とはアメリカンエンタープライズ研究所 (AEI) での活動を通して旧知の仲で，AEI アーカイブ (1981年4月11日付け) には，大統領命令12291をめぐる3名の対談が収録されている。An Interview on the New Executive Order with Murray L. Weidenbaum and James C. Miller III, https://www.aei.org/articles/an-interview-on-the-new-executive-order (last visited May 10, 2019).

(44) Robert V. Percival, Checks Without Balance: Executive Office Oversight of the Environmental Protection Agency, 54 L. & Contemp. Probs. 127, 148 (1991); McGarity, supra note 39, at 261.

(45) Andrews, supra note 10, at 257.「規制緩和」は，単なる規制改革や整理統合だけではなく，連邦規制の増加 (成長) を徹底的に排除し，規制される企業の負担となっている既存の規則を緩和することを,「予算削減」は，減税によって将来の支出を抑制するとともに，規制行政機関の予算を劇的にカットすることを,「権限委譲」は，可能な限り多くの役割を州や地方政府に引き渡し，もし州・地方政府がそれを引き受けたがらないときは，企業の

(2) 大統領の一方的な権限による規制改革

レーガン政権がすすめた規制緩和の特徴は，それが議会の制定する立法によらず，もっぱら大統領が独自に（独善的に）行使できる権限に基づいていたことである。ストックマンが「共和党の経済ダンケルク」メモで言い表した表現によると，「規制の負担を削減するための一連の一方的な大統領府の行為」が，その基本スタイルであった。

これらの準備をふまえ，1981年1月20日，レーガンは大統領に就任した（2期にわたる任期は1989年1月まで）。「レーガンの大統領としての最初の仕事は，1981年1月22日に，大統領府規制緩和特別委員会（タスクフォース）を設置することであった。H・W・ブッシュ副大統領が委員長に任命された。他のメンバーは，商務長官，労働長官，財務長官，司法長官，行政管理予算局（OMB）局長（ストックマン），経済諮問委員会委員長（ウィーデンバウム），および政策検討のための大統領補佐官であった。サポートは直近に設置されたOIRAを通してOMBにより準備され，特別委員会の協議事項と結論をまとめる第一義的役割がOMBにあたえられた」[46]。

規制緩和特別委員会の最初の仕事は，約200の保留中の規則の公布を一時停止し，不当に過重な既存の規則を特定するために，全国の法人経営幹部に書簡を送ることであった。委員会はこの回答をもとに，勧告の候補となる「ヒットリスト」を作成した[47]。

さらに，約1か月後の1981年2月17日，レーガン大統領はストックマンのいう「明確な法的権限が存在する既存のおよび保留している規則を中止し，変更し，または取り消すために練り上げられた大統領の一方的な行為」に踏み切った。これが世上名高い大統領命令12291

自主的な行動に委ねるというものであった（Id.）。

(46) Id. at 164. 古城誠「レーガン政権と規制審査制度――OMB規制審査制の検討――」北大論集36巻4号1329-1330頁（1985年）。

(47) Percival, supra note 44, at 148.

の発布である(48)。

この大統領命令の内容は，すべての行政機関に対して，規則案および最終規則の公示前にOMBの事前審査をうけることを命じ，とくに年間の経済への影響が1億ドルを超えると思われるすべての「主要な」規則(案)については，費用便益分析の実施を要求するというものである(49)。詳しくは，本書142頁以下で説明する。

しかし結論を先取りすると，ストックマンらが強引にすすめた規制審査は行政機関の面従腹背により，すぐに行き詰まってしまった。行政機関の規則は，多面的な考慮と利害のバランスのうえに築かれており，費用便益分析の結果のみによって機械的に廃止できるようなものではなかったからである(50)。規制緩和の旗振り役ストックマンは，雑

---

(48) Andrews, supra note 37, at 163-164. ストックマンは，すでに政権移行チームで活動している頃より，議会の賛同を要する立法に基づく規制緩和ではなく，OMBによる一方的（強権的）な規制緩和を主張しており，彼にとって「一方的な行政的戦術がそれを実施するための一般的なアプローチであった」(Id. at 163)。しかし「政治的依頼者の利益のためにすべての規制活動を具体化し，統制するというレーガン政権の取組みは，不適切な行政手続および制定法の意図の侵害（違反）という深刻な問題を引きおこした」(Norman J. Vig, Presidential Powers and Environmental Policy, in Vig & Kraft, supra note 13, at 80)。宇賀克也「アメリカにおける規制改革(下)」ジュリスト845号92-93頁（1985年）参照。

(49) Lazarus, supra note 2, at 100; 古城・前掲（注46）1339-1358頁。なお，宇賀・前掲（注48）89頁は，本書とは異なる視点から大統領命令12291制定の経過を説明しているので参照されたい。

(50) 1983年頃までの規制審査の実績は，古城・前掲（注46）1360-1369頁に詳しい。OMB審査により差戻し（再考慮）や撤回を求められたのは全審査規則の1.6%にすぎず，9.3%は小幅修正，85%は無修正であった（同前1362頁)。ただし，古城論文の指摘するように，相当数の規則案が，審査前の協議段階で撤回または修正されたことが想定できる。宇賀・前掲（注48）95-96頁も，規制審査の全般的な成果には否定的ながら，「行政庁にコスト意識を植え付け，過剰規制を緩和するうえで，同命令が一定の効果をあげた」という。なお，1983年のOMB年次報告書によると，もっとも大きな影響を被ったのはEPAであり，ついで農務省，厚生労働省であった。EPAは，当

誌『アトランティック』(1981年12月号) に掲載されたインタビュー記事「ストックマンの教育」が原因でレーガンから厳しい仕置きをうけ，事実上活動を停止されてしまった(51)。

さらに，レーガン政権のすすめる労働安全規制や環境規制の緩和は，議会，労働団体，環境団体だけではなく，すでに法律への対応をすすめていた産業団体からも不評であった。たとえば，1981年8月，規制緩和特別委員会とOMBは，経済負担の軽減を理由に，小規模製油業者による有鉛ガソリン製造の段階的廃止を緩和するようEPAに指示した。EPAはガソリン添加物である鉛が都市部の子供にあたえる深刻な影響について十分に知られた証拠があることから，この指示に従うことを渋ったが，結局1982年2月から改正規則案に対するパブリック・コメントを開始した。しかし，医事関係者や環境団体がこれに猛反発しただけではなく，国内外で精製された安い有鉛ガソリンの流通解禁に不満をもつ大手石油会社（これらの企業はすでに無鉛ガソリン製造への投資を終えていた）も反対にまわった。そのためEPAは緩和方針を撤回し，逆に有鉛ガソリンの規制を強化した(52)。

かくしてレーガン政権は，規制緩和イニシアティブに対する批判が

時もっとも多い約100の規則の制定を準備中であった（古城・前掲（注46）1364-65頁）。

(51)　彼の暴走と挫折の経緯は，デイヴィット・A. ストックマン（阿部司・根本政信訳)『レーガノミックスの崩壊──レーガン大統領を支えた元高官の証言』(サンケイ出版，1987年）に詳しい。ウィーデンバウムはストックマンと連携して歳出削減および議会との折衝に奔走したが，深刻な不況が到来し，レーガンの支持率が急落した責任を問われ，1982年7月22日，経済諮問委員会委員長を辞任した。ストックマンはOMB局長の地位にとどまり，1985年8月，ミラーにその地位を譲った。

(52)　Richard J. Tobin, Revising the Clean Air Act: Legislative Failure and Administrative Success, in Vig & Kraft eds., supra note 37, at 236-237; Andrews, supra note 10, at 259; Layzer, supra note 16, at 109; Collin, supra note 35, at 281-282.

相次ぎ，政権内部のプラグマティストからも不満が示されたことから，その野心的計画を次第に縮小し，1983 年 8 月 11 日，規制緩和特別委員会を役割を終えたという理由で解散した(53)。

他方，大統領命令 12291 による規則審査の骨格は，その後もクリントンの大統領命令 12866 やオバマの大統領命令 13563 によっても支持され，今日にまで受け継がれている。

(3) 政権を危機に追い込んだワットとゴーサッチ

しかし，ストックマン以上に政権の評判を落とし，レーガンのすすめる環境規制緩和を失速させてしまったのが，ワット内務長官とゴーサッチ（バーフォード）EPA 長官であった。

西部利権の代弁者ワット

ワットは西部の大地主，放牧業者，鉱山業者，石油天然ガス業者，木材業者，水資源利用者などの個人的・経済的自由を最大限に主張し，彼らの代理人を務めてきた筋金入りの反環境規制論者であり，連邦有地管理を所管する内務長官にはもっともふさわしくない人物であった。著名な環境ジャーナリスト・シャベコフの著書からしばらく引用しよう。

> 「意欲に満ちた大胆ともいえる無思慮と，度しがたい独善性をまとって，ワットは彼の政策に合意など求めることなく，すべてを打ち壊し

---

(53) Percival, supra note 44, at 152; 古城・前掲（注 46）1330 頁。特別委員会は，今やレーガン政権は規制立法の改正に精力を集中すると宣言したが，主要な環境法規の改正に失敗し，さらに規制審査手続の法制化を盛り込んだオムニバス規制改正法が（上院は通過したが）下院で廃案になったことにより，政権の望みに終止符がうたれた（Percival, id.）。委員会は解散時までに 119 の規則を審査し（その約半数は EPA と NHTSA の規則であった），76 が改正または廃止を命じられた（Andrews, supra note 37, at 165）。また特別委員会は，一部の金融規制緩和やバス輸送規制緩和などにより，10 年以上にわたり 1500 億ドルの節約を実現したと主張している（Percival, id.）。

て変化へと突き進んだ。1981年，内務長官に任命されて数週間のうちに，外洋大陸棚の全領域で，石油会社の入札，調査，掘削を自由化した。さらに公有地に埋蔵された大量の石炭を炭坑業者に提供したが，それは捨て値だった。原生自然地域をエネルギー開発のために提供したり，国立野生生物保護区における経済活動を許可しようとしたが，うまくいかなかった。……国立公園局に政治干渉し，私企業にホテル，レストラン，土産物屋の営業権を付与できないかどうかを探るなど，公園の管理と運営にも威力をふるった」。「ワットは戦艦レーガンのなかでとくに変わった人でもなく，照準の外れた主砲でもなかった。ワットの目標はすなわちレーガンの目標そのものであった。ただワットは，刺激的なやり口のせいで悪名を高くしてしまい，レーガンの環境政策がもたらした大部分の不満と怒りの元凶にされた」。「ワットは，大手の西部の鉱山・放牧およびエネルギー利権，つまりセージブラッシュの反乱者と意思を通じあっており，西部数州の政府に支持され，共和党の超保守派の間でも受けはよかった。しかしやがて，大統領の政治にとっては不利な人物であることがはっきりしてきた」[(54)]。

1983年10月9日，ワットは非難の嵐が渦巻くなか，ホワイトハウスを去った。

ゴーサッチの権限乱用とEPAの混乱

連邦行政機関の重要ポストであるEPA長官に任命されたのは，アン・ゴーサッチであった。ゴーサッチは1976年からコロラド州下院議員を2期4年務め，州の権利を最大限に擁護し，連邦のエネルギー・環境規制に徹底して反対する党派のメンバーとして名をはせた[(55)]。しかし，環境政策についてはまるで素人であり，大きな組織を

(54)　シャベコフ（さいとう・しみず訳）・前掲（注1）243-245頁。ワット（James Gaius Watt）に対する厳しい批判は，Lazarus, supra note 2, at 101; Turner & Isenberg, supra note 3, at 64-70, 83-84; Layzer, supra note 16, at 105-107, 117-118; ネーダー・グループ（海外市民活動情報センター訳）・前掲（注40）320-338頁などにもみられる。

(55)　Collin, supra note 35, at 278-279. このグループは，ワットが理事長を務

管理した経験もなかった[56]。それでもゴーサッチは，政権移行チームのワットとクォース（ビール醸造会社の経営者・レーガンの長年の友人で(超)保守系財団のスポンサー）の推薦によって重要官庁であるEPAの長官に抜擢された。そのときゴーサッチは38歳であった。

案の定，「アン・ゴーサッチの22か月のEPA在職期間中に，議論を巻き起こさないものは，ほとんどなにもなかった」[57]。

ゴーサッチがまず取り組んだのが，EPAの人事刷新，予算縮小，人員削減である。ゴーサッチは，環境規制に精通したEPA専門職員を意思決定ラインから排除し，代わりに彼女の知人で環境問題についてほとんど知識のない大企業の弁護士や経営スタッフをEPA高官に任命した[58]。

ストックマンとゴーサッチの強引な予算カットにより，1981年から83年の間にEPA事業予算（スーパーファンド予算を除く）は27%，職員は21%も削減されてしまった。とくに打撃を被ったのがEPA法執行部である。ゴーサッチは，違反者の取締りについて規制基準の適用延期と任意の履行請求を主張し，取締り予算を26%カットすると

める法律財団としばしば連携しており，ゴーサッチはワットを尊敬し，常に彼の助言をあおいでいた（Id. at 279)。

(56) 「レーガンは，EPAを動かすために，無名のコロラド州議会議員で，環境または行政機関を管理した経験がほとんどないゴーサッチ（Anne M. Gorsuch (Burford)）を任命した」(Fiorino, supra note 13, at 40)。後にH・W・ブッシュ政権のEPA副長官を務めたクラレンス（テリー）デービスによると，「彼女（ゴーサッチ）は経営や管理の経験に乏しく，中央政府での行政経験はまったくなかった。環境政策に関する知識も不十分だった」(シャベコフ（さいとう・しみず訳）・前掲（注1）245頁。

(57) Collin, supra note 35, at 281.

(58) Landy et al., supra note 24, at 248; Collin, supra note 35, at 281; Norman J. Vig, The President and the Environment: Revolution or Retreat?, in Vig & Kraft eds., supra note 37, at 87; シャベコフ（さいとう・しみず訳）・前掲（注1）252頁。

ともに，法執行部も廃止してしまった(59)。そのため，「経験のあるEPAの幹部職員たちはうんざりしてやめるか，辞職に追いやられた。残った職員は沈みこんで，政策実行権者の怒りを招きそうなことはやろうとしなかった」(60)。

大統領府に置かれたCEQにいたっては，年間予算を254万ドル（1981年）から70万ドル（1984年）に，職員を32人から13人にカットされたために，年次報告書の作成以外の業務がストップしてしまった(61)。

政権幹部やゴーサッチは，環境政策の内容に介入し，すでに実施が決定された規制の棚上げを画策した。ひとつが，有鉛ガソリン添加物規制の緩和をめぐる顛末である（本書23頁）。

もうひとつ，よく知られたのが，有害液体廃棄物処理規則をめぐる朝令暮改である。これは，1982年2月，ゴーサッチが，廃棄物処分場への有害液体廃棄物の投棄を禁止する施行されたばかりの規則につ

(59)　Turner & Isenberg, supra note 3, at 104; Andrews, supra note 37, at 170-172; Layzar, supra note 16, at 104-110. See also Collin, supra note 35, at 281; Vig, supra note 58, at 87. そのため，1980年と82年を比較すると，EPAから司法省への訴追申立件数は半分（200件から100件）に，EPAが違反者に発した執行命令は3分の1に激減してしまった。また，法執行官を11週ごとに入れ替えたために，人事をめぐる深刻な内部紛争が発生した。Landy et al., supra note 24, at 249-250. See also Andrews, supra note 10, at 260; Layzer, supra note 16, at 109.

(60)　シャベコフ（さいとう・しみず訳）・前掲（注1）246頁，252頁。さらに，久保・前掲（注24）138-139頁参照。

(61)　及川・前掲（注18）137-139頁（なお，Layzer, supra note 16, at 104には，やや異なる数値が引用されている）。レーガンはCEQの廃止を望んでいたが，NEPAの改正が必要なことから断念し，人員・予算の極端な削減によってCEQを実質的な機能停止に追い込んだのである（及川・前掲275頁，Layzer, id.; Vig, supra note 48, at 80）。なお，NEPAは大統領が毎年「環境の質に関する年次報告書」を議会に提出するものとし（201条），CEQにその準備を命じていたが（204条(1)），連邦報告書廃止・サンセット法（1995年）によって廃止の対象とされ，報告書は1997年度をもって廃刊となった。

いて，施行を突然停止したというものである。しかし，この措置は，民主・共和党議員，州政府，環境グループの批判をまねき，化学会社さえもがこれを支持しなかった。そのためゴーサッチは18日後に規則の一時停止を撤回し，規制を強化する規則を復活させた(62)。

シャベコフの表現によると，「在職中のアンは教条的な傲慢さと，しかるべき手続への無関心，産業べったりの姿勢，取締りにたいする任用官にあるまじき反対といったことで，EPAを深刻な混乱に陥れた」(63)。その結果，1982年の秋頃には，多くのキャピタル・ヒルの観察者が，「レーガン執行府の目標は，単に行政機関を抑えつけ，その政策を変更させることではなく，それを完全に破壊することであると結論付けはじめた」(64)。

ゴーサッチの恣意的なEPA運営や事業者との裏取引などがマスコミをにぎわすなか，とうとう剛腕ディングルが君臨する下院エネルギー・商業委員会の監視・調査小委員会など上下両院の6つの委員会が調査に乗り出した(65)。

1982年9月，ディングルは，スーパーファンドの不正な配分が疑われるいくつかの事案について，関連する大量の内部文書の提出をEPAに要求し，さらに特定の重要書類の入手をめぐってEPAとの協議に入った。しかし司法省がこれに介入し，上記のすべての文書およびコピーの議会への提出を禁止した。怒ったディングルは10月21日，ゴーサッチに対し召喚状を送付し，調査特別委員会への出席と記録文

(62) Collin, supra note 35, at 281-282; Andrews, supra note 10, at 259.「これは，これらの物質を繰り返し大量にため込み，規則の変更を見込んで投棄の準備をしていたゴーサッチの出身地コロラドの企業〔クォース醸造会社・畠山〕を明らかに利するものであった」(Andrews, supra note 37, at 170)。

(63) シャベコフ（さいとう・しみず訳）・前掲（注1）246-247頁。

(64) J. Clarence Davies, Environmental Institutions and the Reagan Administration, in Vig & Kraft, supra note 37, at 154.

(65) Lazarus, supra note 2, at 118-119.

書の提出を求めた。1か月後にはスーパーファンドを所管するほかの調査特別委員会がゴーサッチに2番目の召喚状を送付した。

ゴーサッチはこれに応じる意思を示したが，またしても司法省と大統領法律顧問室が介入し，レーガンは11月30日，「大統領特権」を行使し，召喚に応じないようゴーサッチに命じた（ゴーサッチ自身はこの「大統領特権」の行使に大きな疑問をもち，召喚に応じる意思があったとされる）。しかしこの作戦は明らかな裏目にでた。12月16日，下院本会議はゴーサッチの文書提出拒否を議会侮辱罪で告発する決議を圧倒的多数で可決した。

スーパーファンド・スキャンダル

ゴーサッチの命取りになったのが，固形廃棄物緊急対応（スーパーファンド）担当事務次官補ラベールとの抗争である(66)。

ゴーサッチの召喚をめぐり政権と議会との綱引きが続いているさなか，ミズーリ州タイムズビーチで，ダイオキシンが流出し住民が避難するという事件が発生した。するとマスコミは，この事件とEPAの過去2年間のずさんなスーパーファンド管理や法執行の懈怠を絡め，大々的な報道を開始した(67)。ゴーサッチはこの事件に対するラベール

(66)　リタ・ラベール（Rita Lavelle）は，カリフォルニア州の化学会社（同社は有害廃棄物の不法投棄容疑で州から告発されていた）の広報部長から，16億ドルという巨額のスーパーファンド（汚染浄化資金）を管理・支給する部門の次官補に抜擢された（ネーダー・グループ（海外市民活動情報センター訳）・前掲（注40）380頁）。しかし，スーパーファンドの政治的・恣意的運用を指摘した部下に対してハラスメントをくわえたことから問題が発覚し，2つの議会調査特別委員会から偽証罪および利益相反行為の容疑で調査を受けていた。ラベールは1984年に偽証罪で有罪とされ，6月の禁固刑（服役3月），1万ドルの罰金，5年の執行猶予を言い渡された。

(67)　なお本文28-30頁の記述は，Jonathan Lash, Katherine Gillman, & David Sheridan, A Season of Spoils: The Reagan Administration's Attack on the Environment 73-81 (1984); Collin, supra note 35, at 282-283; Davies, supra note 64, at 154-157 などを適宜要約したものである。

の不手際に腹をたて，ラベールの反対を押し切って町内のすべての私有財産の買い上げを承認した。するとラベールの部下が報復のために，ゴーサッチの法律顧問ペリー（前エクソン社の弁護士）が「当政権の第一義的有権者である実業界」を組織的に遠ざけていると糾弾するメモを大統領府に送りつけた。怒ったゴーサッチは，1983年2月4日，ラベールに辞任をせまり，それが拒否されると，ラベールを解任するよう大統領に直言した（ラベールは3日後に解任された）。

ラベールの解任は，ゴーサッチの側近で法律補佐官のサンダーソン（前職はクォース醸造会社の弁護士）の利益相反行為，ゴーサッチらが過去に作成した人事の「ねらい打ちリスト」，上級職員の大量辞任など，くすぶっていた問題に火をつけ，マスコミを炎上させた。

批判が高まるなか，司法省はとうとうEPAに対する捜査を開始することを（EPAに）通告した。同時にゴーサッチ自身が捜査の対象となったことから，司法省は議会侮辱罪に対する裁判所の審理について，彼女の代理人から降りることをゴーサッチに通告した。かくして，はしごを外されたゴーサッチは3月9日辞表を提出し，レーガンはしぶしぶこれを受理した(68)。

ラックルスハウスの復帰

この空前のスキャンダルでEPAの面目は丸つぶれとなり，その権

(68) 「アン・バーフォード（ゴーサッチ）は，役所を辞してから2年たっても，ホワイトハウスから受けたみじめな扱いのいたみが癒えなかった」（シャベコフ（さいとう・しみず訳）・前掲（注1）248頁）。辞任当時15歳の息子ニールは，ずたずたにされた母をみて激怒し，「ママは辞めるべきではない。ママは悪くない。大統領が命じたことをしただけだ。どうして辞めるの。ママは，私を簡単にあきらめるなといって育てた。なのに，どうしてあきらめるの」と叫んだ（Adam Liptaket al., In Fall of Gorsuch's Mother, a Painful Lesson in Politicking, N.Y.Times, Feb. 4, 2017, https://www.nytimes.com/2017/02/04/us/politics/（last visited Apr. 15, 2019））。ニールに関するそれ以上の説明は，おそらく無用だろう。

威を失っただけではなく，レーガン政権にとっても任期前半に直面したもっとも厳しい政治危機となった[69]。1984年の大統領選挙への影響が懸念されるなか，追いつめられたレーガンは，1983年3月21日，ニクソン政権で初代EPA長官を務めたラックルスハウスを後任に任命し，組織の建て直しを託した。EPA職員は歓呼してラックルスハウスを迎えたが，環境主義者は彼に対する警戒を緩めなかった。

> 「ラックルスハウスは共和党の環境主義者で，両方の党から尊敬されており，EPAは金魚鉢ーすなわち透明性，利害対立の回避，および公衆参加の実現ーのなかで仕事をすることを約束した。彼は職員のモラルとEPAに対する党派に偏らない支持を回復するのを助けた。しかし，EPAの予算は部分的に回復しただけであった。レーガンが最初に仕組んだEPAに対する大統領府の権限の拡大はそのまま維持され，EPAの政治的独立性の長期的衰えを促した」[70]。

(4) 議会の反撃，環境団体の抵抗

この時期の連邦議会は，下院は民主党が，上院は1981-1987年は共和党が，1987-1995年は民主党が多数を制した。しかし民主党と共和党の間には，環境保護のためには連邦政府の強い規制（介入）が必要であるという超党派の基本的な合意（コンセンサス）があった。

---

(69)　シャベコフ（さいとう・しみず訳）・前掲（注1）248頁。「彼の最初の任期の半ばにおいて，レーガンの環境規制緩和戦略は強力な公衆の反発を引きおこし，彼の最悪の政策的失敗となり，もっとも見逃せない政治的頭痛の種となった」(Andrews, supra note 10, at 260)。「レーガン政権の最初の2年は，成果，評価，職員のモラル，指導力，およびその他大部分の点で，EPAの歴史上最悪であった」(Daniel J. Fiorino, The New Environmental Regulation 46 (2006))。「EPAがいまだかってこのような政治的大混乱に放り込まれたことはなかった」(Collin, supra note 35, at 283)。

(70)　Leif Fredrickson et al., History of US Presidential Assaults on Modern Environmental Health Protection, 108 Am. J. Public Health 595, 598 (2018). See also Henry C. & Margaret C. Kenski, Congress Against the President, in Vig & Kraft, supra note 37, at 114-116.

とくに共和党では，スターフォード（上院環境・公共事業委員会委員長：バーモント州選出），チェイフィー（上院環境監視小委員会委員長：ロードアイランド州選出），パックウッド（上院財政委員会委員長：オレゴン州選出），さらにベーカー（上院院内総務：テネシー州選出）など，伝統的に環境保護に好意的で，環境立法を推進した穏健派が要職をしめていたこともあり，議会は，レーガン政権や産業界のあからさまな要求に簡単に応じようとはしなかった(71)。

議会は第1期レーガン政権発足当時は大統領やEPAの出方をうかがっていたが，政権の露骨な反環境政策が環境保護派だけではなく経済界からも不評なことや，EPAの活動がスキャンダルのなかで停滞していることを見極めると，反攻を開始した(72)。この新しい動きは，議会が数年にわたる熟議のすえ，1984年に有害・固形廃棄物改正法を，1986年にスーパーファンド改正・再授権法（SARA）を可決したことで明確になった。

前者は，1976年RCRAを再授権するとともに，EPAの規制権限の対象と要件を強化し，RCRAに地下貯蔵タンク規制条項をくわえたものであり，後者（SARA）はCERCLAを再授権し，スーパーファンド・プログラムの基金を従来の5倍以上に増額するとともに，企業が所有または排出する有害化学物質に関する報告書を住民に開示すること（通称「地域住民の知る権利法」）を定めたもので，いずれも科学

(71) Turner & Isenberg, supra note 3, at 105-107; Layzer, supra note 16, at 93; Landy et al., supra note 24, at 245-246; シャベコフ（さいとう・しみず訳）・前掲（注1）248頁。

(72) Layzer, supra note 16, at 119-116. とくに1982年秋の中間選挙で下院民主党が大勝し，1983年1月から始まる第98議会の主導権をにぎったことで，政局が大きく動き出した。「選挙における敗北にもかかわらず，政権は行政上または立法上の戦略における政策から退却する最初のシグナルをほとんど示さなかった。しかし，議会，とくに民主党下院は，より攻撃的になった」(Kenski, supra note 70, at 114)。

者や環境団体からの要望が強いものであった(73)。

また議会両院は，1986年SDWA法案を圧倒的多数（上院は94対0，下院は382対21）で可決したが，同法は，1972年法を再授権するとともに，規制対象物質を3年間で23から106に増やすことを定めたものであった(74)。

議会の攻勢は，1986年の中間選挙で民主党が上院多数派に（55対45で）復帰すると，さらに強まった。水質法（1987年）は，地方自治体の下水処理施設建設に対する補助金の交付，EPA汚染規制プログラムの拡大，全国汽水域計画の導入などを定め，海洋投棄法（1988年）は，下水処理スラッジ・産業廃棄物の海洋投棄の禁止などの環境規制の強化を定めた(75)。

---

(73)　Michael E. Kraft, Environmental Policy in Congress: Revolution, Reform, or Gridlock?, in Environmental Policy in the 1990s: Reform or Reaction 125（Norman J. Vig & Michael E. Kraft eds., 3d ed. 1997）. 大坂恵里「有毒科学物質情報の公開制度における市民の役割」早稲田法学会誌51巻156-165頁（2001年），東京海上火災保険株式会社編『環境リスクと環境法（米国編）』216-237頁（有斐閣，1992年）に詳しい説明がある。SARAは，レーガンが拒否権行使をほのめかしたにもかかわらず，議会を通過したものである。レーガンは90億ドルの再授権法にしぶしぶ署名した（Layzer, supra note 16, at 127-128）。

(74)　Layzer, supra note 16, at 128.「大気・水の汚染，有害廃棄物の埋立などの命に関わる分野でEPAがなにもしないことに不満をつのらせ，議会は徐々にますます命令的になった。1980年代および1990年に，議会は，前例のない多数の細かなコマンド＆コントロール命令を含む4つの主要な環境法の再授権を可決した」（Rena I. Steinzor, Reinventing Environmental Regulation: The Dangerous Journey from Command to Self-Control, 22 Harv. Envtl. L. Rev. 103, 107（1998））。スタインツオーがあげる4つの法律とは，水質法（1987年），SARA（1986年），有害・固形廃棄物改正法（1984年），SDWA改正法（1986年）をいう（Id. at 107 n.10）。

(75)　Andrews, supra note 10, at 262; Layzer, supra note 16, at 128-129; Kraft, supra note 73, at 125-126. 水質法（1987年）は，レーガン大統領の拒否権行使を乗り越えて法律となった。Percival, supra note 44, at 152.

かくして，レーガン政権第2期（1985年1月から1989年1月）には，環境行政の「振り子の揺れ」が，大統領から議会によるEPA政策の細かな管理へと劇的に移動してしまった(76)。たとえば議会は，環境法規によって規制権限の要件や法令実施等の最終期限（デッドライン）を細かく指定し，期限が遵守されないときは，より厳しい規制を自動的に実施する旨の規定（ハンマー条項）を定めることで，EPAに法律の厳格な施行を強制した（本書224頁）。

パーシヴォルは，このような議会の動きを，つぎのように要約している。

> 「この時期になされた多くの改正は，連邦環境行政機関に対して環境法をより迅速な方法で執行するよう強制することを試みた。執行府が環境問題にさほど関心をはらわなかったので，議会は行政機関の行為に新たに最終期限（デッドライン）を課し，法の運用に失敗した行政機関に対する特別の制裁を定めた。いくつかの法に記された“ハンマー”条項は，行政機関が特定の日までに自身の規則を制定するのに失敗した場合に自動的に発効する規則を特定した」(77)。

環境団体の失われた日々

しかし，政権が広範囲な分野で突発的に繰り出す制度の改悪や抜け穴作りに，環境保護団体が日々対応するのは容易なことではなかった。「私たちにできたことは，それでもくじけないことであり，その時間はよく耐えたと思えるほど長かった」とNRDCのアダムスはいう(78)。しかし，環境に悪いことは環境保護運動には良いことでもあった。「レーガンは，環境に関する世論との闘いで明らかに敗北した。彼の政策は環境団体を再興させるという意図せざる結果をもたらした。こ

(76) Andrews, supra note 10, at 261-262.
(77) Percival, supra note 6, at 166.
(78) シャベコフ（さいとう・しみず訳）・前掲（注1）268頁。

れらの団体の会員は劇的に増加し，世論調査は，環境に対する公衆の関心は着実に増加し続け，1980年代末にピークに達したことを示した」(79)。

しかし，原生自然協会会長フランプトンがいうように，環境勢力がうけた損害は大きく，全体的にみるとレーガン政権の８年は「失われた日々であり，消えた時間の埋め合わせはできず，損害はとりかえせない」ほど大きなものであった(80)。

(5) レーガン改革とは何だったのか

アンドリュースによると，規制改革には２つの種類がある。第１は，環境上の指令を受け入れ，制御設備に投資した主要な製造者の多数が，安定を目標に環境規制改革を支持するもので，制度のつぎはぎを是正し，作成書類を簡素化し，機能しない一貫性のない要件を整理する一方で，競業者にもそれを守らせるために現在のルールの執行を維持するものである。

第２は，単なる改革ではなく，規制緩和，すなわち事業規制の拡大を逆転させることを意図するもので，その主張者は，いくつかの取引団体，多数の鉱業および第１次加工会社などの非妥協的な汚染者，な

(79)　Vig, supra note 48, at 81.「逆説的なことに，レーガンは実際は全国の環境勢力を強化した。レーガンは，汚染防止法の手ぬるい執行および開発指向の資源政策を通して，全国的および草の根環境グループが組織化できる政治的争点を創り出した。これらのグループは，工業化社会の健康・環境リスクおよび生態的安定性に対する脅威によって一層の不安をかきたてられた公衆に訴えるのに成功した。その結果，全国的環境団体の会員は急上昇し，新しい草の根組織が展開し，政府のすべてのレベルで環境行動主義のための政治的インセンティブを作り出した」(Kraft & Vig, supra note 13, at 14)。

(80)　シャベコフ（さいとう・しみず訳）・前掲（注１）268頁。「立法の仕組みを書き換えるというレーガン政権の取組みは失敗したが，予算，職員配置，法執行および組織の威信に対する激しい攻撃の影響は，環境規制を危機寸前にまで追い込んだ」(Fiorino, supra note 69, at 46)。

らびに当初の環境法規には適合したが，さらなる規制の要求に直面している者である。この勢力は，公有地利用の規制に対する伝統的な西部の反対者，無制限な利潤の機会を追求する“カウボーイ資本家”，さらにより一般的な親ビジネス・反政府イデオロギーなどの有権者と連携している(81)。

1980年代の初めには，（単なる規制緩和とは正反対の）実体的・実質的な環境規制改革を支持する動きが，レーガンの当選を支持した企業や利害関係者からもではじめた。すなわち多くの主要企業は，環境投資によって既成の法体系を遵守する体勢を整えたことから，急進的な制度の変更よりは，既存の制度の存続を望んだのである。しかしレーガン政権は，連邦環境規制インフラの「急進的な解体」を主張する声におされ，これらの穏健な改革の声を無視してしまった(82)。

世論を見誤ったレーガン政権

レーガン政権は，景気回復と軍備拡大を最優先事項に，大胆な環境規制緩和に取り組んだ。しかし掛け声とは裏腹に，レーガンが獲得できた成果はわずかなものであった。「レーガンによる税と予算のカットおよびさらに攻撃的な反共産主義のよびかけは有権者の敏感な琴線にふれたが，彼の環境に関する考えは明らかに不評であった。1980年の選挙中およびその後の世論調査は，環境保護の取組みに対する公

---

(81)　Andrews, supra note 10, at 256. See also Turner & Isenberg, supra note 3, at 41-62, 75-77.

(82)　David W. Case, The EPA's Environmental Stewardship Initiative: Attempting to Revitalize a Floundering Regulatory Reform Agenda, 50 Emory L. J. 1, 33 (2001).「レーガンと政府は自らを保守と称したけれど，20世紀の初めのセオドア・ローズヴェルトの統治に始まり，土地と資源を保護してきた歴史をもつ共和党の伝統的な保守主義とはまるでちがい」，「19世紀の搾取的な企業家の方法と弱肉強食の資本主義への復帰をめざしたもの」であり，「自由放任と企業優先の融合物」であった（シャベコフ（さいとう・しみず訳）・前掲（注1）238-239頁）。

衆の強い要求が減少していないことを示していた」[83]。

ラザレスは，ニクソンとレーガンを比較し，「1970年代，環境法はニクソン大統領からの増え続ける批判に耐え抜き，最後は大統領の政治的人気が失墜してしまった。それとは逆に，1980年代，高い人気のあったレーガン大統領は，政権を担った２期を通して連邦環境規制の厳格さを緩和しようと繰り返し試みた。しかしレーガンの改革は（ニクソンのそれと同じく）大部分が失敗した。環境法は大統領の辛辣な批判に直面してもそれをしっかりと維持し，さらに拡大することができることを証明した」という[84]。

結局，レーガン政権が試みた環境規制改革は最初の２年で頓挫してしまい，その後の６年間はほとんど動きをとめてしまった。代わってレーガン政権が精を出したのは，個別の産業界や事業者の要求に応じて法律の一部や行政規則を改正し，規制要件の緩和や抜け穴作りをすることであった。

4　グローバル時代の幕開けと環境政策（H・W・ブッシュ政権）

（1）環境大統領をめざして

レーガン政権の環境政策は，最初の２年間を過ぎるとほとんど重要な動きをとめてしまった。しかし1980年代後半になると，カナダ政府間との酸性雨紛争，汚染物質の越境移動，野生生物・生物多様性の消失，オゾン層の破壊，地球温暖化など，国際レベルの新たな環境問

(83)　Landy et al., supra note 24, at 245.「レーガン政権は環境保護に対する政治的支持の水準を見誤り，ゴーサッチのチームはEPAの管理および議会との関係で致命的な誤りをおかした」(Fiorino, supra note 13, at 40)。

(84)　Lazarus, supra note 2, at 116-117. ラザレスによると，ニクソンおよびレーガンの誤りは，(1)公衆の環境汚染の脅威への怖れと環境保護への渇望の大きさを認識しそこなったこと，(2)環境団体のもつ能力を過小評価したこと，(3)連邦議会の関係する委員会が，大統領府の不正を監視し批判するために積極的に行動したことの３つである（Id. at 116-119)。

題が国内外で浮上してきた。レーガン政権は，オゾン層保護では何とか体裁を繕うことができたが（『入門2』74–77頁），それ以外の問題については，もっぱら「調査と研究」を決め込んだ。

こうしたなか，東部コネチカット州の英国王室に連なる由緒ある家柄に生まれ，穏健な共和党員であったジョージ・H・W・ブッシュ（George Herbert Walker Bush）は，（ニクソンと同じように）環境問題への取組みが自身の政治基盤の強化に利用できると考え，「保全主義者」や「環境大統領」を名乗ることを選択した。環境に対する高い世論を目の当たりにして，ブッシュが1988年の選挙でレーガンの環境上の実績から距離をおくことを決定したのは，とくに驚くべきことではなかった[(85)]。

> 「父ブッシュ大統領の任期，とくに最初の2年は，より穏健な共和党指導者の伝統への回帰であった。レーガン経済政策の“路線を引き継ぐ”ことを約束する一方で，ブッシュは“より親切で紳士的”なアメリカを誓約した。ブッシュの国内政策課題は最近のいかなる大統領よりも数が限られていたが，環境に関する行動を含んでいた。実際，ブッシュは選挙運動中，自身がテディ・ローズベルトの伝統を受け継ぐ“保全主義者”であることを宣言し，“環境大統領”になることを約束した」[(86)]。

ブッシュは1988年8月31日のデトロイト・メトロパークにおける有名な演説で，2000年までにSO_2を劇的に減らし，酸性降下物問題を解決すること，廃棄物の海洋投棄の禁止，医療廃棄物の不法投棄の訴追，廃棄物の発生削減とリサイクルの推進，湿地の喪失を防止するための「ノーネットロス」計画の実施，有害廃棄物法の厳格な執行などの野心的環境アジェンダを示した。さらに地球温暖化問題ふれ，「調査と研究だけのときは過ぎた」，「私たちは“温室効果”について

---

(85)　Vig, supra note 48, at 81.

(86)　Id.

なにもする力がないと考えている者は，“ホワイトハウス効果”を忘れているのである。政権の最初の年に，環境に関する国際会議をホワイトハウスで開催する。それはソビエトや中国を含むだろう。課題は明確になり，私たちは地球温暖化について議論するだろう。……そして私たちは行動するだろう」と力強く述べた(87)。

1989年1月，H・W・ブッシュ政権（任期は1993年1月まで）が発足したが，最初に人びとを驚かせたのは，ブッシュが，WWFアメリカの会長で穏健な環境保護主義者ライリーをEPA長官に任命し，さらにCEQの役割の復活を約束し，CEQ委員長に前EPA第1管区（ニューイングランド）局長デラーンドを任命したことである(88)。

しかしブッシュは，同時にスヌヌ主席補佐官，ダーマンOMB局長，ブロムリー科学アドバイザー（原子物理学者），ボスキン経済諮問委員会委員長などの4人の保守的な大学教授（四人組）を政権の要職に任命した。

さらに，ブッシュはクエール副大統領を委員長とする「大統領府競争力諮問委員会」を発足させ，環境，健康，消費者保護分野における規制の緩和を目的に，「規則が，最小限の経済的影響によって法律を履行していることを確認する」よう指示した。この諮問委員会は，クエール，ダーマン，ミーズ，スヌヌ，ボスキン，モスバッカー，ブラディ，それに商務長官，財務長官によって構成されており，この顔ぶれは，どうみても環境規制に好意的とは思えなかった。そのため，ブッシュ政権の環境政策は最初からちぐはぐで，ライリーやデラーン

(87)　Norman J. Vig, Presidential Leadership and the Environment: From Reagan to Clinton, in Vig & Kraft eds., supra note 73, at 101; Layzer, supra note 16, at 145. なるほど，1990年春，ブッシュは首都ワシントンで気候変動に関する会議を開催した。しかし，彼が述べたのは，「科学的事実がもっと明らかになるまでは，何ら行動を起こすべきではない」というものであった（『入門2』86頁，Turner & Isenberg, supra note 3, at 151–152)。

(88)　及川・前掲（注18）291頁，Vig, supra note 87, at 101.

ドの足場は不安定なものであった[89]。

H・W・ブッシュの任期中は，民主党が上下両院を制する分割政府であり，とくに下院では民主党議員が共和党議員を100名も上回った。他方で彼の伝統的な支持母体である経済界が環境規制の強化に反対したために，ブッシュがとりうる選択肢はごく限られたものであった。

「ジョージ・H・W・ブッシュは1988年に自らを“環境大統領”と称したが，すぐに自身が付けたこの肩書きに背を向け，湿地を不動産開発に開放し，露天掘りの継続を許し，国有林における伐採を強化し，そして地球温暖化条約に従うことを拒否してしまった。さらに，ブッシュによるルーハンの内務長官任命とクエールの副大統領への抜擢は環境上の物笑いの的になった」[90]。

(2) CAA改正法の成立

そうしたなか，ブッシュが超党派の支持を取りつけ，かつ経済界の反対を抑えることに唯一成功したことで，「ブッシュの在任中の単独のもっとも重要な立法上の成果」[91]と評されているのが，1990年CAA改正法である

1970年12月に制定された大気清浄法（CAA）は合衆国環境法の根幹をなす重要かつ大規模な法律である。また，CAAは高度に技術的

---

(89) シャベコフ（さいとう・しみず訳）・前掲（注1）296頁，及川・前掲（注18）292-293頁。ブッシュは専門家を尊重し，また前政権のように官僚を強く統制するよりは“チーム”で行動することを好んだが，これら保守的な高官たちは，政権の（環境政策を含む）政策全般に大きな影響をあたえるようになった。Vig, supra note 87, at 102-103.

(90) Daynes, infra note 128, at 259. というのは，保全有権者同盟（League of Conservation Voters）がルーハン（Manuel Luján）の下院議員活動にあたえたスコアは13%から19%であり（全下院議員の平均は54%），クエール（Dan Quayle）にいたっては，上院議員のなかで最低であったからである。Layzer, supra note 16, at 145, 147.

(91) Vig, supra note 87, at 102.

な法律であり，影響をうける利害関係者の範囲が広範囲におよぶことから，改正には大統領府と議会の緊密な協力が不可欠である。1977年カーター政権のもとで規制強化をめざした重要な改正がなされたが，レーガン政権は企業のコスト増加を理由にCAA改正に反対し続け，再授権や改正論議を棚上げにした。そのため，CAAは環境政策の膠着状態（手詰まり）の象徴とされてきた(92)。

ブッシュ個人は環境保護にさほど関心はなかった。しかし，レーガンとの違いを有権者に印象付けるには，ちょうど再授権の時期を迎えたCAAを争点化するのが得策と考えたのである。

1989年6月12日，ブッシュは選挙公約を実現し，長年の議論の膠着状態を打開するために，(1)酸性雨対策として，石炭火力発電所からの硫黄酸化物排出量を2000年までに半分に削減する，(2)1977年大気環境基準に適合しない80ほどの都市区域の大気汚染を減少させる，(3)200ほどの有害大気汚染物質を2000年までに75%から90%削減するの3つを柱とするCAA改正法案の草案を議会に告知した。この草案は，それぞれ7月27日と8月3日に，H.R.3030およびS.1490として，ディングル下院議員およびチェィフィー上院議員から，両院に提出された(93)。さらにブッシュは法案の作成と可決に向け，大

---

(92)　レーガン政権後期には，酸性雨が公衆の主たる関心事であったが（畠山武道「国内法の適用による越境汚染の規制」『山本草二先生還暦記念論文集・国際法と国内法』471頁（勁草書房，1991年）参照），「政府がCAAを適切に更新し，酸性雨に対処するのを怠ったことが，CAAの手詰まりを政府の非効率のシンボルに変えてしまった。レーガン大統領のCAAに対する反対はきわめて激しいもので，彼が大統領府にとどまる間は，立法の強化に向けて増え続ける圧力を寄せ付けなかった。そこで，CAAの改正はライリーとブッシュ政権の重要な試金石であった」(Landy et al., supra note 24, at 286)。「CAAにおける成功は，とりわけ重要であった。というのは，CAAは，13年の間，議論の多い環境プログラムを再授権することについて議会の無能を象徴するものであったからである」(Kraft, supra note 73, at 126)。

(93)　Vig, supra note 87, at 102.「ブッシュが議会に提出したプランは，大部

統領府および関連官庁の職員から選抜された専門チームを設置し，議会や関係団体への働きかけを強化した[94]。

ワックスマンとディングルの主導権争い

しかし，ブッシュの後押しにもかかわらず，議会の対応は緩慢なものであった。その原因は，下院では急進的な改正を主張するワックスマン（民主党・カリフォルニア州選出）と自動車産業の保護などを強硬に主張するディングルの対立が激化し，また上院では地元に高硫黄石炭産地をかかえる院内総務バード（民主党：ウェストヴァージニア州選出）が法案に非協力的であったからである[95][95-2]。

分の重要な点で議会が最終的に可決したものにきわめて類似していた。……大統領府のプランは議会の環境指導者が望んだものとあまりに類似していたために，彼らは単に“議論の余地なし”と宣言した程である」（Landy et al., supra note 24, at 287）。

(94) 「法律を確実に刷新するため，ブッシュ政権は複数の関係行政機関の上級公務員からなるワーキンググループを招集し，議会の指導者，企業の代表者，環境団体，およびその他の利害関係者と綿密に協議した」（Glen Sussman and Mark Andrew Kelso, Environmental Priorities and the President as Legislative Leader, in Environmental Presidency 122 (Dennis L. Soden ed., 1999)）。「ブッシュは法案を起草するために，非常に多くの時間とエネルギーを費やした。もっと重要なのは，彼が議会をとおして立法を獲得するために，かなりの政治的資源を投じたことである」（Klyza & Sousa, supra note 4, at 46）。

(95) Landy et al., supra note 24, at 286. ワックスマン（Henry Waxman）はカリフォルニア州ロサンゼルス郡西部を選挙区とする民主党リベラル派のリーダーで，数多くの環境法規の制定に奔走した。ディングル（John D. Dingell）はミシガン州デトロイト西部郊外とアナーバーを選挙区とする民主党の重鎮で，かつては環境保護派のリーダーとして，NEPA，1972年CWA，ESA，海洋哺乳動物保護法の制定，デトロイト川国際野生生物保護区の設立などに力を発揮したが，その後は医療保険改革に力を注いだ。ディングルは自動車業界の最強の味方と評されていたが，それ以外の産業保護には関心がなく，酸性雨問題では，政治力維持のために北東部州の議員と連携するのが得策と判断した。バード（Robert C. Byrd）はウェストヴァージニア州選出の民主党最高実力者であるが，高硫黄石炭を産出する地元石炭企業の利益保

しかし，ブッシュは2つの幸運に恵まれることになった[96]。第1は，下院議長フォーリー（民主党・ワシントン州選出）や下院エネルギー・商業委員会の民主党穏健派議員が，ワックスマン・ディングルの対立を乗り越えるために積極的に活動したことであり，第2は，バードに代わって上院院内総務に選任されミチェル（民主党・メーン州選出）が，法案の推進に向け並々ならぬ交渉能力を発揮したことである[97]。

まず上院環境・公共事業委員会は16名の委員のうち7名を北東部州の議員が，4名を低硫黄石炭産地であるロッキーマウンテン州の議

護に余念がなかった。

(95-2)　なお，ワックスマンとディングルは1980年代以降，30年近くにわたりライバル関係にあり，2009年オバマ政権が誕生すると，温暖化対策に消極的なディングルはワックスマンに下院エネルギー・商業委員会委員長の座を奪われた。ディングルは，2015年1月3日，60年にわたる議員生活に幕を降ろし，妻デビー・ディングルが議席を引き継いだ。彼女は30年以上もGMで働き，GM財団の理事長，同広報担当上級理事を務め，さらに自動車業界のロビイストであった。

(96)　議会審議の経過は，Judith A. Layzer & Sara R. Rinfret, The Environmental Case: Translating Values Into Policy 146-151 (5th ed. 2019); Sussman & Kelso, supra note 94, at 119-125および櫻井泰典「アメリカの1990年改正大気浄化法と排出権取引――州・連邦関係と政策形成過程――」社會科學研究60巻2号101頁，110-113頁（2009年）に詳しく記されており，本文の説明もこれらによっている。

(97)　メーン州の主産業は観光や漁業であり，しかも“ダーティ”な州（ラストベルト）の風下にあって酸性雨の被害を直に受ける位置にあった。ミチェル（George J. Mitchell）は上院の指導的環境主義者のひとりで，同州選出のもっとも影響力のある環境法立法者マスキー上院議員のスタッフを務め，マスキーから詳細な環境法の知識と高度な交渉術をたたき込まれた。ミチェルは彼の指導教官を見習い，強化されたCAAを可決に導くことを決意した(Landy et al., supra note 24, at 286)。サスマン・ケルソーはミチェルの活動を高く評価し，「上院では，多数派院内総務がバードからミチェルに交代した。ミチェルは大気清浄立法を彼のアジェンダのトップにおき，法案が上院の立法手続を通過するにあたり，注目に値する立法手腕を証明した」と述べる(Sussman & Kelso, supra note 94, at 123)。

員がしめていたこともあり，法案は11月16日，15対1の圧倒的多数で難なくを委員会を通過した。上院本会議における審議は難航したものの，ミチェルは，規制強化と排出枠取引を交渉材料に規制推進派と規制反対派を粘り強く説得し，排出枠を特別に上乗せすることでアパラチア地方および中西部州議員の同意を取りつけた。法案は111もの修正を施し，1990年4月3日，89対11で上院を通過した。

下院ではディングル（エネルギー・商業委員会委員長）とワックスマン（同委員会健康・環境小委員会委員長）の主張が真っ向から対立した。そこでディングルは，改正法案のなかのもっとも重要な部分，つまり酸性雨と代替燃料の部分の審議をワックスマン小委員会から取り上げ，エネルギー・電力小委員会に移し替えて審議の引き延ばしを図った。この小委員会の委員長は，かねてより酸性雨規制立法に反対していたフィリップ・シャープ（民主党・インディアナ州選出）であった。しかし，ワックスマン小委員会が1989年10月11日に付託された法案部分を可決したのに対し，シャープ小委員会は延々と議論を続けたために，ディングルは，5か月後の1990年3月14日，小委員会審議の打ち切りを宣言した。調整と駆け引きの舞台はエネルギー・商業委員会に移されたが(98)，4月14日，同委員会は大気清浄法案の作成を完了し，5月17日，42対1でこれを可決した。下院本会議は，アパラチア山

(98)　エネルギー・商業委員会は，中西部やアパラチア石炭州の議員が圧倒的多数を占めていた。しかし，火力発電会社の利害が，清浄な石炭を使用しスクライバー装備が不要な州，州の厳しい規制にすでに対応した州，高硫黄石炭を使用する州，低硫黄石炭を使用する州などでそれぞれ異なるために，調整がつかず，結局，「“ダーティ”な州と“クリーン”な州は，中西部電力会社に対して，排出削減期間の延長，排出枠の上積み，排出削減技術開発のための基金提供を認めることで最終的に合意した。“クリーン”な州も，いくつかの譲歩を引き出した。つまり，これらの州は取引制度のもとで電力会社のためのより大きな柔軟性を獲得し，中西部州が当初彼らにあたえることを躊躇していたすべての許可を手に入れた」からである（Layzer & Rinfret, supra note 96, at 150）。

脈沿いの高硫黄石炭産地の失業対策費を増額する修正案を可決し，5月23日，修正案を盛り込んだ法案を，401対21の圧倒的多数で可決した。

両院協議会では，CAA改正法案の大部分の条項について下院の主張が認められたが，酸性雨条項については（より一貫性があり，大統領原案に近い）上院法案が下院法案をうち負かした。その結果，両院協議会法案の酸性雨条項は，「全体的にみると，いくつかの中西部電力会社に排出枠の上積みが認められたにもかかわらず，中西部および老朽化した汚い発電施設にとって大きな敗北であった」[(99)]。

両院協議会法案は，10月26日下院において，また翌27日上院においていずれも圧倒的多数で可決され，11月13日，大統領に提出された。1990年11月15日，ブッシュはこれに署名し，法案は法律（Pub. L. No. 101-549, 104 Stat. 2399（1990））となった。

ブッシュのリーダーシップに対する高い評価

ブッシュがCAA改正で果たした役割については，一般に高い評価があたえられている。ヴィーグは，端的に「ホワイトハウスのリーダーシップがなければ，大気清浄立法に関する10年の手詰まりが打開されることはなかったであろう」という[(100)]。

サスマン・ケルソーは，ブッシュ政権がCAA改正法の制定に果たした役割をさらに高く評価し，つぎのようにいう。

> 「ブッシュは，立法活動のスローな進行，下院におけるディングルとワックスマンの対立に示される内部分裂，および上院におけるバードの反対に遭遇した。大統領は立法を提案する憲法上の正式な権限を有しないが，大統領は立法のリーダーとして，議会の同調者および反対者の行動に影響をあたえるために，個人的な説得権限を行使しなけれ

---

(99)　Id.

(100)　Vig, supra note 87, at 102. See also Kraft, supra note 73, at 126.

ばならなかった」。「民主・共和党議員の大多数は法案可決に投票し，立法に対する超党派的な強い支持を表明した。結果的に，非常に広範で複雑な立法には多数の競合する利害が含まれることを考えると，この点について大統領の行為がなければ，議会が行動をおこしたかどうか，またどの範囲で行動をおこしたのかは疑問である」。「ジョージ・ブッシュは，大統領の影響力が立法的討論の開始，進行および結果に実際に影響をあたえうることをきわめて明確に証明した。彼の先任者レーガンの環境問題に対する無関心とあからさまな敵意とは対照的に，ブッシュ大統領は，国家が新たな10年に突入するときに，重要な環境立法の可決を確実にするために，彼の執行府の権力と権威を行使した」(101)。

こうしてCAAは13年ぶりに改正され，連邦政府が積年の課題に取り組む体制が一応整備されたのである。1990年改正法は合衆国法律全集（Statutes at Large）の313頁を費やす膨大なものであるが，とくに重要な改正箇所は，(1)大気質の改善，(2)酸性降下物の削減，(3)有害大気汚染物質の削減，(4)オゾン層の保護の4つである。(1)は，汚染の激しい主要な都市区域の大気を大気環境基準に適合させるためにRACTやLAER（本書224頁参照）の適用を強化し，地域ごとに3年から20年の最終期限（デッドライン）を明記し，さらに自動車排出ガス基準の強化とクリーン燃料の使用を義務付けたものであり，(2)は，火力発電会社から排出される硫黄酸化物および窒素酸化物の削減を義務付け，前者について排出量取引市場を創設するものである。(3)では，有害または有毒大気汚染物質のすべての大規模発生源についてMACT排出基準を定める規則の制定をEPA長官に指示し，規制対象となる189の物質を法律に明記した。(4)は，2000年までにクロロフルオロカーボン（CFCs）の使用を禁止し，その他オゾン層破壊物質を段階的に廃止することを定めている(102)。

---

(101)　Sussman & Kelso, supra note 94, at 123, 124, 125.

(102)　1990年改正法を解説した文献は多数にのぼる。(おそらく）もっとも詳

しかし，1990年CAA改正法は，じつに奇妙な法律である。同法は環境保護派の長年の主張を取り入れ，有害物質規制などについて大幅に規制を強化する一方で，環境規制改革論者や経済学者がうるさく主張してきた硫黄酸化物の汚染クレジット（許容量）取引制度を法制度として導入するなど，アクロバットのような法律であった。「厳格で複雑な規制に向けた動きは，1990年CAA改正法の可決において最高潮に達した」が，「皮肉なことに，厳格な新しいコマンド＆コントロール要件を含む1990年CAA改正法が，まさに，厳格規制に対する代替的アプローチのなかでもっとも野心的なバージョンを法律に組み込んだのである」(103)。

(3) 気候変動問題で孤立するライリー

酸性雨とならびこの頃大きな国際問題として浮上したのが気候変動問題である。しかし，ブッシュの気候変動への取組みは，酸性雨へのそれとは正反対であった。

気候変動問題については，温暖化のメカニズム，温暖化の発生確率，温暖化の程度（上昇温度），その影響の大きさ，対応策などをめぐり，虚実をまじえたさまざまな議論がされてきたが，確たる結論が得られ

しい解説は，The Clean Air Act Amendments of 1990: A Symposium, 21 Envtl. L. 1549, 1549-2321 (1991) 中の，Henry A Waxman, An Overview of the Clean Air Act Amendments of 1990, id. at 1721-1816, および 22 Envtl. L. Rep. (Envtl. Law Inst.) 10159, 10235, 10301 (1992) に14章に分けて掲載された Theodore L. Garrett & Sonya D. Winner, A Clean Air Act Primer などであろう。ここでは，より簡潔な Arnold W. Reitze, Air Pollution Control Law: Compliance and Enforcement 21-25 (2001); Walter A. Rosenbaum, Environmental Politics and Policy 194-198 (4th ed. 2014); Fiorino, supra note 13, at 27-28 の説明を利用した。なお(2)の排出枠取引については，別途検討する。ここでは，本書263頁以下をとりあえず参照。また(3)については，『入門1』61-62頁を参照。

(103)　Steinzor, supra note 74, at 107, 108.

ないままに時間が過ぎていった。こうしたなか，アメリカが国際舞台で主導権を握るために活動したのがEPA長官ライリーである。

> 「ライリーは，温室効果ガスを抑制するというブッシュの選挙公約だけではなく，地球温暖化を抑制する必要を強く再確認するEPA報告書で理論武装し，対外的にこの問題にきわめて前向きになった。彼は温暖化条約の作成を目的とした会議に参加し，その場で野心的な国際的提案を支持することを明らかにした。ライリーは，たとえ科学的な結論がでなくても，野心的な合衆国の主導権は，（合衆国）政府の優柔不断という国内外における印象を防止すると考えた。彼は，問題に取り組む前に，常により多くの調査研究を要求するという酸性雨のパターンを回避することを期待したのである。合衆国の積極的な役割は，国際的な努力が穏便なものにとどまることを確保することにもなるからである」[104]。

しかし，ライリーの積極的なアプローチは，ブッシュ大統領の主席補佐官スヌヌとの衝突を引きおこした。ブッシュ大統領は，ワシントンで開催される政府間パネルで，温室効果ガスの安定をよびかける宣言に署名し，さらに一連の具体的な対策を提案するスピーチを予定していたが，スヌヌは閣僚会議の決定をひっくり返し，これらの約束を削除し，代わりに科学的不確実性とさらなる調査研究の必要を強調するようにスピーチを書き直させることに成功した[105]。かくしてライリーは，ブッシュ政権内部で完全に孤立した。

> 「スヌヌ，ダーマン，それにボスキンは気候変動理論にきわめて懐疑的で，もっぱら化石燃料消費を制限する経済的コストにこだわった。（ライリーの助言を含む）それ以外の助言はホワイトハウスでは反感をもたれた。ブッシュ大統領はこの問題に個人的関心を示さず，気候変動については，酸性雨に対するレーガンの政策と同じく，もっと調査が必要であるという政策スタンスを採用した。その間，政権は“後悔

(104) Landy et al., supra note 24, at 294.
(105) Id. at 294-295. See also Layzer, supra note 16, at 156-158.

しない”アプローチ，すなわち地球温暖化の可能性に対する行動は，それがその他の理由によって十分に正当化されうる場合にのみなされるというアプローチに従うことにした」(106)。

それ以後のブッシュ大統領およびアメリカ政府の温暖化問題に対する対応については，すでに多くの文献があるので，ここでは説明を省略しよう(107)。1992年6月12日，H・W・ブッシュ政権はリオ・サミットで合衆国の主張を大幅に取り入れた国連気候変動枠組条約に署名し，同年10月15日，議会上院は全員一致でこれを批准した。しかし「ブッシュは，1992年に任期が終盤にはいる頃には，一見すると，国際環境法協定を推進するための努力に対する当初の支持を放棄してしまった」(108)。

(4) ノーネットロス

国内に目を転じると，ブッシュ政権の環境政策のなかでとくに大きな論争を引きおこしたのが，湿地保全計画「ノーネットロス」(No Net Loss) である。「ノーネットロス」とは，H・W・ブッシュが1988年の大統領選挙運動で公約に掲げ，1989年1月のEPA記者会見で公表された湿地保護計画の通称である(109)。

---

(106) Vig, supra note 87, at 103.

(107) ミランダ・A・シュラーズ（長尾伸一・長岡延孝監訳）『地球環境問題の比較政治学』117-120頁，139-141頁（岩波書店，2007年），Layzer, supra note 16, at 168-169, 139-141. さらに『入門2』86-88頁でも簡単にふれた。

(108) Lazarus, supra note 2, at 127.「多くのアメリカ人は，ブッシュの環境外交は大部分が失敗であったと結論付けた」(Carolyn Long et al., The Chief Environmental Diplomat: An Evolving Arena of Foreign Policy, in Soden ed., supra note 94, at 217)。

(109) Vig, supra note 87, at 103-104. See generally Michael C. Blumm, The Clinton Wetlands Plan: No Net Gain in Wetlands Protection, 9 J. Land Use & Envtl. L. 203, 215-216 (1994). ノーネットロスについては，井上従子「日米の沿岸域管理・利用に関する比較研究(1)(2)——特に埋立ミティゲーショ

アメリカでは，伝統的にニューサンス法によって，または連邦行政機関，州政府，地方自治体などの散発的な対策によって湿地の保護が図られてきた。しかし開発圧力にさらされ，その劣化や消失がすすむ一方であった(110)。ノーネットロス計画は，個別の湿地の保護に偏してきた従来の政策を変更し，合衆国全体の湿地の総量を維持するために，開発によって湿地が消失する場合に，面積的および機能的に同等の湿地の確保や創造を，開発者に対して要求するものである。

1987年，EPAの依頼をうけ，環境保護団体Conservation Foundationは州・地方政府の公務員，環境団体，農業者，土地所有者など20名からなる「全国湿地政策フォーラム」を設置した。フォーラムは，全米3か所でワークショップを開催し，専門家や利害関係者の意見を広く聴取したのち，翌1988年に最終報告書を公表した。ここで示されたのが，ノーネットロスという概念である。報告書はノーネットロスを説明し，「国は，面積と機能により定められた国内に残る湿地基部（ベース）の全体的な純損失を防止し（no overall net loss），可能なときには湿地を回復し，および創造し，国の湿地資源基部の質と量の増加を図るために，国の湿地保護政策を確立する」と述べている。ブッシュはフォーラムの座長であったニュージャージー州知事ケーンの助言に基づきノーネットロスを彼の選挙公約に組み入れたのである(111)。

ンについて」横浜国際経済法学3巻1号83頁・2号257頁（1995年），遠州尋美「アメリカ合衆国のミティゲーション」日本福祉大学経済論集12号1頁（1996年），北村喜宣「ミティゲイション――アメリカにおける湿地保護政策の展開」エコノミア47巻4号22頁（1997年）など，すでに多くの研究がある。ここでは，ブッシュ政権がノーネットロス計画をどのように実行したのかに焦点をあてる。

(110) Hope Babcock, Federal Wetlands Regulatory Policy: Up to Its Ears in Alligators, 8 Pace Envtl. L. Rev. 307, 313-317 (1991); 久保・前掲（注24）170-172頁。

(111) Id. at 334 n.136.

「湿地」の定義をめぐる混乱

1987年，合衆国陸軍工兵隊（COE）はEPAとの協議を経て，水質清浄法（CWA）404条許可を運用するためのマニュアルを作成し，そこで「湿地」の意義を明らかにした。EPAとCOEの交渉はさらに加速し，1年もたたないうちにミティゲーション協定覚書が完成した[(112)]。しかし，覚書が署名されると，すぐに両者の対立が始まった。

その後，関連する4つの関係省庁（COE，EPA，農務省土壌保全局，内務省魚類野生生物局）は，「湿地」の定義および審査について一貫性のある共通のアプローチをとるべきであるという前記フォーラムの指示に従い，共通マニュアルの作成に取りかかった。4省庁は，1989年1月10日共通マニュアルについて合意に達し，3月20日からマニュアルの適用を開始した。

---

(112)　U.S. Army Corps of Engineersは陸軍省に所属し，軍事施設の設立・維持・管理だけではなく，航行可能水域の維持管理，水資源の開発などを伝統的に所管する大規模土木官庁（職員数約3.7万人）である。1899年河川港湾法10条および13条（いわゆる廃棄物法）により，COEは航行可能水路における妨害行為（廃水に起因する危険を含む）を規制する権限をあたえられた。そのため，1972年のFWPCA改正の際には，COEと新設機関であるEPA間の権限配分が政治問題化したが，結局，「特定の場所において航行可能水域に浚渫物または盛土材料を排出するための許可」（404条(a)）は，従来どおりCOEが所管することで折り合いがついた。当初は湿地や汽水域が航行可能水域に含まれるのか，どの範囲の「盛土材料の排出」を許可の対象とするのかをめぐり混乱が続いたが，1977年のCWA改正によってようやく一応の整理が図られた（以上の経過は，Michael C. Blumm & Bernard Zaleha, Federal Wetlands Protection Under the Clean Water Act: Regulatory Ambivalence, Intergovernmental Tension, and a Call for Reform, 60 U. Colo. L. Rev. 695, 700-707（1989）に詳しい）。この許可は，404条許可，湿地許可，COE許可などとよばれるが，運用をめぐりEPAとCOE，および環境保護派と開発派の対立が続いてきた。EPAはCOEとの協議により法的強制力があるガイドライン（404条ガイドライン）を作成し，COE許可を取り消す権限（拒否権）を有する。しかし，これが行使されるのはごく稀である。See Rodgers, supra note 11, at 324-326.

このマニュアルは，1987年のCOEマニュアルの「湿地」の定義は厳格すぎる（狭すぎる）とし，これを若干緩和（拡大）したものであった。しかし，このマニュアルの変更は，自身の土地が突然「湿地」に分類され，用途転用について規制をうけることになった開発業者，農民，それに鉱物採掘者を大混乱に陥れた。怒った彼らは（とくに）マニュアル作成手続が連邦行政手続法（APA）の規則制定手続に従っていないと主張し，政権上層レベルにおける政策の審査および全国的な公聴会の実施をブッシュに促した。クエール競争力諮問委員会委員長は，直ちにこれに応じる意思を示した(113)。

1991年8月10日，ブッシュはライリーの強い反対を押し切り，湿地の定義を変更し，規制対象となる湿地の範囲を縮小する新たなマニュアル案を公表した（連邦公報公示は8月14日）。しかし，この改正マニュアル案は，環境団体によれば全国の湿地の約半分を規制対象から除外するものであった(114)。そこで今度は環境主義者から激しい反対の声があがり，パブリック・コメントの期間中に提出された意見書は8万通以上にも達した。そこで大統領府は，この問題に関する合衆国科学アカデミー（NAS）の研究が完了するまで新たな湿地ガイドラインを公布しないとすることで事態の沈静化を図った(115)(115-2)。

---

(113)　以上の経過は，Emily H. Goodman, Defining Wetlands for Regulatory Purposes: A Case Study in the Role of Science in Policymaking, 2 Buff. Envtl. L. J. 135, 141-147（1994）に詳細に記されている。See also 久保・前掲（注24）172-173頁，Blumm, supra note 109, at 206-208; Babcock, supra note 110, at 335-336, 343-350.

(114)　Keith Schneider, Bush Announces Proposal for Wetlands, N.Y. Times, Aug. 10, 1991, at sec.1, p.7; Landy, supra note 24, at 297; Vig, supra note 87, at 103-104; Blumm, supra note 109, at 206-208; Goodman, supra note 113, at 148-150. なお，及川・前掲（注18）293-294頁，307-308頁の優れたかつ興味深い記述も参照。

(115)　Goodman, supra note 113, at 151: 久保・前掲（注24）172-173頁。結局，このNASの研究はブッシュ政権時には完成せず，研究の遅れは湿地保護寄

(5) ブッシュの変節

ブッシュ大統領は，1990年11月，難題のCAA大改正をなしとげ，さらに，EPA予算の増額，国立公園・国設野生生物保護区の用地取得費1億ドル余の増額，ニューイングランド・南フロリダ・カリフォルニア沿岸における石油掘削の10年間の凍結，環境法令違反の摘発強化，核廃棄物・化学兵器で汚染された軍事基地浄化のための70億ドル支出，チェサピーク湾の浄化などにも成果を残した(116)。したがって，この頃のブッシュの環境保護姿勢は，クエール副大統領，スヌヌ，ダーマン，ボスキンなどの根っからの（思想的）保守派とは明らかに異なる，リベラル色を含むものであった(117)。

しかし，その頃を過ぎると，ブッシュはいっこうに回復しない経済と近づく大統領選挙（1992年11月）に関心が移ってしまい，これまでの姿勢を180度転換し，景気回復を妨げる過剰な規制を攻撃するようになった。「政権中期頃のブッシュ政権は，もはや環境主義者の関心に迎合するつもりはなく，代わりに現行法に対する規制される側の

りのライリーを勝利させることになった。Landy, supra note 24, at 297.

(115-2)　1993年8月，クリントン大統領はブッシュが1991年に提案したマニュアルを「技術的な欠陥があり」，「保護に服する湿地の範囲を劇的にかつ弁護の余地がないほどに減少させる」と批判し，NASの報告が完成するまで1987年COEマニュアルを使用することを宣言した（Blumm, supra note 109, at 209)。NAS報告書は1995年に完成したが，報告書は従来のCOEなどのCWA404条許可の運用をおおむね適切と認めつつその改善を促したにとどまる。したがって，CWA404条許可については，現在も1987年COEマニュアルが利用されている（Margaret Strand & Lowell Rothschild, Wetlands Deskbook 14-15（4th & Kindle ed. 2015))。

(116)　Layzer, supra note 16, at 165. これらの多くが，EPA長官ライリーとEPAの奮闘の賜物であることは断るまでもない。See Landy et al., supra note 24, at 295-301.

(117)　ただし，クエールの保守主義は明白であったが，「大統領府内の激しい戦いのさなかにあった環境規制について，ブッシュ大統領の基本的信条を見分けるのは，より困難であった」(Layzer, supra note 16, at 164)。

批判により応える機会を追求した」[118]。

その典型例が，1990年CAA改正法に対する姿勢である。「ブッシュは，彼の顕著な環境上の成果である1990年CAA改正法の執行を延期する規制モラトリアムを強行し，さらに拡大した」のである[119]。

大統領府内では，スヌヌが大統領首席補佐官を辞任すると[120]，競争力諮問委員会委員長クエールに注目が集まる機会がますます多くなった。「諮問委員会は，規則制定手続の利用に最大限の関心を集中し，CAA改正法の影響を緩和し，規則の制定を遅らせ，そして議会によって否定された企業のための適用免除または優遇取扱いを実現しようとした」[121]。諮問委員会は，さらに湿地の定義に関するマニュアルの改正（既述），リサイクル・混合焼却・有害廃棄物埋立処分に関

---

(118) Lazarus, supra note 2, at 127.「ブッシュは，自分が環境団体の要求と次第にうるさくなった保守地盤の要求との板挟みにあることに，すぐに気がついた。選挙から1年もたたないうちに，大統領府の保守派が優位にたち，大統領は，1991年末にはより反規制的な態度をとった」(Layzer, supra note 16, at 135)。「1992年の大統領選挙が近づくにつれて，規制緩和と選挙運動への寄付がさらに一層結び付いた形跡がある」(Vig, supra note 87, at 103-104)。

(119) Robert V. Percival, Who's In Charge? Does the President Have Directive Authority Over Agency Regulatory Decisions?, 79 Fordham L. Rev. 2487, 2505-06 (2011)。「CAAを執行する段になると，ブッシュは彼の副大統領や閣議の保守的メンバーの側につくようになった」(Layzer, supra note 16, at 165. 久保・前掲（注24）136頁参照)。

(120) スヌヌが政権内で絶大な権力を行使したことについては，及川・前掲（注18）292頁，305頁参照。スヌヌは，公費，軍用ジェット機，リムジンなどを私用目的で頻繁に利用したという批判を受け，1991年12月15日をもって辞任した。しかしそれ以前に，スヌヌはニューハンプシャー州知事時代の友人デビット・スータを連邦最高裁判所裁判官に推薦したことで，大統領や保守派の怒りをかっていた。スータは裁判官に就任すると，すぐにリベラル色を鮮明にしたからである。

(121) Layzer, supra note 16, at 160. 及川・前掲（注18）292-293頁，久保・前掲（注24）220-221頁参照。

する規則の変更，CAA 執行（違反行為の取締り）に関する新規則の緩和，それに生物多様性条約に対する反対などを決定し，広範な批判を呼び起こすことになった(122)。

環境政策をめぐる議会の論議も低調で，第102議会（1991年1月から1993年1月）で成立した環境関連法規は，エネルギーの自立と効率化の促進を目的としたエネルギー政策法（所管はエネルギー省）を含む3立法にすぎなかった(123)。

ヴィーグは，皮肉をこめてつぎのようにいう。「20年前のニクソン大統領と同じように，ブッシュは彼の任期の最初の2年は新たなCAA を可決したことで最高潮に達した環境への関心の波に乗った。しかし，これまたニクソンと同じように，ブッシュは経済不況と経済界の圧力に直面し，任期の後半は環境に対するより厳しい立場をとった。実際1992年のブッシュは，まるでロナルド・レーガンのようであった」(124)。

好感をもって迎えられたブッシュとライリーの親密な関係も，完全に破綻してしまった。「(ブッシュ) 政権の初期には政権内における

(122)　Vig, supra note 87, at 103-104.

(123)　Vig & Kraft, supra note 73, at 396 の立法一覧を参照。

(124)　Vig, supra note 87, at 101.「ニクソンは，彼の任期の最初の2年間は環境の支持者として自身を売り込んだが，政治的見返りがあまりに小さく，強力な産業界の利害との同盟を発展させる政治的機会がきわめて大きいと結論付けると，すぐにその外見を放棄してしまった」。「ニクソンと同様，ブッシュもビジネス界のコアな支持者にあたえる費用（コスト）を正当化するための努力に相当する十分な政治的うまみを得ることができないと最終的に結論付けたようである。彼がなにをしても，環境団体は十分ではないと彼の政権を批判するだけのようにみえた。産業界を遠ざけることによる短期の政治的代償は，遠い将来にそしてしばしば遠い所でのみ実現するような環境上の利益を正当化するには，あまりに大きすぎた。ブッシュ政権は，その中期には，もはや環境主義者の関心に応じるつもりはなく，代わりに，現行法に対する規制される集団の現行法批判に，より応える機会を探しているようであった」(Lazarus, supra note 2, at 126-127)。

EPA の可視化が進み，EPA 長官と大統領府が歴史上もっとも親密であったことで特徴付けられる。……ブッシュ大統領の任期の終盤になると，ライリーと大統領府の関係は円滑どころではなかった。大統領は再選出馬にあたり，環境よりは経済を強調することを決定した。EPA とライリーはまったくお呼びでなかった。大統領は“ノーネットロス”湿地政策の支持から離脱し，CAA 改正法を執行する規則のあら探しをし，リオサミットで合衆国が主導権をとるのを承認するよう求める〔ライリーの〕努力を阻んだ」(125)。

「結局，ブッシュ政権は建設的な環境政権として発足したが，最後の年は守勢一方の混乱に陥ってしまった。ブッシュを支持した多くの環境主義者は，彼のますます後ろ向きで，怒りっぽく，辛辣になった再選キャンペーンの叫びに失望した。思い起こすと，ブッシュの退却は，アメリカ政治におとづれる，より重大な変化の徴候であった」(126)。

5　分極化時代の環境政策（クリントン政権）

(1) クリントン政権の登場と環境政策の再検

1990 年代に入ると，人びとの関心は，環境保護から経済再生，財政再建，国民皆保険などへと移った。しかし，12 年間の共和党政権時代に蓄積した環境主義者の不満は，クリントン・ゴアに対する期待を弥が上にも高めた(127)。クリントン・ゴアも，これらの期待に応えるべく，自動車の企業別平均燃費（CAFE）基準の引き上げ，大量輸送手段の整備，天然ガスの利用と核発電依存の軽減，再生可能エネルギーの研究・開発，固形廃棄物の削減と再利用の推進，面的汚染源の規制基準を定めた新 CAA の制定，二酸化炭素排出量の（2000 年までに）1990 年水準への削減など，多数の項目を彼の選挙公約にならべ

---

(125)　Fiorino, supra note 13, at 41-42.
(126)　Vig, supra note 87, at 104.
(127)　Long et al., supra note 108, at 217-218.

た[128]。

ところで，クリントンは社会文化面ではリベラルであったが，経済面では，政府による福祉の拡大や所得の再分配を主張する伝統的リベラルとは一線を画し，「大きな政府ではないが積極的に機能する政府」を提唱するニュー・デモクラットであった。「政治的プラグマティストとして，クリントンは，複雑な規制はビジネスを抑止し，誘因策の方がより低い費用でより良い成果を達成できるであろうことを気にしがちであった。政治的中道派からの支持を得るために，彼は自身を，規制優先で反ビジネスの（ニューディール）民主党員とは異なるニューデモクラットと位置づけ直した」[129]。

「クリントンとゴアは，環境政策においても，環境保護と経済成長の関係について，伝統的なレトリックに別れを告げた。雇用対環境という論争は“誤った選択”であり，環境の浄化は雇用を作り出し，合衆国経済の未来の競争力は，環境的に清浄でエネルギー効率的な技術に基礎をおくだろう，と彼らは主張した。彼らはこの“グリーン”技術を推進するために，さまざまな投資誘因措置と基盤整備事業を提案した。FDR の最初の 60 日と同じように，クリントンは人びとを環境を改善する事業に関わる仕事に引き戻すことを約束した。これらすべて

(128)　Vig, supra note 87, at 105. See Andrews, supra note 10, at 351. クリントン政権の環境政策については，Byron Daynes, Bill Clinton: Environmental Presidency, in Soden ed., supra note 94, at 259-312; Layzer, supra note 16, at 187-256 に，詳細かつ的確な分析がある。以下の記述は，同書および Andrews, supra note 10, at 350-359; Vig, supra note 48, at 82; Vig, supra note 87, at 104-113 などに依拠している。

(129)　Layzer, supra note 16, at 191.「ニュー・デモクラットの州知事として知名度を上昇させていたビル・クリントンは，旧来のリベラリズムを修正して『大きな政府ではないが積極的に機能する政府』を提唱した。その焦点は，再分配から経済成長への優先の転換，財政規律の回復，国際競争力増大への自由貿易推進，特定の産業を振興する政策にあった」（渡辺将人『アメリカ政治の壁ー利益と理念の狭間で』202 頁（岩波書店，2016 年））。

が環境主義者に高い期待をいだかせた」(130)。

実のところ，クリントン本人は，さほど環境保護に関心はなかった。しかし，政治的嗅覚はなかなかのものであった。ラザレスはいう。

「ブッシュ大統領とは異なり，クリントンは彼の環境主義者としての信用や環境問題への外見上の関心さえ目立たせずに大統領に就任した。彼が公表した中心的な問題は，予算均衡，医療保険改革，それに公民権の拡大であった。環境問題は優先事項ではなく，環境主義者は彼のアーカンソー州知事時代の環境上の成果におしなべて批判的であった。しかしクリントンは，環境問題をつかみ取る政治的価値に気が付いた点で，ブッシュやニクソンに勝っていたのである」(131)。

第1期クリントン政権（1993年1月から1997年1月）は，ゴア副大統領のほかに，バビット内務長官，ブラウナーEPA長官，マーゲンティー環境政策局長，ビーティ内務省魚類野生生物局長，トーマス農務省森林局長など，「筋金入り」の環境保護派が要職をかため，政権の船出は好調に思えた。「クリントンは，アメリカ史上もっとも環境フレンドリーな（もっともグリーンな）政権のひとつを組織した」(132)のである。

とくに注目されるのが，マーゲンティーが初代局長に就任した環境政策局（Office on Environmental Policy: OEP）の設立である。OEPは，レーガン政権によって廃止寸前にまで追い込まれたCEQの廃止を前提に，環境政策と国家安全保障会議，国家経済会議および国内政策会

(130)　Vig, supra note 87, at 105-106. 久保・前掲（注24）227-229頁参照。

(131)　Lazarus, supra note 2, at 131-132. See Kraft, supra note 73, at 127. クリントンの州知事時代の環境対策の実績がお粗末なことについて，及川・前掲（注18）297頁，309頁注61参照。

(132)　Long et al., supra note 108, at 218; Layzer, supra note 16, at 188-189. 個々のメンバーの経歴については，Daynes, supra note 128, at 266-268に詳しい説明がある。その他，西川賢『ビル・クリントン』81-90頁（中央公論新社，2016年）参照。

議の諮問事項を調整し統合するための，より小規模で強力な機関として，1993年10月，大統領府に設置された。OEPは，マーゲンティーの優れた手腕もあり，ホワイトハウス内の意見の調整，利害関係団体との折衝などに活躍した。しかし政権首脳部の見通しの甘さからCEQの廃止は頓挫し，逆にOEPがCEQに統合された。CEQ委員長には，マーゲンティが横滑りした(133)。

たまるフラストレーション

しかし，クリントン第1期政権の前半2年（1993年-1995年）の環境政策は，クリントン自身の優柔不断さ，スタッフの政権運営の不慣れ，内部の意思不統一，それに国民皆医療保険制度の導入，ソマリアでの戦闘失敗への対応などに労力を奪われたこともあり，まったくの期待はずれであった(134)。

クリントン政権の政治的基盤は政権発足当初より強固とはいえ

(133)　クリントンは，選挙公約にホワイトハウス職員の25%削減を掲げており，そこでCEQを廃止し，その役割を「省」に格上げしたEPAに担わせることを考えた（Robert V. Percival, Environmental Law in the Trump Administration, 4 Emory Corp. Governance & Accountability Rev. 225, 226 (2017)）。そのため，クリントンはCEQの予算とスタッフの大部分をOEPに移してしまい，CEQの1994会計年度予算を（ブッシュ政権終了時の250万ドルから）37万5000ドルに，職員を3人に大幅削減した。しかし，EPA「省」格上げとCEQ廃止を盛り込んだ法案（S.171）は上院を通過したが（後注138），下院の有力者ディングル・エネルギー・商業委員会委員長とスタッズ商船・漁業委員会委員長（Gerry Studds: 民主党・マサチューセッツ州選出）がCEQ廃止に強く反対したために，廃案となった（及川・前掲（注18）299-300頁，Daynes, supra note 128, at 268, 303 n. 28）。

(134)　「環境利益団体は，環境に対するクリントンの取組みの遅さにフラストレーションを募らせただけではなく，彼の意思決定スタイルが気に入らなかった。彼らは，大統領があまりに多くを交渉に委ね，環境に対する彼の立場を妥協させるのに熱心すぎると感じた」(Daynes, supra note 128, at 262)。See also Long et al., supra note 108, at 219.

ず[135]，環境保護を支持する世論も期待したほど熱狂的とはいえなかった。とくに環境政策面では，2つの大きな失敗，すなわち，バビットの掲げた西部の国有放牧地改革が西部民主党議員の反撥をかって失敗（撤回）したこと，エネルギー保全と歳入増加を目的に，すべてのエネルギー消費に対してBTU（英国熱量単位）の量に応じて課税する包括的エネルギー税法案が，議会両党の猛反撥をかい，小規模のガソリン増税（1ガロンあたり4.3%）にとどまったことが，大きな痛手であった[136]。

また，クリントンが北米自由貿易協定（NAFTA）の支持を表明したこと，彼が署名した生物多様性条約の批准を上院に求めなかったこと，2000年までに二酸化炭素排出量を安定させるという（1993年10月の）政府の計画を，効果のうすい自発的取組みに引き下げたことなども，環境団体を失望させた[137]。長年の懸案であったEPAの「庁」から「省」への格上げも，下院共和党の強硬な反対にあい，失敗に終わった[138]。

(135) ヴィーグは，クリントンの環境公約の実行を妨げた原因として，クリントンが一般投票で43%しか獲得できなかったこと，同時になされた選挙で下院民主党の議席を10減らしたこと（上院は1名増），環境公約が医療保険改革などの公約の影に隠れてしまったこと，1992年大統領選挙における第3党候補ロス・ペローの善戦にみられるように，歳出削減や財政均衡を求める世論，政府や政策に対する疑念や否定的風潮が拡大したことをあげる。Vig, supra note 87, at 106. 古矢・前掲（注34）133-134頁参照。

(136) Turner & Isenberg, supra note 3, at 157-161; Vig, supra note 48, at 83. 杉野綾子『アメリカ大統領の権限強化と新たな政策手段——温室効果ガス排出規制政策を事例に』6頁（日本評論社，2017年）。

(137) Vig, supra note 48, at 83.「主要環境団体は，民主党が支配する第103議会でクリントン政権がさまざまな環境問題への関心を表明しなかったことに立腹したが，それは予想されたことであった。クリントン大統領は，経済復興，NAFTA，それに医療保険改革に，より高い優先順位をおいていた」(Klyza & Sousa, supra note 4, at 3)。

(138) EPAは，設置が（法律ではなく）行政命令に基づいているために，

結局，クリントン政権が第103議会（1993年1月から1995年1月）で手にすることができた環境分野での成果は，カリフォルニア砂漠保護法のみであった。クリントンはこの法案に署名したが，法案は1984年に正式に開始された自然保護団体の活動の結晶であり，法案の両院通過は，とくにファインシュティーン上院議員（民主党・カリフォルニア州選出・元サンフランシスコ市長）の手腕と奮闘におうもので，クリントンおよび同政権下の行政機関はなにも手助けしなかった(139)。

環境外交面に目を転じてみよう。クリントンは1993年に就任すると，直ちに海洋法条約と生物多様性条約に署名したが，ドール（共和党：カンサス州選出）が采配する上院は，両条約を批准するための投票を拒否することを表明した(140)。

また，クリントンは気候変動枠組条約に基づく国際的合意形成の主導権をとるべく，ゴアを急遽京都会議（COP3）に送り込み，アメリ

Departmentではなく Agencyとされ，長官もSecretaryではなくAdministratorとよばれる。大統領府内では省に準じた扱いとされ，EPA長官は閣僚級会議（Cabinet Council）への参加を制限されるなど，大統領へのアクセスには制限があった（Landy et al., supra note 24, at 248)。AgencyからDepartmentへの格上げはEPAおよび歴代民主党政権の悲願であり，そのための立法が何度か試みられたが，いずれもEPAの権限拡大を嫌う保守派にブロックされ失敗した（Id. at 30-33)。クリントン大統領府も同じく「環境保護省」設置法案を議会に送り，議会との折衝を繰り返した。その結果，上院は1993年5月4日に修正法案（S.171）を可決したが，下院が新組織の権限をさまざまに縮小する修正を要求してきたことから，大統領府はこれをEPAの現状をより悪くする改悪であると判断し，法案の通過を断念した（Vig, supra note 87, at 109)。なお，前注133参照。

(139)　Daynes, supra note 128, at 267-268; Frank Wheat, California Desert Miracle: The Fight for Desert Parks and Wilderness 108-116, 242-262, 294, 298-299 (1999). 1994年カリフォルニア砂漠保護法は，モハーヴェ国立保護区，デスヴァレー国立公園，ジョシュアツリー国立公園を設置し，およびその他69の周辺地域を原生地域に指定した。Wheat, supra, at 303-304.

(140)　Andrews, supra note 10, at 352.

カに有利な多くの譲歩を引き出した。しかし，多数派が共和党に変わった上院は，1997年7月，途上国に排出削減義務を課し，またはアメリカ経済に深刻な悪影響をあたえない内容でなければ，条約執行のためのすべての取組みを禁止する旨の決議（バード・ヘーゲル決議）を95対0で採択しており，結局，クリントン政権はCOP4（1998年11月12日・ブェノスアイレス）で京都議定書に署名したものの，上院に批准を求めなかった(141)。

クリントンは，情報通信技術産業に支えられた空前の好況が追い風となり，1996年11月の大統領選挙では共和党大統領候補ドールに圧勝した。しかし，第2期クリントン政権（1997年1月から2001年1月）は，財政均衡，福祉改革，厳格な犯罪対策，WTO設立協定の締結などの中道路線に軸足を移してしまい，環境保護者の期待からますます遠ざかることになった。

強いてあげると，1997年，ブラウナーEPA長官がオゾンと粒子状物質のNAAQSを強化したこと，2000年，EPAが貨物自動車やバスのジーゼル排気ガスおよび飲料水中のヒ素含有量を引き下げる（強化する）一連の規則を提案したことなどが注目される(142)。他方でクリントン政権は，公有地保護や自然保護の面では大きな成果をあげた。この点は69頁以下でふれる。

(2) ギングリッチと「アメリカとの契約」

1990年代の環境政策を特徴付けるのは，環境保護者と環境保護反対者の対立が激化し，修復不可能なまでに分断されてしまったことである。しかしそれは，ラザレスのいうように，環境政策にとどまらない，アメリカ政治全体の分断の始まであった。

---

(141) Turner & Isenberg, supra note 3, at 162–165; Vig, supra note 48, at 84; シュラーズ・前掲（注107）159頁，杉野・前掲（注136）6頁。

(142) Vig, supra note 48, at 84.

「1970年代・1980年代の多くの時期には，寛容で超党派的な精神が支配的であった」。「同じく1980年代の議会も，この10年全体にわたり両院において新たな若い“レーガン共和党”グループが選出されたにもかかわらず，重要な環境保護政策が単一の政党と同一視されることに抵抗した」。「1990年代には議会の政治的力関係が変化した。1990年代の初頭，議会の共和党員は，環境問題に関するブッシュ政権の関心の変化を見習った。彼らはいまや，厳しい環境法の賢明さ，構成，効率，科学的根拠，それに経済的コストを公然と疑問視した」(143)。

1989年3月，下院共和党第3位の役職である少数党院内幹事に選出されたギングリッチ（ジョージア州選出）は，同じく共和党保守派のアーミー下院議員（テキサス州選出），保守系シンクタンク・ヘリテッジ財団などと共同で，「アメリカとの契約」と題する文書を作成し，公表した。

この文書は，367人の共和党下院議員候補者が，第104議会（1995年1月から1997年1月）の最初の100日に議会に提案し可決することを約束し，署名した選挙公約集で，議事運営に係わる8つの改革，政府改革推進のための10の法案など，保守系団体や中間派の一般有権者に「うける」項目がならんでいた。共和党はこの政策綱領を派手に宣伝し，クリントン政権に反感をもつ中小企業，増税反対団体，銃所有者団体，キリスト教保守派などを「大同団結」させ，1994年11月の中間選挙に大勝することに成功した。かくして共和党は，上院では8年ぶり，下院ではじつに40年ぶりに多数党となった。これは大統領，民主党，それに環境主義者のだれも予想しなかった最悪の結果であり，クリントンにとって「本当の」危機であった(144)。

「アメリカとの契約はとくに環境には言及していなかったが，共和党議員が，より小さな政府，少ない規制を御旗に，ほぼすべての環境

---

(143)　Lazarus, supra note 2, at 151-152.

(144)　Layzer, supra note 16, at 200-201; Kraft, supra note 73, at 127-129; Daynes, supra note 128, at 275; 西川・前掲（注132）148-151頁。

プログラムの削減を主張するであろうことがすぐに明らかになった」[145]。ギングリッチらは，環境政策とEPA・内務省などの環境官庁を「革命」の第1の標的にすえると，企業ロビイストの助けをかり，過去四半世紀にわたり超党派で制定された膨大な環境立法を書き換えるという長年の夢の実現に向け，水門を全開したのである。

案の定，第104議会には，規制改革法案，リスク評価実施法案，費用便益分析実施法案，規制コストの制限を定めるCWA改正法案，(自然保護規制により被った土地損害の補償を定める）私有財産保護法案などが，溢れかえることになった。

別に指摘したように（『入門2』106-108頁），あまたの規制改革法案の真の目的は，規制の合理化や効率化などではなく，規制行政機関に対し，より煩雑な規制手続や包括的で厳格な費用便益分析の履行を義務付けることによって規制の実施を送らせ，または断念させることであった[146]。しかし，このような過激な「改革」法案は，穏健な規制改革を望む共和党員や実業界の支持者をも戸惑わせ，共和党を分裂させることになった。

ここでは，多くの共和党提出法案のなかでも，その突出した内容か

---

(145) Vig, supra note 87, at 112.「第104議会の招集にあたり，共和党議員は，彼らの使命は単にクリントン政権のイニシアティブに挑戦することではなく，環境規制を含む連邦改革のために徹底的に保守的な政策課題を推し進めることであると信じていた」(Turner & Isenberg, supra note 3, at 135)。「これらのゴールをめざし，契約の作成者は，“すべての新しい規則は，費用に値する便益を提供するのかという新しいテストをうける”ことを要求しようとした」(Kraft, supra note 73, at 129)。

(146) Jodi L. Short, The Paranoid Style in Regulatory Reform, 63 Hastings L. J. 633, 640 (2012); Klyza & Sousa, supra note 4, at 51-53. See also Ronald M. Levin, Administrative Procedure Legislation in 1946 and 1996: Should We Be Jubilant at this Jubilee?, 10 Admin. L. Rev. Am. U. 55, 59 (1996); Kraft, supra note 73, at 129, 131. なお，杉野・前掲（注136）144頁は，これら一連の規制改革法案によって，「規制改革を巡る大統領府と議会の関係は顕著に改善した」ととらえている。

ら「現代アメリカ史における連邦意思決定改革のためのもっとも広範囲にわたる取組み」と称される「雇用創出・賃金引き上げ法案」(H.R. 9) に簡単にふれる。

同法案は，まずレーガン大統領命令12291の内容をさらに強化し，OMBに主要な規則制定案に対する拒否権をあたえること，さらに現行の連邦規則による過重負担を国民総生産の5%以下に減らすことを定めていた。さらに規則（規制）が財産価値を20%以上減少させた場合の補償，すべての規則に対する費用便益分析の実施，現行の規則が経済分析以外の判定基準（たとえば健康保護）を定めている場合には，新しい「判定基準」が現行法に「取って代わる」ことなどを定めており，ワシントンポストによると，「ヘリテッジ財団，ケイトー研究所，および公益的権利に関するシンクタンクの保守主義者と彼らの企業の同盟者が“準備に数年を費やした”“規制反革命”」であった(147)。

クリントンは，第104議会の最初の100日間は沈黙を決め込み，共和党議会のなすがままにまかせた。しかし，共和党の環境政策が思ったほど世論の支持を得られないことに気付くと，6月頃から法案拒否権の行使をちらつかせ，反撃に転じた。

> 「第104議会のおかげで，クリントンは〔共和党による〕党派的非難を標的にする準備ができた」。「多少皮肉めいているが，クリントン執行府は，議会に対して，議会が1970・80年代にニクソン，レーガン，それにブッシュに対して用いたのと同じ戦術を用いた。〔1970・80年

---

(147)　Turner & Isenberg, supra note 3, at 135-136. 同法案は1995年3月3日277対141で下院本会議を通過したが，上院では，下院通過法案に対応した3種類のドール法案が，チェイフィー（共和党），ダシュル（民主党）などの有力議員，それにクリントン大統領の猛反対で，いずれも討議終結に必要な60票を獲得できず，廃案となった（Kraft, supra note 73, at 129-130)。なお『入門2』107頁では，討議終結動議の可決に必要な議員数を「3分の2の絶対多数」と記したが，数度の改正を経て，1975年以降は「正当に選出され宣誓した者の5分の3または60」となった。お詫びし訂正する。

代の民主党〕議会が，〔共和党政府の〕環境保護からの早期撤退を阻止するために公衆の政府に対する不信を効果的に利用したのと同じように，クリントン行政府は1990年代の議会を封じ込めた。クリントン大統領，ゴア副大統領，ブラウナーEPA長官，バビット内務長官は，議会を企業の利潤のために公衆の健康や環境の質をむしばもうとしていると繰り返し特徴付けた。合衆国の公衆は，立法府の改革努力がその政治的実行可能性を大きく失うほどの強い敵意をもって，すべての変更提案に反応した。合衆国環境法の命令的枠組みを根本的に改正するという1990年代の取組みは，過去20年間の似たような取組みと同じく，どうやらふたたび失敗に終わった」(148)。

ギングリッチや共和党新人議員は，「環境規制に対する世論」を完全に読み違えていた。1996年の大統領選挙および上下両院議員選挙が近づくなか，環境問題が，有権者が共和党主導の議会に対してもつ関心事のトップにあることが明らかになったからである(149)。「農村地域や西部の片田舎の共和党の保守的基盤を奮い立たせるものが，“増えつつある共和党多数派，とくに郊外の女性や若者”には受け入れられなかった」。そこで選挙が近づくにつれ，共和党は大急ぎで環境保護派を装いはじめた。「1996年選挙に先立ついくつかの立法上の成功にもかかわらず，ギングリッチ保守派にとって，1996年選挙期間中

(148)　Lazarus, supra note 2, at 131-132. See also Elizabeth Glass Geltman & Andrews E. Skriback, Reinventing the EPA to Conform with the New American Environmentality, 23 Colum, J. Envtl. L. 1, 2-3（1998).

(149)　「環境に好意的な者の数は，保守主義者の猛攻撃に直面しつつも継続した」(Layzer, supra note 16, at 206)。いくつかの調査があるが，概要60%を超える者が，現在の環境規制を維持ないし強化すべきであると回答した。さらに，共和党支持者の77%は各種の規制が多すぎると回答したが，環境規制が厳格すぎると回答したのは30%であった（Id. at 206-207)。「“アメリカ環境主義”は，アメリカの基本的政治信条を定める諸価値の蒼穹のなかに深く定着した理念であり，アメリカ人のコンセンサスの一部である。実際，大部分のアメリカ人は，今や自身を環境主義者と見なしている」(Geltman & Skriback, supra note 148, at 2)。

に〔シエラクラブなどの〕環境ヒットリストに載ることは，“もっとも危険な場所にいること”になった」(150)。

結局，1996年の選挙で共和党は上下両院の支配権を維持することができた。マケイン（共和党・アリゾナ州選出）は，「私たちは，第105議会における共和党の環境アジェンダは，環境過激派に対する新たな悪口の創作や，古くさい象徴的そぶり以上のものから成り立っていることを公衆に納得させる必要がある」と檄を飛ばしたが，共和党が第105議会（1997年1月から1999年1月）を通して得たものは，ほぼ皆無であった(151)。議会にはその後も環境規制改革法案がいくつか登場したが，共和党指導者は規制改革に取り組む意欲をほとんど失ってしまった。

逆に1996年夏，11月の選挙をひかえ国中が沸き立つなか，クリントンと議会は，食品品質保護法およびSDWA改正法という2つの重要な法律を制定することで合意した。この2つの法律は，事業者や環境団体を含む複数の利害関係者が交渉によって内容を検討し，それをクリントン政権と議会が追認することによって成立したという点で，

(150)　Turner & Isenberg, supra note 3, at 138. ギングリッチは「われわれは，1995年の春と秋の〔会期の〕すべてで環境の処理を誤った」と述べ，下院多数派院内総務トム・デレー（共和党・テキサス州選出）は「正直にいおう，われわれは環境に関する戦争に負けた」と述べた（Kraft, supra note 73, at 137-138）。なお，久保・前掲（注24）263-266頁の興味深い分析も参照。

(151)　Turner & Isenberg, supra note 3, at 139. ギングリッチは，1995年1月4日，第58代下院議長に選出されたが，1996会計年度歳出予算法案の審議をめぐる政権と議会との折衝で示した非妥協的な姿勢（暫定予算が2度にわたり期限切れとなり，政府機能が27日間停止した）が不評をかい，さらにクリントンのスキャンダルが原因で共和党の勝利が予想されたにもかかわらず，1998年11月の中間選挙で下院共和党の議席を減らした責任をとわれ，翌年1月の任期満了をもって議員を引退することを発表した。古矢・前掲（注34）141-142頁，岡山・前掲（注34）197-198頁，西川・前掲（注132）156-163頁，203頁。

重要な意義を有するとされる(152)。

失われた世代の環境法——議会はなにも残さなかった

ラザレスは，環境法史における1990年代というくくり（時代区分）は誤りであるという。というのは，この間，環境法の将来に対する広範な予兆のような変化はまったく見当たらず，1970・80年代に生じたある種の粘り強い環境立法の総点検が，1990年代には完全に消え失せたからである(153)。

1970・80年代に構築された環境法体系がいかに強固なものとはいえ，環境法を状況の変化に応じて改革する必要は常に存在する。しかし，共和党が支配する議会は，環境法の積極的な改正を怠っただけではなく，逆に厳格な環境法の英知，公正性，実効性，科学的基礎，および経済コストを公然と疑問視し，その心臓部を解体しようとした(154)。注目すべきは，これらの攻撃が（1980年代と同じように）ひとつも成功しなかったことである。

「環境法はふたたび生き残り，国内環境法は導入されたときと同じ姿

---

(152)　Andrews, supra note 10, at 358; Kraft, supra note 73, at 135.「評家を驚かせたのは，いく人かの保守派が選挙に先立ち自身の立場を変えたために，1996年議会がいくつかの環境保護規制法を生みだしたことである。重要な新法律のひとつが食品品質保護法である。これは，異なる発生源からの集合的リスクや同じ態度で作用する殺虫剤の累積的影響だけでなく，一般農用化学物質に対するより多くの権限をEPAにあたえ，殺虫剤暴露が子供にあたえる神経損傷リスクの検討を要求するものであった」(Layzer, supra note 16, at 213; Andrews, supra, at 358)。また，SDWA改正法は，EPAおよび地方水道公益事業会社の新規汚染物質規制の負担を軽減し，他方で汚染物質量の消費者に対する開示を義務付けたものである（Andrews, id.)。世論の動向をみて弱腰になった共和党指導者は，「SDWA改正法案から，費用便益評価やリスク分析などの鍵となる要求まで撤回してしまった」(Turner & Isenberg, supra note 3, at 138)。なお，本書323頁注222参照。

(153)　Lazarus, supra note 2, at 149.

(154)　Id. at 150, 152.

で1990年代をくぐり抜けた。油濁法（1990年）および同年のCAAに対する広範な改正（いずれもこの攻撃前に実現），ならびにSDWA改正法（1996年）および食品品質保護法（1996年）の採決（同年秋の選挙の数週間前）を除くと，1990年代にはいくつかの国内環境法の細かな法律改正があるだけである。良かれ悪かれ，主要な連邦環境法に包括的な改正を受け入れさせた先の20年（1970-80年）の異常なダイナミズムは，1990年代には数年ごとに突然停止した。わずかに国際的な分野で，合衆国環境法は急速に発展し続けたのである」[155]。

(3) 自然環境保全では大きな成果

太平洋岸北西部森林のフクロウ

アメリカ合衆国内で，種の保存や生物多様性保全への関心が高まる契機となったのは，国有林伐採問題とダム問題である。まず，国有林伐採については長い論争の歴史があるが，この時期に合衆国の世論を巻き込む大論争に発展したのが，太平洋北西部（ワシントン，オレゴン，アイダホ各州，およびカリフォルニア州北部）の国有林伐採をめぐる論争である。論争は1968年，オレゴン・ステート大学の学生エリック・フォーズマン（当時22歳）が，同地域に生息するニシヨコジマフクロウに対する国有林伐採の深刻な影響を指摘したのに始まる。1973年12月にESAが議会を通過し，フクロウが（準）絶滅危惧種に指定されたことによって論争が顕在化し，終には1992年大統領選挙の争点にまで発展した[156]。

クリントン政権は，1993年4月2日，オレゴン州ポートランドで，

---

(155)　Id. at 125-126.

(156)　Turner & Isenberg, supra note 3, at 84-86. ニシヨコジマフクロウ保護論争の経緯については，Steven L. Yaffee, The Wisdom of Spotted Owl: Policy Lessons for a New Century (1994); Alston Chase, In a Dark Wood: The Fight over Forests and the Rising Tyranny of Ecology (1993) がクラシックである。畠山武道・鈴木光「フクロウ保護をめぐる法と政治」北大法学論集46巻6号513頁（1997年）でも経緯を詳細に記述した。

クリントン，ゴア，バビットなど3分の1の政権閣僚が参加する大規模な森林サミットを開催し，生態系保存と地域経済維持を兼ね備えた保存計画案検討のための「森林エコシステムマネジメント検討チーム」を発足させた。1993年7月1日，クリントンは検討チームの提言のなかから「オプション9」案を選択することを公表し，1994年3月，これを手直しした壮大な規模の「北西部森林計画」を発表した。この計画についても，生物学者および木材業者の双方から激しい批判があびせられたが，同計画を裁判所が支持し1995年初頭に計画が発効したことで，紛争はようやく一段落した。ただし，北西部国有林伐採をめぐる政治的抗争はその後も続いており，フクロウ個体数の減少にも歯止めがかかっていない(157)。

コロンビア川のサケとダムの管理

もうひとつ，この時期を象徴するのがダム撤去論争である。ダム建設についても，アメリカには長い論争の歴史があり，ヘッチヘッチーダム，グレンキャニオンダム，エコーパークダム，テリコダムなどをめぐる論争（抗争）はとくに有名である。従来のダム論争では，国立公園の神秘性の喪失，自然景観の破壊などが主たる論点であったが，1980年代に入ると，在来魚類，河岸生態系，内水面漁業，地域経済などにあたえるダムの悪影響が強く指摘されるようになった。また，この時期，1930・40年代に建設されたダム操業許可が一斉に更新時期を迎えたことから，ダム撤去を求める世論が全国的に盛り上がった(158)。ビアード内務省開墾局コミッショナーの「アメリカにおけるダム建設の時代は終わった」という有名な台詞（1994年5月，ブルガ

(157)　ここでは，とりあえずLayzer & Rinfret, supra note 96, at 262-266, 268-274参照。詳しい経過は別途説明する。

(158)　William R. Lowry, Dam Politics: Restoring America's Rivers 45-63 (2003); 科学・経済・環境のためのハインツセンター（青山己織訳）『ダム撤去』23-28頁，56-69頁（岩波書店，2004年）。

リアで開催された国際灌漑・排水委員会などにおける講演）は，この時代の世論を反映したものである(159)。

その象徴的舞台となったのが，かつて世界有数のサケ捕獲量を誇ったコロンビア川に設置された多数のダム，とくに支流スネーク川に設置された4つのダムであった。この4つのダムは1960年代から70年代初頭にかけて建設されたもので，サケ資源の保全，先住民の漁業権回復などをテーマに，ダム撤去を選択肢にくわえた議論が延々と続けられてきた(160)。しかし，すでに全米で撤去された多数のダムに比較し，この4つのダム撤去は周辺流域の経済や産業にあたえる影響がけた違いに大きく，一進一退の議論が今も続いている。

バビット改革の成功と挫折

連邦有地（国有地）を所管する内務省を牽引し，改革に臨んだのがバビット長官（元アリゾナ州知事）である。バビットは，古い西部を代弁する放牧業者，鉱物採掘業者，頑迷な保守政治家の猛反発にあったために，テーラー放牧法以来の大改革とされる西部連邦放牧地管理の改革と賃貸料の大幅引き上げに失敗し，クリントン政権の足を引っ張った。しかし，それ以外の取組みはきわめて良好で，内務省の歴史に残る多くの優れた業績を残した。

---

(159)　日本弁護士連合会公害対策環境保全委員会編集『川と開発を考える──ダム建設の時代は終わったか』（実教出版，1995年）。前注33に記したように，この台詞は，アンドレスの1977年講演からの引用である。

(160)　太平洋岸北西部におけるサケ保全の現状と対策については，National Research Council, Upstream: Salmon and Society in the Pacific Northwest (1996) がもっとも権威ある文献である。Richard N. Williams ed, Return to the River: Restoring Salmon to the Columbia River (2005) も重厚かつ最高水準の理論書であり，法学書では Michael C. Blumm, Sacrificing the Salmon: A Legal and Policy History of the Decline of Columbia Basin Salmon (2002) がスタンダードである。なお，畠山武道「コロンビア川におけるサケの保護と法政策」環境と公害35巻3号6頁（2006年）参照。

「ブルース・バビットは西部人であり，前アリゾナ州知事であったが，環境保護，ツーリズム，〔連邦有地の〕採掘的利用よりは鑑賞的利用，それに原生自然や絶滅危惧種の保存を支持する“新しい西部”の都市有権者を明らかに代表していた。クリントンの支持を得た彼のイニシアティブは，広大な地域の新たな国有記念物への指定，国立公園内におけるレクリエーションスノーモービルの段階的規制，鉱物採取汚染の規制強化，史上初の金鉱採掘会社に対する許可の拒否を含め，公有地保護を大幅に拡大した」(161)。

こうしたバビットの果敢な行動の結果，組織的環境運動グループだけではなく，組織グループのメンバーではないが，ハイキング，原生河川，および負荷の少ない公有地の利用を楽しむ西部人の間でさえ，クリントンは彼の環境大統領としてのレガシーを揺るぎないものにしたのである(162)。

自然保護区の大幅拡大

最後に特筆されるのは，クリントンが，大統領権限（大統領命令）をしばしば用いて，広大な連邦有地を自然保護区に指定したことである。クリントンは，バビットに後押しされ，まず古物法（Antiquities Act of 1906）に基づき，約600万エーカーの19の地域を国有記念物に指定した。これらの国有記念物指定は，クリントン大統領の重要な

(161) Andrews, supra note 10, at 365.「ブルース・バビットは，おそらくこれまで内務長官の職についた者のなかで，もっとも優れた人物であった。彼は，公有地管理の急進的な改善を追求するために，経験，情熱，および環境保護と復元への関わりを結び付けた。彼は公有地管理のなかのもっとも複雑で，論争的で，問題のある争点に果敢に挑戦し，鉱業法，放牧法および絶滅種法の長期間放置された改革に取り組み，幾多の国有記念物の指定によって何百万エーカーの連邦有地を開発から保護した」(John Leshy, The Babbitt Legacy at the Department of Interior: A Preliminary View, 31 Envtl. L. 199, 199 (2001))。ただし，レーシーはバビットの懐刀（ソリシター）であったので，バビットに対する評価はやや割り引く必要がある。

(162) Andrews, supra note 10, at 356.

自然保全業績のひとつであるにとどまらず，彼の政策全般におけるレガシーのひとつでもある[(163)]。

これらの土地の大部分は内務省土地管理局の管理する連邦有地であり，国有記念物指定は，自然保護に後ろ向きな官庁として名をはせていた土地管理局を「より自然保全指向の方向へと移動させることを意図した巧妙な戦術」[(164)]であった。また，内務省国立公園局は，長年争われていたイエローストーンおよびグランドティートン国立公園内でのスノーモービル走行を禁止する最終規則を制定した（発効はW・ブッシュ政権時の2001年3月4日）。

さらにクリントンは，退任間際の2001年1月12日，「ロードレス地域（Roadless Areas）保全規則」を制定した（発効は3月13日）。これは，数年の調査とパブリック・コメントなどを経て周到に準備されたもので，国有林全体の約3分の1にあたる5億8500万エーカー超の地域において，将来にわたり森林伐採，道路建設，鉱物採掘権付与を禁止するものであった。

この果断な行動は，原生地域指定をめぐる長年の論争にけりを付けるだけではなく，（アラスカ，ハワイを除く）48州で歴代のどの大統領よりも多くの公有地を保護するというクリントンの個人的目的を達成しようとするものであり[(165)]，実際これが実現されると，行政規則を用いたクリントンのもっとも重要な政策として，「アメリカ史上，最

(163)　Klyza & Sousa, supra note 4, at 94, 104-111; Vig, supra note 48, at 84.「バビットの最大の遺産と目されるのは，彼が生態的に極度に重要な何百万エーカーの公有地を国有記念物に指定するよう大統領を説得したことである」(Lazarus, supra note 2, at 158)。

(164)　Layzer, supra note 16, at 254. 日本では認知度の低い内務省土地管理局の沿革や関係法令については，鈴木光『アメリカの国有地法と環境保全』（北海道大学出版会，2007年）全体が詳しい。

(165)　Andrews, supra note 10, at 368; id., at 232, 234（3d. ed. 2020）; Layzer, supra note 16, at 253-254.

大の保全事業のひとつ」に十分なりうるものであった[166][167]。

(4) 世紀の転換期の環境政策

クリントン政権8年間の環境政策を評価すると，前半は不合格，後半は合格というところであろう。まずアンドリュースの評価をみよう。

「クリントン大統領は，最初の任期中は，副大統領が高名な環境主義者ゴアであったにもかかわらず，1995-96年の共和党議会の攻撃が彼に国の環境法の最高守護神として再選に望む機会をもたらすまでは，単に環境規制改革推進の煮え切らない支持者であった。〔しかし〕アメリカ環境政策は大きく変化したようである。第2期のクリントン大統領は，(セオドア・ローズヴェルトにも匹敵する以上の) 公有地の原生保護区およびロードレス地域への指定，汚染・エネルギー保全・その

---

(166) Klyza & Sousa, supra note 4, at 97, 109-110. シエラクラブの事務局長ポープは，クリントンを「偉大な環境防衛者のひとり」と賞賛した (Id. at 109)。クリントンは自伝で，セオドア・ローズヴェルト以降，もっとも広範な公有地を保護した大統領であると自負しているが (Bill Clinton, My Life 948 (2004))，彼にはそう語る資格が十分にある。しかし，その多くは，クリントン自身よりはゴアやバビットに負うところが大きい。

(167) W・ブッシュ政権が発足した2001年1月20日，大統領主席補佐官カードは，ロードレス地域保全規則の発効を5月12日まで延期することを発表した。その後，クリントンが発布したロードレス規則の効力をめぐって訴訟が続くが，経過は省略する (なお，後注184参照)。2005年5月になって，ブッシュ政権下の農務省森林局は新規則を最終公布したが，内容は，ロードレス地域の指定について，まず州知事が地域指定を申請し，農務長官がこれを承認するという「協働的プロセス」を定めるものであった。しかし，この規則も2006年9月，裁判所によって取り消され，クリントンのロードレス地域保全規則が復活した。2008年8月，ワイオミング地区連邦地方裁判所はふたたびクリントン規則の効力を恒久的に差止めたが，2012年10月1日，連邦最高裁判所はワイオミング州などの上訴を退け，12年にわたる論争に決着が付いた。この5年～12年におよぶ事件は「森林局による林道建設時代の終わり」を告げるものとなったと評されている (Klyza & Sousa, supra note 4, at 117-121, 302-303)。この事件にはさらに後日談があるが，詳細は別途取り上げよう。

他の環境影響の規制において，より攻撃的な環境アジェンダを追求した。第2期末までに，彼は第1期よりはるかに強力な“環境大統領”の資格を確実にした。またクリントンは，多くが立法ではなく執行（権限による）行為によってではあるが，多数の実業家，農地所有者，および彼の行動により直接規制されるその他の有権者などの反対を徐々に結集させた一方で，環境政策の成果という実質的遺産を残した」(168)。

クライザ・スーザーも，クリントン政権の多様な環境政策を総括し，彼の主要な立法イニシアティブは失敗し，枯損木の伐採その他の問題では環境保護集団を失望させたが，環境活動を議会との攻防で維持するのに成功し，環境政策上の選択を環境保護者が賞賛する方向へと明確に傾けたと評価し，さらに「クリントンは，1990代の立法プロセスでは環境上の成果をほとんど達成できなかったが，環境政策に対する重要な新たな方向をもたらした」という(169)。

では，「新たな方向」とは何か。おそらくそれを，共和党議会との対立という政治的文脈においてのみ評価するのは正当ではない。クリントン政権が全体的にめざした環境政策の新たな方向性は，より幅広く1970-80年代から大きく変化した1990年代の諸状況（本書357-362頁）のなかで理解され，評価されるべきものである。

6　国内外の危機と環境政策（W・ブッシュ政権）

(1) 環境法制の小刻みな掘り崩し

2001年1月20日，ジョージ・W・ブッシュ（George Walker Bush）が，実業界からの莫大な献金と最高裁判所保守派裁判官の僅差の支持をもとに，21世紀最初の大統領に就任した（2期にわたる任期は2009年1月まで)。しかし，W・ブッシュ政権には，もともと統治のビジョンらしきものがなく，環境政策の目標もはっきりしなかった。

(168)　Andrews, supra note 10, at ix.
(169)　Klyza & Sousa, supra note 4, at 265-266.

ブッシュの環境政策に関する立場は元来穏健なもので，彼の選挙公約には，発電所から排出される大気汚染物質の規制，すべての連邦施設の環境規制基準への適合，自然保護区拡大のための土地・水基金の満額予算化，国立公園の維持管理の劇的な改善など，意欲的な取組みが含まれていた。さらにブッシュは選挙運動の初期には環境についてあまり語らず，それに言及するときも，環境保護を一方的にこき下ろすのではなく，市場ベース手法を用いた州・自治体による取組みを主張するなど，共和党主流派の環境規制批判に一致する筋道を明言していた(170)。

しかし，他方でブッシュは，外国石油への依存削減を名目に北極圏国設野生生物保護区における石油採掘，石炭開発補助金の設立を公約に掲げるなど，その姿勢はちぐはぐなものであった(171)。

案の定，「政権が発足して数か月もたたないうちに，ブッシュは環境保護政策決定に対する彼のアプローチを具体化させた」(172)。ブッシュと共和党議会指導者は，まずクリントン政権によって追加された環境・公有地保護政策の縮小・改廃，商業的資源採掘や動力車利用のための公有地アクセスの拡大，環境規制アプローチから事業にやさしい，または「市場主導」アプローチへの交代，資源採掘企業や土地所有者の環境上問題のある活動の（規制よりも）優遇，それに国際環境交渉からの合衆国リーダーシップの撤退など，総じて連邦環境政策の根幹部分を変更するための攻撃的な政策課題を次々と推進した。その

(170) Layzer, supra note 16, at 258. ブッシュが第1期に試みた自然保全補助金，大気汚染物質削減のためのキャップ&トレードイニシアティブ，ディーゼル排出基準，ブラウンフィールドの浄化などは，彼を積極的で超党派的な環境大統領と位置づけるに足るものである。See Robert S. Devine, Bush Versus the Environment 6-9, 11-12 (2004); Andrews, supra note 10, at 360; 杉野・前掲（注136）7-8頁参照。

(171) Andrews, supra note 10, at 360.

(172) Layzer, supra note 16, at 258.

結果,「2004年までに,クリントンの多くのイニシアティブだけでなく,より長期的な多くの環境政策は放棄または覆されてしまった」[(173)]。

第2期に入ると,ブッシュは北極圏国設野生生物保護区における石油・ガス採掘などのエネルギー開発,環境規制による土地所有者の経済的損失に対する補償措置などを支持し,環境保護に対するビジネス優先の姿勢を一層鮮明にした。しかしブッシュは「再選から1年もたたないうちに,スキャンダル,イラク紛争の悪化,国内政策(社会保障信託基金の一部民営化など)の失敗,ハリケーン・カトリーナ被害対応の大失態,財政赤字などをめぐる共和党内部の争いの拡大などにより,政治資源の大部分を消失してしまった」[(174)]。

(2) 特異な行政スタイル

ブッシュ政権の環境行政スタイルも独特であった。ヴィーグによると,ブッシュ政権のそれは「純粋大統領府スタイル」であり,(1)大統領府の独断専行と秘密主義,(2)決定の政治化と科学の無視の2つによって特徴付けられる。

第1に,レーガンにならい,ブッシュは,政府高官の任命,予算の提案,規制の監督,環境規制緩和のための規則制定など,大統領権限を乱発し,任期のほとんどすべてにわたり規制緩和と産業界のための政策課題を推進した[(175)]。ブッシュおよび副大統領チェイニーは,「執行部門を完全に統制するために,議会が設けた多数の制限を無視して大統領権限を拡大し,彼の政策課題を,最低限の協議と透明性を保ちつつ,かつしばしば議会や公衆に対して情報や助言を秘密にするために,大統領特権を発動しながら実行しようと試みた」[(176)]。

---

(173)　Andrews, supra note 10, at 360, 361.
(174)　Klyza & Sousa, supra note 4, at 392-393.
(175)　Vig, supra note 48, at 85.
(176)　Id. at 86.「副大統領チェイニーは,かねてより大統領の権限はその正当

しかし，執行権限の濫用，秘密主義，政治的判断という行政スタイルは，環境行政のプロセスを大きく歪めることになった。

「ブッシュ・チェイニー政権の政策課題を実行するための執行権限への依存は，環境政策に深刻な影響をもたらすことになった。執行府の規則制定は，その大部分が，連邦議会や法的挑戦（訴訟）に連動した公共の場での決定を回避した。実際，政権が提案した規則変更の大部分は，裁判所により取り消され，または改正するために差し戻された。したがって，その実質的な効果は，第1に現行法の執行を引き延ばし，たとえば石炭火力発電所の水銀汚染規制に関する新しい法的要件の採用を阻止することであった。ESAやCWAなどの法律は十分に執行されず，規制の変更によって弱体化された。いくつかの規則は裁判所の命令によって法律に適合するように改正された。たとえばCAAのもとで，オゾンと鉛に関する新しい規則が発令された。それとは逆に，ブッシュ政権は，従前の政権に比べ非常に少数の違反者しか訴追しなかった」(177)。

第2に，ブッシュは，レーガン政権時代の政治的任用がEPAを混乱に陥れた先例にかんがみ，環境部門の高官を経験者から選抜したが，その経験者とは，EPA長官に抜擢されたウィットマンを除き，すべてが石油・ガス，木材，化学物質製造，鉱山会社の経営・所有者，保守的な利益団体，弁護士事務所，およびシンクタンク出身者などのブッシュの友人であった。とくにノートン内務長官は，マウンテンステート・リーガル財団でワットの指導をうけ，コロラド州司法長官を務めた人物で，ワットの妹分と称されていた。

な範囲内においては絶対的で一元的であるべきだ」と考え，「陸海空軍の指揮，内閣の統轄，法律の執行はどれも不可分で一元的でなければならず，議会や裁判所の容喙が許されない不可侵の行政府の領域に属してい〔る〕」と考えていた（古矢・前掲（注34）207頁）。

(177) Vig, supra note 48, at 89-90. See also Mark Lubell & Brian Segee, Conflict and Cooperation in Natural Resources Management, in Vig & Kraft, supra note 13, at 178.

また大統領府も，コーナトンCEQ議長，グラハムOIRA局長（後任はダドリー）など，ビジネス界と強いつながりのある者で占拠された。とくにひどかったのがグラィルス農務省次官である。彼は内務省で石炭部門の次官補を務めたのち，石炭業界のロビイストに転身し，さらに農務省次官に就任した後も，ロビイスト会社から報酬を受け取っていた(178)。

ヴィーグによると，ブッシュによる環境・自然資源部門の人事は，「教育や経験では他の大統領に質的に劣らなかったが，任用官の人選に関する厳しい統制，任用官の政治的忠誠への高い期待，および行政機関の素早い対応に関した任用官への高度の要求というレーガン時代の戦略への回帰であった」(179)。「2ダース以上の政治任用高官は，エネルギー，化学，林業，農業および鉱山企業の経歴者，またはこれらの企業の法務担当者またはロビイストであり，これらの任用官の大部分は，農務省，エネルギー省，内務省およびEPAに集中していた。数少ない例外のひとりが，おそらく党の北東州穏健派への譲歩のシンボルおよび政権の環境政策の魅力的な表向きの顔としてEPA長官に任命されたニュージャージー州知事クリスティーン・トッド・ウィットマンであった」(180)。

---

(178)　Devine, supra note 170, at 23-30.

(179)　Vig, supra note 48, at 86.

(180)　Andrews, supra notew 10, at 361; Turner & Isenberg, supra note 3, at 121. ウィットマン（Christine Todd Whitman）は穏健保守派であったが，彼女のニュージャージー州知事時代の環境対策はジグザグで，当初は汚染規制の執行緩和，立入調査の縮小，自発的な法令遵守の推進，開発許可の簡素化，水質モニタリング・ステーションの大量閉鎖など，ビジネスに友好的な環境政策を推進した。しかし，批判が高まると，海洋投棄の縮小，オープンスペースの保全，水質汚染の削減，有害廃棄物処分場浄化の加速などに舵を切った（Layzer, supra note 16, at 261-262）。

ウィットマンEPA長官は，クリントン政権の環境規制改革路線のいくつかを受け継ぎ，実験の重視，政策優先順位の設定，環境保護手段の多様化，

第3に，大統領府（の副大統領事務室）およびOMB/OIRAが，規則制定に対する極端な政治的介入をルーティン化したことである。グラハム(181)が統率するOIRAは，提案された規則について詳細な審査

EPA内部の革新文化の強化などの「革新的戦略」を進めたが，これらの試みはブッシュ自身およびその取り巻きによってことごとく潰され，結局，彼女は2003年6月，一身上の理由によりEPA長官を辞任した（Klyza & Sousa, supra note 4, at 392）。

(181)　グラハム（「グラーム」と表記すべきであるが，混乱をさけるため，慣例にならう）は，2001年3月，ブッシュ大統領によって，「規制のツァー」と称されるOIRA室長（Administrator）に指名された。しかし，グラハムは，ハーバード大学公衆衛生大学院リスクセンターを設立するにあたり，フォーチュン誌上位500に居並ぶ巨大企業から多額の出資を獲得するなど，大企業との結び付きがあまりに強かったことから，グラハム指名に対し，研究者，環境団体，公衆衛生・安全団体，元閣僚，元事務次官など，多数の者から反対の声があがった（Richard L. Revesz and Michael A. Livermore, Retaking Rationality: How Cost-Benefit Analysis Can Better Protect the Environment and Our Health 40 (2008)）。これに対して研究者95名，元EPA長官ライリー，5名の元OIRA室長などがグラハムを支持した。研究者の代表格はサンスティーンで，その理由は，「ジョンは規制全体の撤廃ではなく，より分別のある規制方法を追求しているのである。ジョンは環境保護の支持者であって，反対者ではない。彼が規制に反対するのは，それがほとんど成果がなく，費用があまりに大きいからだ」というものであった（Devine, supra note 170, at 198-199）。

上院の承認は2001年7月19日までずれ込み，投票結果は賛成61，反対37であった。高官承認は超党派による承認が慣例であるが，グラハムに対する反対票は異例に多く，（司法長官アッシュクロフトを例外とすると）最高であった（Id. at 199. なお，アッシュクロフトが名うての保守主義者であり，民主党が司法長官指名に激しく反撥したことについて，古矢・前掲（注34）198頁参照）。グラハムはOIRA室長を5年間務め，2006年3月，ランド・コーポレーション政策大学院長に就任するために退職した。

ブッシュは2006年7月，グラハムの後任にジョージメイソン大学マルカタス・センターのスーザン・ダドリーを指名した。しかし，マルカタス・センターは大富豪コーク兄弟の資金によって支えられた「利害関係のない学術プログラムに偽装したロビー団体」（Jane Mayer, Dark Money: The Hidden History of the Billionaires Behind the Rise of the Radical Right 182 (2016)）であることが，つとに知られており，1997年，EPAが地上オゾンの削減に

を実施し，行政機関はすべての新規の規則を厳格な費用便益分析に基づき正当化することを求められた。既存の規則も，産業界の申し出により，可能な限り負担を軽減するために審査された。また大統領は，規制審査プロセスをさらに審査するために，政治的任用官によって運用される省庁内規制政策室の必置を定める新たな大統領命令13422を発した。これらの結果，「行政は高度に政治的な形式をおび，大統領とその支持者の政治的利害が，行政官僚組織内の科学的・技術的所見を頻繁に覆すことになった」(182)。

第4に，ブッシュ政権は裁判手続を規制の抜け穴作りに利用したことでも知られる。先例としたのがクリントン政権と環境団体・動物権団体が合意したイエローストーン国立公園内スノーモービル規制に関する和解である。これにならい，ブッシュ政権は「友好的利害関係者に“創造的に降伏する”裁判と和解」戦略を広範に利用した。クライザ・スーザーによると，その手法とは，環境規制を弱める下級審判決について控訴しない，（行政解釈が）確定した法律や規則を強く防御（抗弁）しない，勝訴可能な訴訟を法廷外で相手に有利に和解するというもので，イエローストーン国立公園内通行に関するスノーモービル製造協会との和解，ディーゼル燃料大気汚染物質に関する「ディーゼル規則」，湿地保護に関する「ターロック規則」，フクロウなどの保護を定めた北西部森林計画に対する訴訟の和解がこれに該当する(183)。

取り組んだ際に，奇妙なスモッグ性善説（『入門2』61頁，223頁参照）を展開し削減に反対したのが，当時同センターフェローの地位にあったダドリーであった（Mayer, supra, at 187）。そこで，彼女のOIRA室長指名にはグラハム指名に対する以上の批判が集中し，民主党が多数をしめる上院の承認を受けられなかった。そのためブッシュはダドリーをOIRA上級顧問に指名し，議会が休会中の2007年4月，ダドリーを（休会任命）室長に任命した。彼女は，ブッシュの任期終了直前の2009年1月6日まで同職に居続けた（Revesz & Livermore, supra, at 41-42）。

(182)　Vig, supra note 48, at 87. なお，本書194-201頁参照。

(183)　Klyza & Sousa, supra note 4, at 164, 305-306. See also Devine, supra

環境団体・野生生物の擁護者（Defenders of Wildlife）の調査によると，ブッシュ政権の最初の2年間で，農務省森林局は連邦森林政策に挑戦する61の訴訟の被告となり，46の事件で抗弁したが，そのうち31は従来の法解釈に反する主張であった。しかし裁判所は，森林局の主張を3件しか認めなかった(184)。同じく172件のNEPA訴訟のうち，連邦行政機関（被告）は94の事件でNEPAの適用範囲を狭める主張をしたが，主張が認められたのは21件であった(185)。

(3) ブッシュ政権に対する評価の乱高下

ブッシュ政権は，発足して2か月もたたない2001年3月13日，世界をもっとも驚かせ，かつ激しく失望させる決定をした。それが1998年6月にクリントン大統領が署名した京都議定書からの一方的な離脱（署名撤回）声明である。ブッシュは，京都議定書の実施に向

---

note 170, at 84-109. この問題はWilliam Snape III & John M. Carterl II, Weakening NEPA: How Bush Administration Uses the Judicial System to Weaken Environmental Protection, 33 Envtl. L. Rep. (Envtl. Law Inst.) 10682 (2003); Michael C. Blumm, The Bush Administration's Sweetheart Settlement Policy: A Trojan Horse Strategy for Advancing Commodity Production on Public Lands, 34 Envtl. L. Rep. (Envtl. Law Inst.) 10397 (2004) などで詳しく議論されている。

(184) クリントン政権が制定したロードレス地域保全規則については，アイダホ地区連邦地方裁判所が効力の仮処分的差止めを命じ，ワイオミング地区連邦地方裁判所が規則無効の判決を下した。ブッシュ政権は，いずれの訴訟でも積極的抗弁を放棄し（ワイオミング訴訟では州の主張を支持する答弁書さえ提出している），敗訴について控訴もしなかった。そのため控訴裁判所の承諾を得て，環境団体と個人（パトリック・パレントー・バーモントロースクール教授）が控訴人となった（Devine, supra note 170, at 85）。第9・第10巡回区連邦控訴裁判所は，それぞれ地裁の判断を取り消した。アラスカ州が起こした訴訟では，トンガスおよびチャガック国有林の広大な地域をロードレス地域保全規則の適用除外とすることで和解した（Andrews, supra note 10, at 368）。

(185) Klyza & Sousa, supra note 4, at 163-164.

け各国間で困難な交渉が続くなかで，他国と協議せず，単独で離脱を決定したのである。

ブッシュは，数日後の記者会見で，「私たちは経済に害をあたえることはしない。なぜなら，もっとも重要なのはこの合衆国に住む人びとだからだ。これが私の優先事項である」と述べている。京都議定書離脱の背景にあったのは，京都議定書を好まないというブッシュの個人的な感情，石油・石炭業界の執拗なロビー活動，京都議定書をつぶそうとする数人の保守的な連邦議員の動きなどである(186)。

ブッシュ政権の数々の行動は，環境保護派議員，州政府，環境団体だけではなく，数名の閣僚や共和党議員などの批判も巻き起こした。

> 「ブッシュ政権の環境規制緩和の企ては，マスコミの猛烈な報道を引きおこした。民主党員は政権の環境上の決定を必ず目玉にするよう心がけ，複数のジャーナリストは目に付かない政権の行動を取り上げた。これらは相まって，ブッシュ政権は環境を犠牲にして企業に迎合しているという広範な信念を公衆の間に作り出すのを助けた」(187)。

しかし9月11日に悲劇が発生すると，ブッシュの支持率は80％以上にまで高まり，批判の声は消し飛んでしまった。「2001年9月11日の世界貿易センター攻撃の後，公共政策目標はテロリズムと戦争に著しく影響されるようになり，環境の時代のイニシアティブが築いた政府情報や意思決定過程への公衆アクセス権の削減を正当化するために，安全上の恐怖が新たなトランプカードとして使われた。2002年以降は，議会両院でビジネス優先・反規制の共和党が多数をしめたことにより，連邦政策決定のパターンは，環境の時代のいくつかの主要な政策を緩和し，さらに覆す方向へと転化した」(188)。ゴットリーブは

---

(186)　シュラーズ・前掲（注107）162-166頁に詳しい記述があるので，ここでは説明を省略する。

(187)　Layzer, supra note 16, at 257-258.

(188)　Andrews, supra note 10, at 351. 古矢・前掲（注34）202-204頁参照。

ブッシュ政権第1期を全体的に評し，つぎのようにいう。

「2001年9月11日以前のジョージ・W・ブッシュ政権は（ある点で1980年代はじめに似た）より好戦的な環境運動をもたらした。しかし政権は，飲料水中のヒ素基準を引き下げる決定や，京都議定書に反対する初期の環境声明において，守勢にまわっていることに直ちに気が付いた。9・11直後にいくつかの重要な環境問題が発生したが，環境運動とくに全国的環境団体は，環境問題に対する政策決定者やメディアの関心が急速に減退するのを目にした。"テロとの戦い"や引き続くイラン・アフガニスタン侵攻が，政治的対話を覆いつくした。ブッシュ政権は，環境政策システムの多くに敵対的で，環境正義の執行に慎重であった。また，現行のプログラム，政策および規制を弱体化し，法律執行行為を減らした。これらの転換は，しばしばメディアの大きな関心や議会の審査なしに行われた。ハーパーズが巧くも言い表したように"ブッシュの反環境アジェンダは，飛躍的にではなく，小刻みに成功した"のである」[189]。

ブッシュは2004年，軍事力によるテロ撲滅の世論に助けられ，ジョン・ケリーをわずかの差で破って再選された。さらに同日の選挙で共和党が上下両院の議席を伸ばしたために，ブッシュ政権や議会共和党指導者は，ふたたびCAAやESAの改正，エネルギーの国内生産増強を支援するエネルギー法案の復活などに意欲を燃やしはじめた[190]。

「2001年9月11日のテロ行為以後，安全関連の問題がニュースの見出しを占拠し，環境主義者も反愛国的または国防に無関心とみられるのをおそれ，大統領を公に批判するのを躊躇した。その結果，政治任用者たちは，企業や土地所有者の規制負担を軽減するように環境法を執行することができた。……しかし，彼らの最大の成果は，温室効果ガスの削減に向けた規制政策の立法化を阻止したことである」(Layzer, supra note 16, at 257-258)。

(189) Robert Gottlieb, Forcing the Spring: The Transformation of the American Environmental Movement 5 (revised & updated ed. 2005).

(190) Layzer, supra note 16, at 272. 2004年選挙では，共和党が両院で議席をそれぞれ4増やし，上院55，下院233とした。

しかしハリケーン・カトリーナ災害に対するまずい対応，イラク戦争の泥沼化と戦死者の増大，社会保障民営化法案の否決，共和党指導部の相次ぐスキャンダルなどが災いし，共和党は2006年の中間選挙で大敗し，1995年から維持してきた上下両院の主導権を失った(191)。さらにブッシュ政権は，深刻な経済不況と大恐慌以来とされる最悪の金融危機にみまわれ，政権末期には，銀行，保険，住宅，自動車産業の救済に追われるうちに，共和党同僚の支持まで失ってしまった。

漂流する大気汚染戦略

ブッシュ政権の基本戦略は，（とくに上院）議会とのタフな抗争を回避するために，現行規則（ルール）の解釈変更や違反企業に対する強制執行の緩和という執行権限手段を通して，企業の規制負担軽減という政権の政策課題を実行するというものである。ブッシュ政権はそのために秘策をつくしたが，ここでは彼らがもっとも力をいれた大気汚染対策に，その一端をみることにする。

ブッシュの大気汚染対策は，一部に生態的現実と政治的必要性を考慮したグリーンなものもあったが，総じて規制緩和に向けたものであった(192)。とりわけ有名なのが，CAAの新規発生源審査（New

(191)　古矢・前掲（注34）221-233頁の詳しい記述参照。第110議会（2007年1月から2009年1月）は，上院では，共和党49・民主党49・無所属2となったが，無所属の2名（サンダースとリーバマン）が民主党と会派を組み，民主党が多数派となった。下院では，共和党が31議席減の202となり，民主党233に逆転された。

(192)　Klyza & Sousa, supra note 4, at 266-267. たとえば，非道路におけるディーゼル装置（ブルドーザー，トラクター，発電機）の排出ガス規制規則の制定，クリントン政権が制定したバス・トラックの排出ガス規制に関する「ディーゼル規則」の是認などは，環境主義者の支持をえることができた（Id.)。「ディーゼル規則は，ブッシュ政権のおそらくもっとも前向きな単独の環境上の成果であった」(Andrews, supra note 10, at 373; Devine, supra note 170, at 11-12)。しかし，「2004年までの時点で，ブッシュ政権では，非道路ディーゼル規則を除き，重要で明らかに有益な環境プログラムはなにも開発

Source Review: NSR）規則をめぐる抗争である。

ニューヨーク州など大西洋岸北東部のクリーン州では，中・南部のダーティ州の電力会社がNSRを免れながら古い発電施設を使い続け，そのため，その飛来物によって州内の大気汚染がいっこうに改善しない状態が続いた。そこで業をにやしたニューヨーク州らは，ダーティ州に対しSIPを改正し規制を強化するよう攻勢をかけ続けた。ところが，ブッシュ政権（実権はチェイニー副大統領）下のEPAは，2003年10月，逆に石炭会社や電力会社の要望を大幅に取り入れ，NSRが必要とされない「定期的な維持，修繕及び取り替え」の範囲を大幅に拡大する規則を制定・公布した。この新規則は，環境団体によると「NSRの入口要件を実際にはきわめて高く設定し，NSRは既存発生源には決して適用されず，汚染制御施設を備えるという要件から企業を永遠に免除するもの」であった(193)。

この規則については，複数の訴訟が提起され，控訴裁判所の判断も分かれたが，2006年3月，コロンビア特別区巡回区連邦控訴裁判所（3人裁判官パネル全員一致）が，規則は法律の明白な文言に反し，無効であると判断したことで終結した（State of New York et al. v. EPA, 443 F. 3d 880（D. C. Cir. 2006））。

さらにブッシュ政権は，クリア・スカイ・イニシアティブと称し，石炭火力発電所などの費用負担軽減を目的に，水銀の「危険度」認定を引き下げ，MACT規制から除外し排出枠取引の対象とする規則，二酸化硫黄と窒素酸化物の（緩やかな基準による）キャップ&トレードを定める規則，微小粒子状物質規制のための（いずれも専門家の勧告を満たさない）第1次・第2次基準を定める規則などを次々と公布

されず，実行もされなかった」(Devine, supra, at 12)。

(193) Klyza & Sousa, supra note 4, at 131. なお，以上の説明は，Id. at 124-134; Andrews, supra note 10, at 373; Layzer, supra note 16, at 275-283による。Devine, supra note 170, at 14-15, 128-155には，より詳しい説明がある。

した。しかし，これらはいずれも控訴裁判所によって取り消され，ブッシュ・チェイニーのもくろみは成功しなかった(194)。

(4) 勢力均衡で袋小路におちいった議会

連邦議会では，1995年以来共和党が両院を制してきたが，2001年1月ブッシュ政権が発足した当時の第107議会の上院は，共和党50・民主党50のイーブンであった。しかし，ジェーフォード議員（バーモント州選出）がブッシュ政権や共和党指導部に幻滅し共和党を離脱したために，共和党は一時少数派に転落し，18か月後のミズーリ州上院特別選挙の勝利によりようやく多数派に復帰できた。下院でも第109議会までは共和党が多数派であったが，2000年の議会選挙では民主党に9議席差まで追い上げられるなど苦戦が続き，1990年代の勢いは完全に萎えてしまった。共和党は2002年の中間選挙および2004年の議会選挙で両院の過半数を確保したが，すでに記したように，2006年の中間選挙で大敗し，両院の主導権は民主党に移った。

かくして議会の主導権がめまぐるしく交代したために，議会の動きは停止し，ブッシュ政権下で成立した重要環境法といえば，小規模事業者の免責およびブラウンフィールド再活性化法（2002年）(195)，健全森林復元法（2003年）(196)およびエネルギー独立・安全保障法（2007年／所

---

(194)　Layzer, supra note 16, at 272-291; Klyza & Sousa, supra note 4, at 78, 98-99, 271-272; Devine, supra note 170, at 155-159.

(195)　Klyza & Sousa, supra note 4, at 80. 同法については，黒坂則子「アメリカにおける土壌汚染浄化政策の新展開――ブラウンフィールド新法の意義」同志社法学56巻3号373頁（2004年），大塚直・赤渕芳宏ほか(訳)「アメリカ ブラウンフィールド法――中小企業の責任の軽減およびブラウンフィールドの再活性化に関する法律」季刊環境研究144号70頁（2007年）ほか，多数の文献がある。

(196)　健全な森林復元法（Healthy Forest Restoration Act）は，2000年と2002年の大規模山火事発生に対する政府の対応への不満が高まったことを背景に，2002年8月にブッシュ政権が開始した「健全な森林イニシアティブ」

管はエネルギー省と運輸省）があるのみであった(197)。

共和党保守派は，ESA だけではなく，NEPA の抜本改正まで俎上にのせ，議会工作を繰り返したが，結局実現しなかった。代わりに，ブッシュ政権や議会保守派は，NEPA や NFMA が森林計画作成や伐採事業について，環境主義者に過大に裁判所への出訴と行政訴願（不服申立）の機会を保障しており，これによって事業が不当に遅延しているという木材会社・製紙会社の不満を取り入れ，NEPA の適用縮小や NFMA が伝統的に認めてきた行政訴願の廃止を画策した。

ブッシュ政権は，まず CEQ 規則を改正し，森林局が「危険燃焼物除去活動」などに認定した行為を一括して NEPA の適用対象および行政訴願の対象から除外した。さらに議会は，危険燃焼物除去事業については，行政訴願の時期を事業の最終承認決定前に限定する特別のかつ１回限りの事前不服申立手続（決定前行政審査手続）を定めた。ま

の主要部分を取り入れ，一部を修正し，2003 年に超党派で成立した法律である。上記の法律およびイニシアティブは，一体化され運用されており，健全な森林の復元を目標に，燃えやすい灌木や下草の除去事業（以下，「危険燃焼物除去事業」という）に毎年 7 億 6000 万ドルを支出すること，その半分を脆弱な住宅地域の緩衝帯設置にあてること，除去費用にあてるために商業的伐採を大幅に認めることなど，さまざまな内容を含んでいた（Devine, supra note 170, at 39-61）。

しかし，事業支出の多くは山火事防止事業とは関係のない森林局のほかの事業に流用されてしまい，山火事防止の効果は小さかった。また，実際には居住地に隣接しない国有林内の傾斜林やロードレス地域の森林が伐採対象地域に選定され，伐採面積も大規模であったために，市民団体が全国各地で訴えを起こした。さらに緩衝帯の 85％は私有林に設置され，助成金の大部分が私企業による林地開発に消えてしまった（Andrews, supra note 10, at 369-370; Klyza & Sousa, supra note 4, at 80-82, 324 n.23）。

(197)　それぞれの法律について，Andrews, supra note 10, at 457-459 (3d ed. 2020); Vig & Kraft, supra note 13, at Appendix 1 の概要説明を参照。「ジョージ・W・ブッシュ政権は，主要な立法イニシアティブを食い止めようとする民主党と穏健共和党の激しい反対によって，わずかな立法的成果を得ただけであった」(Klyza & Sousa, supra note 4, at 22)。

た訴訟要件のひとつである不服申立完遂要件（exhaustion provision）を強化し，第１審裁判所における新たな主張の提出も禁止してしまった[198]。

(5) ブッシュ政権が残した負の遺産

やや長いが，アンドリュースのつぎの文を引用しよう。２期にわたるブッシュ政権の環境政策の評価について，これに付け加えるべきものは，ほとんどない。

「ジョージ・W・ブッシュは，環境について穏健なテキサス州知事として大統領に立候補した。しかし，彼は目覚めた有権者（実業家，土地所有者，規制される者）の活発な支持に寄り添い，議会両院を支配した共和党とともに，さらに多くの一連の攻撃的な政策転換に着手した。これらの転換には，ディーゼルエンジンに対する強力で新たな排出規制，発電所の大気汚染物質削減のための“キャップ＆トレード”制度の拡大，農地所有者への保全活動補助金の拡大，汚染サイト（ブラウンフィールド）再利用のための浄化手続の簡素化，新しい海洋政策の推進などのような，環境規制強化策や海洋環境保全のための措置が含まれる。

しかし，より顕著であったのは，クリントン政権下の多数の土地保護および規制イニシアティブの後戻り，多数の西部自然地域の石油・ガス採掘への開放，国有林における商業的伐採の増加，軍事機関に対する複数の環境立法の適用除外，科学的証明の操作による絶滅危惧種保護の弱体化，気候変動に関する京都議定書の主導権・さらに加盟からの脱退，およびその他の多くの環境条約における野心的目標や拘束力ある関与への反対などが，そこに含まれることである。

政権第２期に入った数年間，ブッシュと共和党議会指導者は，環境立法の転換をほとんど達成できなかった。彼らは，北極圏国設野生生

(198) Robert B. Keiter, The Law of Fire: Reshaping Public Land Policy in an Era of Ecology and Litigation, 36 Envtl. L. 301, 346-347 (2006); Devine, supra note 170, at 68-83.

物保護区の石油・ガス採掘への開放，CAA の主要な改正などの名高いいくつかの企てに成功せず，保守的下院議員が望んだESA や NEPA の抜本的改正にも成功しなかった。しかし目的はまったく異なるが，ブッシュはクリントンと同じように，執行行為および規制行為を利用し広範な政策転換を開始した。ブッシュの場合は，おもに，ビジネス，財産所有者，軍事・防衛機関に対する環境規制の緩和，自然資源の商業的または政府的使用のための行政許可の裁量的自主性の回復が目的であった」[199]。

しかし，衆目の一致するところ，「ジョージ・W・ブッシュのもっとも重要な環境政策のレガシーは，彼の父と同じく，気候変動に本気で取り組むのを拒否したこと」[200]であり，「保守派の最大の成功は，……気候変動に目を向けた連邦の行為を妨げ，とくに連邦政府が強制する温室効果ガスの削減を阻止したことである」[201]。したがって，次期政権にとっては，この世界を失望に追いやったブッシュの「負の遺産」を払拭することが直近の課題となった。

ブッシュが残した最大の自然遺産

おそらくブッシュ政権の最大の正の遺産と目されるのが，彼が古物法による行政権限を用い，太平洋の海洋部分に設定した広大な海洋保護区であろう。

2004 年 12 月 17 日，ブッシュは合衆国海洋政策委員会の勧告の実施に向け，詳細な「海洋行動計画」と海洋政策閣僚委員会の設置を発表した。さらにブッシュは，2006 年 6 月 15 日，この行動計画に沿っ

(199) Andrews, supra note 10, at ix-x.「ジョージ・W・ブッシュ大統領の 8 年間は，環境の現況に挑戦するためのもっとも長期の機会を保守主義者に提供した」という書き出しで始まる Layzer, supra note 16, at 257-258 にも，ブッシュが進めた「保守的・反環境的アジェンダ」に関する必要かつ十分な要約がある。

(200) Vig, supra note 48, at 90.

(201) Layzer, supra note 16, at 315.

て，単独では史上最大の面積となる北西ハワイ諸島（パパハナウモクアケア）の珊瑚礁海域288万エーカーを海洋国有記念物に指定した。さらにブッシュは，カーターやクリントンの先例にならい，第2期の任期終了間際の2009年1月6日，マリアナ海溝，太平洋諸島（ハワイ諸島西部に点在する離島を連結させたもの），ローズ珊瑚を含む広大な区域を海洋国有記念物に指定したが，これらの海洋・諸島を合計すると総面積は2億1500万エーカーにも達し，環境団体をして「海洋保護の新時代を開く」と興奮させたほどであった[202]。

7　社会の分断と環境政治の漂流（オバマ政権）

(1) オバマ政権への期待

イラク戦争に対する批判の高まりは2003年のイラク戦争決議に賛同した民主党内のニュー・デモクラットや穏健派にもおよび，彼・彼女らの影響力は急速に低下した。代わって民主党内では反戦リベラル派（最左派）が優勢となり，2008年の大統領選挙では，長期化するイラク戦争とサブプライム・ローン破綻に端を発した（1930年代以降最悪といわれる）経済不況の終結を主張したオバマ・バイデンのコンビが，共和党マケイン・ペイリンのコンビを破り政権を掌握した[203]。

オバマ・バイデンの選挙キャンペーン・ウェブサイトは，「健康な環境の推進」と題するページの冒頭で，「バラク・オバマは，国の環境法および環境政策が，アメリカ人の健全で持続可能な環境に対する要求と経済成長をバランスさせることを確実にするために活動してきた。温室効果ガスを劇的に削減し，さらにこの地球温暖化の危機を技

(202)　Klyza & Sousa, supra note 4, at 296-297. Andrews, supra note 10, at 236-237 (3d ed. 2020). この記録は，2016年8月26日，オバマ大統領が北西ハワイ諸島海洋国有記念物の区域を4倍に拡大し，世界最大の海洋保護区の誕生を宣言したことにより破られた。

(203)　古矢・前掲（注34）241-244頁，岡山・前掲（注34）210-211頁，渡辺・前掲（注129）203-206頁。

術革新と雇用の創出に転換する機会とすることをめざした，野心的な立法の党派を超えた法案提出者となった」という保全有権者同盟の評価をまず掲げる。さらに「大統領として，バラク・オバマは，地球温暖化との戦いを最優先事項とする。さらに，その専門性と科学的規範に則り EPA を再活性化し，鉛などの有害物質から子供を保護し，自然財産の責任ある管理者となり，そして国の清浄な大気・水質基準を徐々に破壊するブッシュ政権の企みを逆転させる」と宣言し，地球温暖化，清浄な大気，清浄な水，健康な社会，国土の保全のそれぞれについて具体的政策を列挙している[(204)]。

とくに注目すべきは，「地球温暖化は現実であり，現に発生しており，それは人間活動の結果である。私たちは気候変動に真摯で持続的な方法で取り組む道徳上，環境上，経済上，および安全上の義務を有する」としたうえで，市場ベースのキャップ＆トレード・システムの導入と運用によって，炭素排出量を 2050 年までに 1990 年レベルで 80% にまで削減すると宣言していることである。同アジェンダは，その半分を，地球温暖化対策のためのクリーンエネルギー経済への投資と雇用の創出，排出削減のための最速・最善な手段への投資（エネルギー効率化）などの説明にあて，合衆国を気候変動と闘う全世界のリーダーにするとの意気込みを示している[(205)]。

オバマ政権の環境チームも，ブラウナー・エネルギー・気候変動政

(204)　Barack Obama and Joe Biden, Promoting a Healthy Environment; https://www.energy.gov/sites/prod/files/edg/media/Obama_Cap_and_Trade_0512.pdf（last visited Aug. 6, 2019）.

(205)　オバマ・バイデンは，同サイトに「アメリカのための新エネルギー」をアップし，排出権取引制度の運用，クリーンエネルギーへの投資，自動車のエネルギー効率の改善，国内エネルギー供給の拡大などの項目を詳細に記している。参照，太田宏『主要国の環境とエネルギーをめぐる比較政治：持続可能社会への選択』328-329 頁（東信堂，2016 年），杉野綾子「クリーンエネルギーは支持されるも乏しい具体策」久保文明編『オバマ政治を採点する』192-194 頁（日本評論社，2010 年）。

策局長(206)，ジャクソンEPA長官，サトリーCEQ委員長などの環境保護の実績のある政治家・実務家，さらにチュー・エネルギー省長官，ホールドレン科学技術上席補佐官，バン・ジョーンズCEQ特別顧問などの高名な科学者・活動家を随所に配した豪華布陣（グリーン・ドリーム・チーム）で，「これまで大統領によって任用された最強の環境行政府」であった(207)。

---

(206)　エネルギー・気候変動政策局は大統領府に新設された部局で，クリントン政権時のEPA長官ブラウナーが局長に就任した。オバマは，「キャロル・ブラウナーを説得し，各主要行政機関の環境対策を統轄する“気候変動の皇帝”（クライメット・ツァー）ともよぶべき役職を設けてそこに就かせたのはよいスタートだった。すらりと背が高く，あふれ出るエネルギーと成功を信じる熱い心が好感をよぶキャロルには，温暖化についての専門知識，政府内の幅広いコネクション，あらゆる大手環境団体からの信頼があった」とブラウナーを賞賛する（バラク・オバマ（山田文ほか訳）『約束の地(下)大統領回顧録Ⅰ』236頁（集英社，2021年))。しかし，鳴り物入りで迎え入れられたブラウナーであったが，局のスタッフ・予算不足（職員は６名），オバマの環境問題に対する優先順位の低下と繰り返される妥協，それに（とくに石油流出事故後に強まった）共和党からの執拗な攻撃などが理由で思うような活動ができず，オバマが財界・共和党との協調路線に転換した2011年２月，政権を去った（なお，下院はエネルギー・気候変動政策局の予算を認めず，同局は同年３月廃止された)。スタインツオーは，バイデン政権に招かれたケリーとマッカーシー（NRDC理事長）が同じ轍を踏むことを危惧している（Rena Steinzor, Regulatory Review, Biden Style, https://www.theregreview.org/2021/02/15/（last visited Mar. 4, 2021).

(207)　Vig, supra note 48, at 91; Editorial, Mr.Obama's Green Team, N.Y. Times, Dec. 13, 2008, https://www.nytimes.com/2008/12/13/opinion/13sat1.html (last visited Aug.20, 2019). ジャクソン（Lisa Jackson）はEPAニューヨーク事務所に16年間勤務し，ニュージャージー州環境保護コミッショナーなどを歴任した化学技術者，サトリー（Nancy Sutley）はブラウナーの特別補佐官，ロサンゼルス市のエネルギー・環境担当副市長などを務めた。チュー（Steven Chu）はスタンフォード大学教授で高名な物理学者（1997年ノーベル物理学賞受賞)，ホールドレン（John Holdren）はハーバード大学教授でエネルギー・気候変動の指導的物理学者，ジョーンズ（Van Jones）はきわめて著名な革新的環境主義者で，グリーン・ニューディールを提唱したThe Green Collar Economy: How One Solution Can Fix Our Two Biggest

こうしたなか，とくに環境保護団体の間に複雑な波紋を引きおこしたのが，サンスティーンのOIRA室長任命である(208)。サンスティーンは法学界では知らぬ人のいない「ロックスター」（スーパースター）であるが(209)，同時にだれもが認める筋金入りの費用便益分析支持者である（〔『入門2』248-251頁）。そこで，2009年4月20日，オバマが彼をOIRA室長に任命すると，環境保護団体や進歩派の環境法学者，

Problems (2008); ヴァン・ジョーンズ（土方奈美訳）『グリーン・ニューディール：グリーンカラー・ジョブが環境と経済を救う』（東洋経済新報社，2009年）は，ニューヨークタイムズのベストセラーリスト入りした。現在は，CNN政治コメンテーター。※というより，2020年11月の大統領選挙でバイデンが当選確実となった感想を求められ，泣きじゃくっていた姿を思い出す。彼にとって，トランプ政権の4年はおそらく地獄であった。

(208) Cass R. Sunstein, Simpler: The Future of Government 17-26 (2013); キャス・サンスティーン（田総恵子訳）『シンプルな政府：“規制”をいかにデザインするか』38-51頁（NTT出版，2017年）に，就任までのいきさつが，本人により述べられている。サンスティーンはオバマのシカゴ大学ロースクールの同僚で，大統領選挙キャンペーンのもっとも初期からの参加者であった。サンスティーンは，オバマがOIRA室長への就任を打診してきたかのように記しているが（Sunstein, supra. at 17; サンスティーン（田総訳）・同前39頁），オバマは，「キャスは，実のところ，OIRAのポストについて私に働きかけてきた」(Cass actually lobbied me for the OIRA post) と明言している（Barack Obama, A Promised Land 496-497 (2020); オバマ（山田ほか訳）・前掲（注206）244-245頁）。ちなみに，オバマはサンスティーンをnerd（マニア，おたく，こだわるひと）と表現している。費用便益分析へのこだわりは，その典型であろう。

(209) 2017年ノーベル経済学賞受賞者セイラーの言（リチャード・セイラー（遠藤真美訳）『行動経済学の逆襲(下)』137頁（早川書店，2019年）。2011年8月当時のシカゴ大学ロースクールのウエブサイトによると，サンスティーンの業績一覧には32冊の著書を含む424の個別出版物が列挙されており，ニューヨークタイムズ・マガジンの人物評によると，「同世代のなかで，間違いなくもっとも生産的で，おそらくもっとも影響力のあるリベラル法学者」であった（Benjamin Wallace-Wells, Cass Sunstein Wants to Nudge Us, N.Y. Times Mag., May 16, 2010)。

さらに保守派の狩猟団体などから批判の声があがった[210]。そのため上院における承認手続は（W・ブッシュ政権時のグラハム以上に）長引き，ようやく9月10日になって，57対40の表決でサンスティーン人事が承認された。

(2) オバマ環境立法の挫折

オバマは，2004年の民主党全国大会における基調演説で「リベラル派のアメリカと保守派のアメリカなどない。あるのはアメリカ合衆国だ」と宣言し，喝采をあびた。そこでオバマが当初めざした政策遂行スタイルは，クリントンやブッシュのそれが議会のチャンネルを回避した独断専行型であったのに対し，むしろ議会に依存しつつ，自らの政策実現をめざすという伝統的なものであった。

実際，オバマ大統領への期待は高く，2009年就任直後の支持率は70%に達し，当時の第111議会（2009年1月から2011年1月）は，上院では民主党59（2名は無所属）・共和党41，下院では民主党257・共和党178で，民主党が共和党を圧倒していたからである。

---

(210)　リベラル派環境法団体・進歩的改革センター（Center for Progressive Reform）はスタインツオー理事長（メリーランド大学ロースクール）の声明を発表し，「サンスティーンが心を入れ替えない限り，そしてオバマ大統領がOIRAを注意深く見張らない限り，キャス・サンスティーンの費用便益分析への依存は，大統領府に規制の自由をあたえ，必要な規制を，ブッシュ政権が行ったのとまったく同じ方法で扱うだろう。私たちはOIRA審査の改革を心より願っている。そこで，もし任命が承認されるなら，サンスティーン教授は，この問題に関する彼の過去に述べた見解を穏当なものにすることを期待する」との懸念と警告を表明した。声明には，センター会員でもあるアップルゲート，グリックスマン，マガリティ，シャピロ，スタインツオー，ヴァーチックなどの有力な研究者が署名している（Choices for Cass Sunstein: Reinvigorating Protections for Health, Safety and the Environment, http://www.progressivereform.org/sunsteinnoira.cgm（last visited Aug. 27, 2019)）。スタインツオーは，4月30日の下院科学技術委員会調査監督小委員会の公聴会でも，同じ趣旨を述べている。

ところで，オバマ政権の基本政策課題は，経済復興を最優先課題に位置づけ，それを公共投資と減税による経済刺激策，および「グリーン雇用」の推進によって達成するというものであった。そこでオバマ政権は，政権発足前より議会の主要メンバーと討議を重ね，2009年1月26日，下院議長ペロシおよび9人の民主党議員が共同提案者となって「2009年アメリカ復興・再投資法案」を議会に提出した。法案は，大型景気刺激策，高所得者減税，自動車産業の救済などに，エネルギーの一層のグリーン化と効率化，国内再生可能エネルギー開発への大型投資などの環境対策を上乗せし，予算全体で8000億ドルという大規模なもので，リベラル議員や環境団体からみると，共和党や民主党保守派に妥協しすぎた内容を盛り込んだものであった(211)。

アメリカ復興・再投資法案は，下院を1月28日，上院を2月10日に通過した。しかし，下院では共和党議員全員（商務長官候補であったグレッグは投票せず）と民主党議員11名が反対にまわり，上院でも3名を除く共和党議員全員が反対にまわる（民主党議員は全員賛成）など，法案への賛否が党派によって明確に分かれる結果とになった(212)。上下両院は2月13日，両院協議会法案を可決し，オバマ大統領は2月17日，可決法案に署名した。

---

(211) 「クリントンと副大統領ゴアは，環境保護と経済成長の関係に関する伝統的なレトリックとは縁を切り，環境の浄化が雇用を生みだし，合衆国経済の将来の競争力が環境にクリーンでエネルギー効率的な技術の発展に基礎をおくであろうことから，雇用か環境かの論争は誤った選択を示していると主張した。彼らはこれらのグリーンテクノロジーを推進するためにさまざまな投資誘引策とインフラ事業を提案した。オバマ大統領は，同じ哲学の多くを採用した」(Vig, supra note 48, at 82)。しかし，オバマ政権の戦略は「経済政策で中道化，社会問題政策ではリベラル性を維持」という複雑なもので，これが伝統的リベラリズムの流れをくむものなのか，ビル・クリントンのニュー・デモクラットと同じものなのかは，見分けがつきにくかった（渡辺・前掲（注129）206-208頁）。

(212) 古矢・前掲（注34）247-248頁。

台頭したグループ・ティーパーティ

「蜜月の100日」に乗じ，2008年選挙で惨敗した共和党の支持を取りつけ，超党派で環境政策を推進する，これがオバマの期待した戦略であった。しかし，オバマは，この頃議会に生じた変化を完全に見誤っていた。

第1は，2008年選挙キャンペーンの中頃に始まった経済危機が，有権者の雇用とエネルギーコストに対する関心を高め，そのため，多数の共和党議員および少なからぬ石炭・石油産出州選出の民主党議員の法案に対する強硬な反対を再燃させたことである。

第2は，この時期，下院を中心に，超富裕層によって育成・支援された共和党保守強硬派や，にわかに台頭した草の根反乱グループ・ティーパーティが，とくにオバマ政権の医療保険改革法案（オバマケア）を標的に，非妥協的で強行な議会工作を展開したことである(213)。

---

(213)　ティーパーティ運動は，オバマ政権が発足したほぼ1月後の2009年2月19日，シカゴ・マーカンタイル取引所で元先物トレーダーのリック・サンテリが，前日にオバマが提案した住宅ローン組直しに対する政府の緊急支援への怒りをぶちまけ，それがテレビ中継されたのが始まりとされる。運動はウェブサイトやチェーンメールによって全国に拡散され，ラッシュ・リンボーやグレン・ベックといった著名な保守系メディ司会者の支援によって勢いを加速させ，医療保険改革，景気対策のための連邦政府支出などへの抗議行動や反対集会へと発展し，2009年9月12日のワシントン納税者行進，2010年4月15日の「税の日ティーパーティ」を成功させた。ティーパーティは，さらに同年11月の中間選挙で共和党勝利の原動力となり，2012年の大統領選挙を展望するうえで侮りがたい政治勢力となった（古矢・前掲（注34）256-261頁，岡山・前掲（注34）213-216頁）。

しかし，歴史社会学の巨頭スコッチポル（ハーバード大学）らは，この種のティーパーティ運動の「創世神話」を明確に否定し，ティーパーティ運動は，コーク兄弟のようなビリオネア資本家が資金を提供し，元共和党重鎮のアーミーのような盛りを過ぎた政治家が統率し，グレン・ベックやショーン・ハニティなどのマスコミのセレブ・ミリオネアが絶え間のない宣伝を繰り広げる大規模な反政府活動であると断言する（Theda Skocpol & Vanessa

オバマの就任から2か月もたたないうちに，ティーパーティは反規制保守主義を活性化させ，「ティーパーティ運動に触発された共和党議員および党の活動家のイデオロギー的熱狂は臨界にまで達した」。かくして，「共和党指導者と議会の多数の一兵卒議員は，広範な問題について中間層投票者のはるか右側に移動してしまい，アメリカ政治史では異例のイデオロギー的頑固さと党派的団結の高さを発揮した」(214)。

オバマが提案したアメリカ復興・再投資法はどうにか議会を通過したが，ティーパーティの攻撃や報復をおそれ，共和党穏健派までもが反オバマ一色に塗り固められてしまった。その結果，「環境およびその他の論点に関する立法的膠着状態（グリードロック）と党派的対立は，2008年のオバマ大統領の当選以降に激化しただけではなく，歴史上もっとも高いレベルにまで達する」(215)ことになった。

クリーンエネルギー・安全保障法案の歴史的挫折

2009年5月15日，下院エネルギー・商業委員会に，オバマ政権のエネルギー・環境アジェンダを反映した「アメリカクリーンエネルギー・安全保障法案」(H.R. 2454) が提出された(216)。共同提案者は，

Williamson, The Tea Party and the Remaking of Republican Conservatism 11 (2012))。See also, Mayer, supra note 181, at 203-206. オバマ自身も同じ評価をしている（オバマ（山田ほか訳）・前掲（注206）112-113頁）。

(214) Klyza & Sousa, supra note 4, at 295; Layzer, supra note 16, at 353-354. ティーパーティ・グループ「制限された政府のためのアメリカ」代表ビル・ウィルソンいわく，「オバマは政府の適切な役割に対する議論を呼びおこした」，「それは多数の人の参加を鼓舞した」，「私たちが個人の自由とよぶものを，政府はますます浪費しているのだ」と（Layzer, supra, at 354）。

(215) David W. Case, The Lost Generation: Environmental Regulatory Reform in the Era of Congressional Abdication, 49 Duke Envtl. L. & Pol'y F. 49, 71 (2014).

(216) 地球温暖化対策法案に関する以下の記述は，Thomas O. McGarity, The Disruptive Politics of Climate Disruption, 38 Nova L. Rev. 393, 423-457 (2014); Klyza & Sousa, supra note 4, at 290-292; Layzer, supra note 16, at

したたかで好戦的なワックスマン下院エネルギー・商業委員会委員長（彼はこの年，ディングルから委員長席を奪取した）とマーキー同委員会エネルギー・環境小委員会委員長であった。同法案は，電力会社に対する再生可能電力基準の義務化，炭素回収技術などの商業化，ハイブリッド・電気自動車の製造・普及の支援，機器・建築物およびエネルギー効率の改善など，リベラル色の強い事項をふんだんに盛り込んだものであった。

しかし法案の最大の争点は，温室効果ガス排出削減目標の設定と排出量取引制度（キャップ＆トレード）の導入である。キャップ&トレードは，1980年代には保守的規制改革論者の合い言葉であり，1990年CAA改正法の目玉であり，さらにW・ブッシュ政権のお気に入りでもあったように(217)，共和党環境政策の要諦であった。しかし，それ

353-356; Turner & Isenburg, supra note 3, at 181-189; Mayer, supra note 181, at 269-275; 杉野・前掲（注205）197-198頁，太田・前掲（注205）331-334頁などによっており，とくに必要な場合を除き，引用ページの摘示を省略する。なお，おそらくもっとも詳細な分析は，Theda Skocpol, Naming the Problem: What It Will Take to Counter Extremism and Engage Americans in the Fight against Global Warming, https://voices.uchicago.edu/americanpol/2014/03/27/（last visited Sep. 18, 2019）である。

(217)　2002年2月14日，W・ブッシュ大統領は「クリア・スカイ・イニシアティブ」を発表し，翌2003年2月27日，その意を受けて「クリア・スカイ法案」が上下両院に提出された。法案の正式名称は「キャップ＆トレードプログラムによって大気汚染を削減するためにCAAを改正する法案」というもので，上院の共同提案者のひとりは保守強硬派のインホーフ議員（共和党・オクラホマ州選出）であった。しかし，この法案に対しては科学者や環境団体からCAA規制を骨抜きにするという猛烈な批判がおこり，上院環境・公共事業委員会の表決は，チェィフィー議員（共和党・ロードアイランド州選出），ジェーフォード議員（共和党から独立党に転出・バーモント州選出）が反対にまわったために9対9となり，法案は審議打ち切りとなった（Opinion, Clear Skies, R.I.P., N.Y. Times, Mar. 7, 2005, https://www.nytimes.com/2005/03/07/opinion/（last visited Sep. 22, 2019））。

トンプソンによると，キャップ＆トレードはパレート最適主義者や多くの

が突然，共和党がこぞって非難するリベラル派環境主義者のシンボルへと変化したのである。

この法案については，保守派はもちろん，未だ内容に満足しない環境主義者からも批判が続出した。しかし，2人の絶大な努力と（環境主義者からみると）やや大きすぎる妥協のすえ，法案は2009年6月26日，賛成219，反対212の僅差で下院を通過した（44人の民主党議員が反対，8人の共和党員が賛成）。法案は，「科学者が気候変動に結び付けた温室効果ガスを抑制するための法案を，議会両院のいずれかが初めて承認した」という点で画期的なものであった(218)。しかし，温室効果ガスの大量排出者である石炭・石油・天然ガス業者はこの法案をはなから認めるつもりがなく，共和党内の(反)環境過激派の抵抗は，ますます激しくなった。

上院では，まず下院可決法案のキャップ＆トレード部分に対応する法案として「クリーンエネルギー・アメリカ電力法案」（S.1733：ケ

保守主義者のお気に入りで，「W・ブッシュ政権は排出許可証取引を強く支持し続け，排出許可証取引はブッシュ政権のクリア・スカイ・プロジェクトの重要要素のひとつであった」だけではなく，それを他の多くの分野でも推進した（Barton H. Thompson, Jr., Conservative Environmental Thought: The Bush Administration and Environmental Policy, 32 Ecology L. Q. 307, 339, 341-342（2005））。

(218)　John M. Broder, House Passes Bill to Address Threat of Climate Change, N.Y. Times, June 26, 2009, at A1. オバマは，この（リベラルな）下院通過法案について，「環境団体の要望リストを読み上げただけとも受け取られかねないこの法案は，多くの中立派の民主党上院議員たちをあまりのショックで病院送りにしてしまいそうだった」と不満を述べている（オバマ（山田ほか訳）・前掲（注206）249-250頁）。法案の核心は，キャップ＆トレード・プログラムによって，温室効果ガスの排出上限（キャップ）を，2012年までに2005年レベルで3%，2020年までに17%，2030年までに42%，そして2050年までに83%引き下げ，排出許可量は，当初その85%を無料で既存汚染者に割り当て（残り15%を競売），2030年までにすべての排出許可量を段階的に競売にかけるというものである。

リー・ボクサー法案）が11月5日に環境・公共事業委員会で可決され，上院本会議に送られた。しかし，同法案はリベラル色が強く産業界の要望を十分に反映していないという共和党議員の反発が強く，本会議における討議終結に必要な60名の議員の賛成をうる見込みがたたなかった(219)。これに油を注いだのが，2009年11月17日に突如「発生」したクライメート事件である。この「スキャンダル」は，結局，根も葉もないものであることが判明したが，これに便乗した反対派の攻撃は執拗なものであった。

この間のオバマ政権は，政治手腕のまずさもあって，10月頃には支持率が急落した。そのためオバマ政権は政治的資源を医療保険改革法案の一点突破のために投入せざるを得なくなり，気候変動対策法案は「まま子」扱いであった(220)。

しかし，秋頃からケリー議員（民主党・マサチューセッツ州選出），リーバマン議員（無所属の民主党系会派・コネチカット州選出）それに何とか協力をえることに成功したグラム上院議員（共和党・サウスカロライナ州選出）の3名を中心に法案の練り直しが行われ，12月10日になって，草案が公表された。

これと前後し，2009年12月7日，ジャクソンEPA長官は，「6種類の温室効果ガスが結合し，現在および将来世代の公衆の健康と福祉の双方を危険にさらしており」，「新規自動車およびそのエンジンから

(219)　当時（第111議会）の上院は，民主党57，共和党41，無所属2（サンダース，リーバマン）であり，討議終結には，民主党＋無所属にくわえ，共和党から1名の賛成者を得る必要があった。

(220)　渡辺・前掲（注129）207頁。杉野・前掲（注205）198頁。オバマ政権の最大の遺産といわれる「オバマケア」（患者保護および医療費負担適正化法案）は，2009年12月24日上院を60対39（共和党は全員反対，1名欠席），2010年3月21日下院を219対212（民主党34名と共和党178人全員が反対）で通過し，その2日後，オバマ大統領が法案に署名した。古矢・前掲（注34）259-261頁参照。

の温室効果ガスの排出が，CAA202 条(a)のもとで，公衆の健康と福祉を危険にさらす温室効果ガス大気汚染に寄与している」との認定（危険性認定）に署名した（最終認定の連邦公報公示は 12 月 15 日)。この決定は，2007 年の画期的な最高裁判所判決（Massachusetts v. EPA, 549 U.S. 497（2007)）の後押しをうけたものであった(221)。

オバマ大統領は気候変動対策法案を救うために，2010 年 1 月 27 日の一般教書演説では，クリーンエネルギー開発とならんで，核発電所の新設，沖合石油・天然ガス開発の推進を宣言し，3 月 31 日には，最後の切り札として，アメリカ・メキシコ湾，東海岸，アラスカの石油・天然ガス開発禁止区域を一部解除する方針を明らかにした。しかし不運なことに，2010 年 4 月 20 日，メキシコ湾で BP 社の石油掘削施設＜ディープウォーター・ホライズン＞が大規模な石油流出事故を引きおこしたために，上記の解禁措置は，環境保護団体にくわえ，保守派からも批判の的にされることになった(222)。

(221) 同判決については，すでに，前田定孝「判例研究」三重大学法経論叢 26 巻 1 号 79 頁（2008 年)，大坂恵里「連邦環境保護庁の温室効果ガス排出規制権限」比較法学 42 巻 2 号 308 頁（2009 年)，杉野・前掲（注 136）7-11 頁，16 頁ほか多数の紹介があるので，詳細は省略する。Richard J. Lazarus, The Rule of Five: Making Climate History at the Supreme Court（2020）は，この判決を「かつて最高裁判所によって判決を下されたもっとも重要な環境法事件」と位置づけ，「法ストリー」の手法で訴訟をめぐる多様な動きを分析した力作である。また，Robert V. Percival, Massachusetts v. EPA: Escaping the Common Law's Growing Shadow, 2007 Sup. Ct. Rev. 111（2007）も信頼できる評論である。なお，『入門 2』62-63 頁も参照。

(222) Layzer & Rinfret, supra note 96, at 350-363 に詳細である。その他，Sandra Zellmer, Treading Water While Congress Ignores the Nation's Environment, 88 Notre Dame L. Rev. 2323, 2328（2013); 杉野・前掲（注 205）199 頁，オバマ（山田ほか訳)・前掲（注 206）326-349 頁参照。この合衆国史上最悪の環境上の災害とされる石油流出事故について，オバマは急遽，沖合油田採掘の 5 か月間凍結，石油採掘監視機関の再設置，安全基準の強化などの措置をとったが，重要な政策変更はなされなかった（Klyza & Sousa, supra note 4, at 301)。しかし，有意味な対応をなにもとらなかったという点

こうしたなか，石油流失事故発生から1週間後の4月26日，グラム議員は共和党反対派から執拗な攻撃をうけたことや，オバマ政権・民主党指導部の対応に不満を募らせたことから，共同提案者を突如降りてしまった(223)。そのため，法案作成はケリー・リーバマン議員の2名に委ねられ，ようやく5月12日になって，両名から987頁にもおよぶ「アメリカ電力法」（ケリー・リーバマン法案）の草案が配布された。草案は，核発電の支援拡大を追加するなど若干の違いはあったが，下院可決法案とほぼ同じものであった。しかし多数党（民主党）院内総務リードは，法案可決の可能性がゼロではないにもかかわらず，自身および民主党が2010年11月にせまった中間選挙で苦境にたたされることを懸念し，7月23日，同法案を本会議で採決しないことを言明した。こうして，「合衆国史上，もっとも包括的な環境法のひとつ」と評されたクリーンエネルギー法案は，上院本会議に上程されることなく消滅した(224)。

では，議会も同罪であった（Klyza & Sousa, supra, at 301; Zellmer, supra, at 2355-58）。

(223)　グラム上院議員は，ティーパーティ活動家から激しい誹謗中傷を浴びせられたことや，オバマ政権および多数派院内総務リード（ネバダ州選出）が11月の中間選挙を見込んで移民法案の審議を優先させる意向を示したことを理由にあげ，法案提出者から降りた（Graham's exit puts climate change bill in limbo, https://edition.cnn.com/2010/POLITICS/04/26/index.html (last visited Nov. 10, 2019); Mayer, supra note 181, at 275-276; McGarity, supra note 216, at 452-453; 杉野・前掲（注205）199頁，太田・前掲（注205）332-333頁）。しかしオバマは元来グラムを信用しておらず，グラムは仕事を放棄するタイミングを見計らってしばしば要求をつりあげ，石油流出事故が発生し，環境団体が海洋掘削の拡大と引き替えに法案を受け入れる可能性がなくなると，それを言い訳にして逃げ出したと批判している（オバマ（山田ほか訳）・前掲（注206）256-257頁，329-331頁）。

(224)　Michael E. Kraft, Environmental Policy in Congress, in Vig & Kraft eds., supra note 13, at 100; Klyza & Sousa, supra note 4, at 291-292; Layzer, supra note 16, at 354-355; 杉野・前掲（注136）17-19頁，48-51頁，渡辺・前掲（注129）70-71頁，太田・前掲（注205）334頁，Case, supra note 215,

(3) 公然化した金権主義と反科学

ベストセラー『見た目よりもっと悪い――いかにしてアメリカ憲法制度は新過激主義政治と衝突したか』(2012年) の共著者であるマン (ブルッキングズ研究所の穏健リベラル系研究者) とオルンスティーン (AEIの中道系研究者) は,「私たちは過去40年でもっとも機能麻痺した議会を経験している」とし,「中心的な問題は共和党にあるという認識以外に選択の余地はない。共和党はアメリカ政治における反乱分子 (insurgent outlier) になり, 思想的に過激で, 妥協を軽蔑し, 事実・証拠・科学に関するこれまでの理解に動じず, 政治的反対者の正統性を否定している」と断言する(225)。

また, アル・ゴアは, ニューヨークタイムズの記者に「特定利害関係者の影響は, いまや極端に不健全なレベルに達している。現在の政治システムへの参加者は, 提案された変革によってもっとも影響をうける最大の商業的利害関係者をまず探しだし, 許しを得なければ, いかなる重大な転換を立法化することも事実上不可能な地点に達している」と語っている(226)。

共和党の保守強硬派とティーパーティを財政的に支援し, 裏で操ったのは, 最高裁判所判決 (Citizens United v. Federal Election Commission, 558 U.S. 310 (2010)) によって, 選挙運動から独立した外部団体への献金の上限を撤廃された企業や少数の超保守的富裕層であった。

---

at 71; McGarity, supra note 216, at 457. なお, 前注219に記したように, 上院法案は, 共和党議員1名が賛成すれば可決される可能性があった。2010年中間選挙では, リードが懸念したとおり, 上院民主党は議席を6減らした。

(225) Thomas E. Mann & Norman J. Ornstein, Let's Just Say It: The Republicans are the Problem, Washington Post: Opinions (Apr. 27, 2012), http://articles.washingtonpost.com/2012-04-27/opinions/35453898 (last visited Nov. 17, 2019).

(226) Ryan Lizza, As the World Burns, New Yorker, Oct. 11, 2010, www.newyorker.com › 2010/10/11 (last visited Nov. 17, 2019).

「議会は，環境問題だけではなく，包括的な立法全体についてほとんど成果を生み出さなかった。ひとつの理由は，特定の利益集団からの選挙運動資金に対する規律の欠如と腐敗したマネーの影響である」(227)。「ティーパーティは，すぐにいろいろな超保守的寄付者からの支援を手にしたが，もっとも著名なのは，リバタリアン億万長者チャールズ＆デービッド・コークが，（彼らのグループ“繁栄のためのアメリカ人”による後援を通じて）キャップ＆トレード法案に対する活動を強化させたことである(228)。保守的活動家マイロン・エーベルがいうように，保守派の戦略は，単純にキャップ＆トレードに税金のレッテルをはることであった。“それは世界史上最大の増税になるだろう”と彼はいった。……まもなく，“キャップ＆タックス”がティーパーティのマントラ（経文）になった」(229)。

共和党保守派のもうひとつの思想的バックボーンが，反科学主義である。「公衆および政治システムは，ますます科学に対して懐疑的になり，新たな科学的発展を法に組み入れることにますます偏狭になった。科学はすでに定まった結果を正当化するのに頻繁に用いられ，もし科学的情報がこの結果を支持しないときは，無視され，または“ジャンク・サイエンス”として信用性を疑われた」(230)。「1970・80年代には，科学に対する敬意が相当程度あった。対照的に，現在の議会はすべての領域で驚くほど科学を軽蔑しており，とくに環境について

(227)　Zellmer, supra note 222, at 2326. See Mayer, supra note 181, at 278-294; 古矢・前掲（注34）268-272頁。

(228)　Turner & Isenberg, supra note 3, at 181-182. メイヤーは，超保守的な大富豪コーク兄弟の下院エネルギー・商業委員会の支配が，第112議会において確立したという。共和党・民主党の多くの委員がコーク兄弟からの献金を受け取り，新委員の多くが歳出削減で相殺されない限りいかなる炭素税にも反対するという誓約書に署名していた（Mayer, supra note 181, at 355）。

(229)　Layzer, supra note 16, at 354. See also Turner & Isenberg, supra note 3, at 183.

(230)　Mary Jane Angelo, Harnessing the Power of Science in Environmental Law: Why We Should, Why We Don't, and How We Can, 86 Tex. L. Rev. 1527, 1564 (2008).

はそうである。軽蔑は，とくに気候変動に関する議論において顕著であった」[231]。

(4) その後もジグザグが続く

オバマは外交面ではイラク戦争の終結という明確なメッセージを掲げ前進したが，内政面では掲げた政策のことごとくを共和党によって妨害され，結局，オバマ政権が第1期前半で手にすることができた重要法案は，アメリカ復興・再投資法，オムニバス公有地管理法（後述），それに医療保険改革法だけであった。

こうしたなか，2010年11月に中間選挙が実施され，民主党は上院ではかろうじて多数を維持したものの，下院では共和党がティーパーティの爆発的な増加によって議席を大幅に増やし，（民主党は）1948年以来といわれる大敗北と勢力逆転を許してしまった。「オバマ政権第1期の2010年中間選挙は，主要政党が過去120年間におけるよりもさらに分裂したことを発見する極端な党派主義時代の到来を告げるものであった」[232]。こうして，オバマが2年前に掲げた野心的な法案を実現する望みは潰えてしまった。

結局，オバマ政権に残された道は，これまでの大統領と同じく，行政権限を用いた対応に限定されてしまった。たとえば，EPAは2009年5月，自動車業界，州政府，労働組合，環境団体との間で，自動車

(231) Zellmer, supra note 222, at 2372-73. See also Turner & Isenberg, supra note 3, at 183-184; Mayer, supra note 181, at 250-269. 2012年に当選した新人下院議員（大部分がティーパーティ）の半数が，気候変動の原因が人にあるという知見を拒否し，インホーフ上院議員は，『最大のでっち上げ』(The Greatest Hoax) と題する本を出版した。前下院議長ギングリッチは，"キャップ＆トレードは，アメリカ経済に対する全面的な統制を確保し，ワシントン官僚機構に権力を集中させるための言い訳に利用しようとする左翼の企みである"と主張した」(Klyza & Sousa, supra note 4, at 295)。

(232) Case, supra note 215, at 96. 古矢・前掲（注34）261-262頁参照。

産業への財政支援と引き換えに，新車の燃費基準（2016年までに1リットルあたり約15キロメートル）達成と炭素排出基準を大幅に強化する協定の締結に成功した。

さらにEPAは，2010年の中間選挙後に，ペースダウンを余儀なくされながらも，石炭・石油火力発電所から排出される水銀，二酸化硫黄および窒素酸化物を含む83の有害大気汚染物質の規制強化に踏み切った(233)。

他方でオバマは，2011年9月，EPAが相当のエネルギーを費やし検討を重ねてきた改正オゾンNAAQSを制定しないことを決定し，環境主義者を仰天させた。ジャクソン長官はこの「差戻通知」に抵抗したが，法令遵守コストの上昇を主張するディレー主席補佐官とサンスティーンOIRA室長に押し切られてしまった(234)。

オバマは2012年11月の大統領選挙をみすえてふたたび左旋回し，雇用対策の充実，金融規制の強化，医療保険改革擁護の復活，ハイテ

(233)　Layzer, supra note 16, at 359-360.

(234)　Id. at 359-360; 杉野・前掲（注136）161-165頁。この事件は，本書211頁で再度取り上げる。なお，本事件を含め，サンスティーンのOIRA在任中（2009年9月10日から2012年8月10日）の実績を単純に評価するのは難しい。ニューヨークタイムズは，「彼は，多数の実業界利害関係者を失望させ，環境・健康・消費者擁護者をもっと不幸にさせた実績とともに去っていった」と表現する（John M. Broder, Powerful Shaper of U.S. Rules Quits, with Critics in Wake, N.Y. Times, Aug. 3, 2012, at Al）。すなわち産業界はサンスティーンの物わかりの良さに期待したが，彼は（おそらくオバマ大統領や側近の意向をくみ），乗用車・貨物自動車の燃料効率基準の引き上げ，核発電からの新規有害物質排出規則，数十年前のフードピラミッド（現在はマイプレート）の刷新，卵のサルモネラ規則の強化などを支持または同意し，冷蔵庫のエネルギー効率化のために機器製造者とエネルギー省間の取引を実現させ，産業界を失望させた。なお，ここで触れる余裕はないが，さらに詳細で興味深い論説がDan Froomkin, Cass Sunstein: The Obama Administration's Ambivalent Regulator, https://www.huffpost.com/entry/cass-sunstein-obama-ambivalent-regulator-czar_n_874530（last visited Nov. 18, 2019）にみられる。

ク企業への税控除などの「大きな政府」路線を，外交面ではブッシュ政権が積み残した課題への挑戦などをアピールし，共和党ムーニー・ライアンコンビをうち破り再選された。

野心的な気候行動プランとクリーン電力プラン

第2期オバマ政権は，包括的移民制度改革，銃規制法案の制定などとともに気候変動対策を最優先課題に掲げ，オバマは2013年2月12の一般教書演説では，「もしも議会が気候変動に対応するための行動をとらないのであれば，私はそれを実行するために執行権限による行動をとるだろう」と明言した(235)。この言を実行に移すべく，2013年6月25日，オバマは国内の温室効果ガスの削減，国内の気候変動への適応，気候変動政策の国際的決定における主導権回復という3つの柱を掲げた「気候行動プラン」を発表した(236)。

さらに2014年6月2日，EPAは「クリーン電力プラン」(CPP)の規則案を発表し，2015年8月3日に最終規則を発表した。これは，オバマが「これまでアメリカが地球規模の気候変動と闘うためにとった単独のもっとも重要なステップ」と自賛するもので，EPAはCAA111条(d)に基づき既存の発電所から排出される二酸化炭素を規制することが可能であるという解釈に基づき，各州の石炭火力発電所から排出される二酸化炭素の排出量を2030年までに2005年レベルで32%削減することを目標に，州に対して温室効果ガスの削減実施計画（または同程度の目標達成が可能な代替案）の作成を要求するものであ

(235) Remarks by the President in the State of the Union Address, https://obamawhitehouse.archives.gov/the-press-office/2013/02/12/ (last visited Nov. 24, 2019).「オバマ大統領は，第2期には，議会の不作為，とくに気候変動に関する不作為に対する対抗策として，大統領権限を広範に利用するつもりのようにみえた」(Zellmer, supra note 222, at 2391)。

(236) Turner & Isenberg, supra note 3, at 189-190. 気候行動プランについては，太田・前掲（注205）332-347頁に詳細な説明がある。

る[237]。

しかし反対派にとって，CPPはオバマがしかけた「石炭戦争」の頂点に位置するものであった。ピッツバーグの石炭労働者集会では「私たちの子供も大切だ」(Our kids matter too),「ヘイ，ヘイ，EPA, 私たちの仕事を奪うな」のスローガンが叫ばれ，アラバマ公益事業委員長は宗教的言辞を弄し，規制は「私たちの生き方に対する攻撃」であり，オバマ・プランを「神が国にあたえたものを奪う権利をだれがもつのか」と糾弾した[238]。さらに，この規則に対して，ウェストヴァージニア，テキサス，アラバマ，オクラホマなどの州とアラバマ電力会社などが38の訴訟を提起した[239]。

オバマ・プランに対するラストベルト州の石炭・石油・電力業者の反発はかくも激しいものであった。しかしアンドリュースが説くように，（全米の）電力会社は，2010年から2020年の間に石炭火力発電能力を20%削減し，それを法令遵守コストの小さな天然ガス発電や風

(237)　Recent Regulation, Environmental Law — Clean Air Act — EPA Interprets the Clean Air Act to Allow Regulation of Carbon Dioxide Emissions from Existing Power Plants, 129 Harv. L. Rev. 1152 (2016). なお，杉野・前掲（注136）201-213頁に，規則案および最終規則の制定経過，内容，議論について詳細な分析があるので参照されたい。

(238)　Turner & Isenberg, supra note 3, at 190-191. このように，科学的知見に基づく政治的対話を，価値（選択）に関する対話に置き換えるのが，反環境主義者の常套手段である（Id. at 205-206)。

(239)　2016年2月9日，最高裁判所はCPP規則の執行を控訴裁判所判決が確定するまで仮処分的に差止める判決を下したが，EPAは2016年8月3日，ふたたび当初のCPPの実施（中間計画の提出）を州に求めた。2017年3月28日，トランプ大統領はCPPの見直しを命じる大統領命令に署名し，EPAは2019年7月8日，CPP規則の廃止と既存の発電所からの温室効果ガス排出に関する新たなガイドラインを定める最終規則（Affordable Clean Energy Rules）を公布した。なお，オバマ政権および州政府のその後の取組みについては，岩澤聡「オバマ政権下の米国の気候変動対策」レファレンス806号11-30頁（2018年）に詳しい説明がある。

力・太陽光発電に切り替えており，その動きを（後にトランプ政権が公約に掲げたごとく）逆転させることは，ラストベルト州においてさえ，もはや不可能になっていたのである[(240)]。

(5) 歴史上もっとも反環境的な議会

第112議会（2011年1月から2013年1月）および第113議会（2013年1月から2015年1月）では，上院を民主党，下院を共和党が多数をしめるねじれ状態が続いた。そのため，環境関連法に限らず，ほとんどすべての分野で立法作用が停滞した。第112議会で可決された法案などは近代史上最低となり，第113議会はそれをさらに下回ることになった[(241)]。

そうしたなか，2010年下院選挙の勝利により，「EPAの過剰な規制が停滞した経済の核心である」と公言するアプトン（共和党・ミシガン州選出）が，強固なリベラル派ワックスマンに代わり下院エネルギー・商業委員会委員長に就任した[(242)]。オバマを名指しで攻撃し当選した（下院の）ティーパーティ議員や背後で彼らを焚きつける企

---

(240) Andrews, supra note 10, at 402-404 (3d ed. 2020). 閉鎖された石炭火力発電所の多くは耐用年数50年を超える中小の非効率な発電所であるが，新規の大規模発電所も，高い固定費用，ベースロード電源ゆえに需給調整が難しいなどの操作上の難点，天然ガス生産量の急速な増大，風力・太陽光発電コストの下落による経済競争力の低下，それに石炭採掘に対する規制の強化などに悩まされている（Id.）。

(241) Case, supra note 215, at 96; 松井新介「『ねじれ』状況下の米国連邦議会」立法と調査358号75頁（2014年）参照。同稿は「ねじれ」の現状と背景（要因）を的確に分析している。

(242) アプトンは穏健な環境保護者であったが，気候変動論に賛同する共和党議員がつぎつぎに政治生命を絶たれるのを目の当たりにし，気候温暖化懐疑論者に変身した。この「なりふりかまわぬ逃亡」が功を奏し，アプトンはエネルギー・商業委員会委員長の座を確保した。彼の自慢は，ジャクソンEPA長官を，議事堂に専用駐車スペースを確保しなければならないほど頻繁に呼び出したことであった（Mayer, supra note 181, at 339-341）。

業・保守系シンクタンクの要求はさらに過激になり，「共和党が支配する下院は，第112議会で，環境規制を後退させ，または制限するために300以上の法案を可決した。しかし，これらの企みのほとんどすべてが上院で同意を得るのに失敗した」[243]。

さらに共和党議員が悪用したのが，ライダー条項である。2011年および2012年予算法案には，委員会審議および本会議審議の合間に，おびただしい数のライダー条項が「猛烈な勢い」で追加された[244]。

ワックスマン下院議員によると，「第112議会は，歴史上もっとも反環境的な議会」[245]であり，「共和党の新たな（下院の）多数派は，発電所，石油精製所および工場からの汚染の統制がなかった悪徳資本家時代への復帰をめざしている」かのごときであった[246]。しかしそのほとんどは，民主党が多数をしめる上院で否決ないし廃案にもちこ

---

(243)　Robert V. Percival et al., Environmental Regulation: Law, Science, and Policy 104 (8th ed. 2018).

(244)　Klyza & Sousa, supra note 4, at 293; Layzer, supra note 16, at 358-359. ライダー条項とは，特定企業や特定地域の優遇措置を定める単独の修正条項を，規模の大きな予算法案などに唐突に追加するもので，議会がそれを改正するまで効力を有する。委員会公聴会にはかけられず，本会議でもほとんど注目されることがない。立法事実を裏付ける報告書も作成されない。議員が自身の選挙区に利益誘導するための手段として1995年第104議会の頃より乱用が目立つようになり，第112議会では，それが頂点に達した感があった（Klyza & Sousa, supra, at 57-76に詳細な説明がある）。

(245)　Opinion, G.O.P. vs. the Environment, https://www.nytimes.com/2011/10/15/opinion/ (last visited Dec. 5, 2019).「反環境フィーバー，企業への忠誠，および気候変動の事実の受入拒絶によって煽られた新たな共和党の血統は，多くが共和党のニクソン大統領のもとで構築され，超党派の支持によって今日まで維持されてきた環境法の体系を引き裂くことを求めている」(Id.)。

(246)　Leslie Kaufman, Republicans Seek Big Cuts in Environmental Rules, N.Y. Times, July 27, 2011, https://www.nytimes.com/2011/07/28/science/earth/28enviro.html (last visited Dec. 6, 2019). ワシントンポストも，マン・オルンスティーンの連名で，共和党を激しく批判するオピニオンを掲載した（前注225）。

まれた。

なお，上院共和党は2014年中間選挙でが8年ぶりに多数派に返り咲き，上下両院を共和党が制した。第114議会（2015年1月から2017年1月）では，TSCA改正法が超党派で議会を通過したが（『入門1』97-98頁），これは数少ない例外である。

（6）オバマ政権環境政策の実績

エネルギー・温暖化対策

オバマ大統領がコペンハーゲン合意やパリ協定締結などに向け，国際舞台で果たした重要な役割について，これを評価しない研究者はいない。しかし，国内環境政策に目を転じると，学者の評価はミックスである。

たとえば，オバマ大統領は，2012年の選挙キャンペーンで，「過去3年の間に，私は行政機関に対し，23の州で数百万エーカーをガス・石油採掘のために開放するよう命じた。私たちは，採掘可能な深海底石油資源の75%以上を開放しつつある。私たちは，地球を1周し，さらにそれ以上に十分な新たな石油・ガスパイプラインを新設した。私が大統領でいる限り，私たちは石油開発と設備を増強し続け，それをアメリカ国民の健康と安全を守る方法によってなし続ける」と声高に主張した[247]。しかし，これをどう受けとめ，どう評価するのかは難しい問題である。

また，オバマ政権は，温室効果ガスでもある大気汚染物質の積極的削減に取り組んだ。まず，2009年に政権が発足すると，EPA長官ジャクソンはブッシュ政権時のNSR規則を直ちに廃止し，さらに有害大気汚染物質の情報開示項目から3500以上の施設を除外したブッシュ政権時の規則を改正し，石炭火力発電所から排出される水銀その

(247)　Andrews, supra note 10, at 238（3d ed. 2020）.

他の有害大気汚染物質の規制を強化した。また2010年春，EPAは二酸化硫黄のNAAQSを1時間あたり最大75ppmへと強化し，二酸化硫黄濃度の人口密集地域におけるモニタリング要件を改正した。同年夏には，セメント炉から排出される水銀・化学物質含有ばいじん規制をめぐる争いに決着を付けた(248)。

さらに2011年12月21日，EPAは石油火力発電所から排出される水銀その他の有害物質に関する規制基準を実施に移したが，「その経済的影響という点で，これはEPAによってこの10年間に制定されたもっとも重要なルールであった」(249)。

このような成果の一方で，オバマ政権は，クリーンエネルギー産業支援と称し，化石・核エネルギー産業に多大の恩恵をあたえ続けた。オバマは，上記にも記したように，大陸棚における石油・ガス採掘許可の迅速化（北極圏野生生物保護区などは除く），大西洋岸およびメキシコ湾における石油・ガス採掘許可の長期凍結の解除を提案し，天然ガス採掘のための水力破砕（フラッキング）ブームを，地域によって賛否両論があるにもかかわらず支持し続けた。これらの結果，アメリカの石油・ガス産出量はサウジアラビアやロシアを上回り，2015年，

(248)　Layzer, supra note 16, at 351, 462 n. 64. これら一連の「EPAの行動は環境主義者を大喜びさせたが，他方で保守主義者をひどく怒らせた。彼らはEPAを責め立て，すでに弱っている合衆国経済を鈍化させるおそれがあるなかで，“あまりに大量に，あまりに早急に”ことを進めていると主張した」(Id.)。

(249)　Id. at 360. オバマ政権の業績として，さらに2025年までに1ガロンあたり平均54.5マイルの達成を自動車製造業者に義務付ける企業別平均燃費（CAFE）基準の制定，CWAにおける連邦管轄権を画する「連邦政府の水域」（water of the U. S.: WOTUS）規則の改正，任期終了直前の2017年1月の，化学プラントの爆発・火災時の労働者の安全・緊急対応措置要件を施行するためのCAA122条(r)規則の制定などがあげられる。しかし，上記の規則等はトランプ政権時にすべて改正または廃止された（Andrews, supra note 10, at 239, 347-348, 392（3d ed. 2020））。

オバマは1970年代から継続していた石油輸出禁止措置の撤廃に同意した[250]。確かに，これらの施策は，「経済復興，エネルギーコストの削減，およびより低炭素な経済に向け，石炭からの“つなぎ燃料”として天然ガスを推進する，という彼のより広範な目標には適合していた」からである[251]。しかし，オバマの化石・核エネルギーへの依存は，当然ながら彼の環境派支持者との深刻な摩擦を引きおこした。

キーストンXL

この頃最大の環境問題となったのが，カナダ・アルバータ州のオイル・サンドから生産された重質石油をテキサスの製油所に輸送するパイプライン（キーストンXL）の建設である。パイプラインは2008年に計画されたもので，国境を通過することから大統領の承認が必要であった。しかし，オバマの対応は感心したものではなかった。

オバマは，経済復興およびエネルギー開発を刺激し，カナダ政府との友好を保つために，カナダ企業のパイプライン建設を承認するつもりであった。しかし，すでのオバマに失望していた環境団体の反対はすさまじく，2011年8月のホワイトハウス前座り込みでは1000人以上が逮捕された。そのためオバマは，決定を2012年選挙後まで延期することを声明し，結局，パリ協定締結が目前にせまった2015年11月6日，キーストンXLが国益に沿わない旨の国務省の報告書を承認し，カナダ企業の建設申請を却下した[252]。

---

(250)　Andrews, supra note 10, at 238-239 (3d ed. 2020). アンドリュースによると，フラッキングは天然ガスの価格を引き下げ，その結果，電力会社が，環境保全コストの高い石炭火力発電を閉鎖し，天然ガス・ユニットに取り替えたという（Id. at 239)。なお，オバマはパリ協定交渉を見越して前述の総花的なエネルギー政策から温室効果ガス削減に舵を切り，北極海および大西洋での石油採掘リースの延長を認めない措置をとった（Id. at 240)。

(251)　Id. at 239.

(252)　Klyza & Sousa, supra note 4, at 301-302. 議会は2015年2月，キーストンXLの建設を認める法案を可決したが，オバマ大統領が拒否権を行使し

クリントンに比べ見劣りする自然保護

自然保護に目を向けると，オバマは政権発足直後の2009年3月30日，オムニバス公有地管理法を超党派で議会通過させた。この法律は，アトランダムに指定されてきた各種の自然保護区を拡大し，生態的連続性を確保することを目的としたもので，9つの州の200万エーカーの原生地域を保護している164の行政措置の統合，新たな国立公園・国設遊歩道・国有記念物の指定，考古学的・文化的に重要な2600エーカーの地域を包摂する全国景観保全制度の法制化，9つの州86区間（1100マイル）の原生・景勝河川指定などを集合したもので，「過去15年間におけるもっとも重要な公有地保護計画の拡大」であった(253)。これらの個々の制度の仕組みや2009年オムニバス法の詳細は，別途検討する。

第2期の終わりが近づくなか，オバマは2016年8月26日，W・ブッシュ大統領が設置した北西ハワイ諸島の海洋国有記念物の区域を4倍に拡大し，9月15日には大西洋初の海洋国有記念物をニューイングランド海岸沖に設置した。さらに，カリフォルニア，ユタ，メーン州内に，大規模な国有記念物を指定した(254)。しかし，サラザールが指揮する内務省の連邦有地管理や野生生物保護に対する取組みは，環境主義者をしばしば失望させ，ときにその怒りをかうことが多く，バビットの実績に比較すると明らかに見劣りがした(255)。

このクリントンとオバマの取組みの違いが，両者の国土保護に欠ける姿勢・意気込みの違いに由来するのか，それとも側近（副大統領，

た。2017年3月，トランプ大統領は建設を承認したが，2018年11月8日，モンタナ地区連邦地方裁判所は環境影響評価が不十分であるとして建設差止めを命じた。Andrews, supra note 10, at 377, 417（3d. ed. 2020）.

(253)　Klyza & Sousa, supra note 4, at 290.

(254)　Andrews, supra note 10, at 239, 460（3d ed. 2020）.

(255)　Layzer, supra note 16, at 351-353.

EPA 長官，内務長官など）の能力の違いに由来するのかは，さらに議論されるべきであろう。

研究者の評価

ファーバーは，「オバマの顕著な環境上の実績：彼の遺産を全体的にみると，それはすばらしい記録である」と題するコラムを投稿し，20（追加 1）の項目を列挙したうえで，「環境主義者は，これらの先導的取組みをもっと強化したかもしれない方法を指摘できるが，それでも驚くべき記録である。とくに彼の気候変動に対する奮闘（闘い）は歴史に残るだろう」と述べる[(256)]。

クライザ・スーザーも，オバマは環境政策を形成するためにグリーン国家（グリーンな法律，制度および政治的誓約）を強く裁量的に用いることをせず，クリントンが国土保護に対してとったような攻撃的な行動にも手を染めず，彼が提唱した野生地イニシアティブ（Wild Lands Initiative）を闘わずして取り下げてしまった，とオバマの弱腰を批判するが，他方で彼の温暖化対策については，「憂鬱な経済と水ぶくれの党派主義に直面するなかで，オバマがすすめた温室効果ガス排出規制は，真の環境改善を生み出し，……大きな変化をもたらす」と評価する[(257)]。

最後にアンドリュースの評価を引用しよう。

> 「全体的にみて，オバマの実績は，おそらくフランクリン・ローズヴェルト以降のすべての大統領の環境・エネルギー政策の成果のなかで，もっとも広範な遺産といえるだろう。深刻な経済不況のさなかに出発し，オバマは，経済の復興だけではなく，その過程で合衆国のエネルギー生産・利用の石炭からよりきれいな燃料への転換，およびよ

---

(256) Dan Farber, Obama's Remarkable Environmental Achievements, Legal Planet, Nov. 2, 2016, https://legal-planet. org/2016/11/02/ (last visited Dec. 16, 2019).

(257) Klyza & Sousa, supra note 4, at 303.

り大きなエネルギー効率への転換に向けて大きく前進した。天然ガス・フラッキングおよび深海石油・ガス採掘による良好な経済に助けられ，合衆国はふたたび世界の主要石油・ガス産出国となり，エネルギー輸入への依存を劇的に減少させ，炭素排出量をまずまず削減した」。「その間，オバマはEPAを活性化し，科学的証拠ベースの政策決定を再度支持し，国内の保全・保護地域および河川を大幅に増やした」(258)。

やや甘すぎる感があるが，オバマ政権の環境政策の実績は，もっぱら国内外のエネルギー・温暖化対策に関する熱意という観点から評価する限り，合格というところであろうか。しかし，アンドリュースの危惧するように，オバマ政権の上記の実績は，ほとんどが大統領の一方的な権限行使によるものであり，議会や次期大統領が容易に変更できるというアキレス腱をかかえている(259)。

案の定，トランプ政権はクリーン電力プランを含むオバマの温暖化対策の大部分をひっくり返してしまった(260)。したがって，オバマ政権の環境政策の評価は，4年の空白期間を経てオバマ政権の施策を受け継いだバイデン政権の実績を考慮し，慎重になされるべきであろう。

8　環境保護システムの敵視と破壊（トランプ政権）

(1) トランプ政権の「業績」

「トランプは，政権につくやいなや，選挙公約を果たしていることを誇示するために，一連の野心的な大統領命令，予算提案，それにツイッターによる宣言を発した。トランプはオバマの業績の大部分を取

(258)　Andrews, supra note 10, at 241 (3d ed. 2020).
(259)　Id.
(260)　沖村理史「国連気候変動枠組条約体制とアメリカ」島根県立大学『総合政策論叢』36号11-16頁（2018年），岩澤聡「気候変動対策とエネルギーをめぐる動向」国立国会図書館調査及び立法考査局『21世紀のアメリカ 総合調査報告書』73-78頁（調査資料2018-3，2019年3月）が，トランプ政権の気候変動対策を追っている。

り消す行政命令に署名し，オバマの気候変動に関するほとんどすべての命令や覚書を廃止し，炭素排出の社会的費用を文書化するために設置されたタスクフォースを廃止し，オバマのクリーン電力プラン，WOTUS規則，その他を廃止し，または取り替えた。彼はオバマが拒否したキーストンXLやダコタアクセス・パイプラインを承認し，海洋の保全責務を強調した海洋政策に関するオバマの行政命令を取り消し，それを海洋の経済的利用を拡大する“ブルー経済”を推進するための行政命令に取り替えた。彼は，オバマがした新規の石炭リース凍結の解禁，国有地における石油・ガスリースの加速を内務長官に命じ，クリントン・オバマ大統領によって拡大された国有記念物の規模の縮小を勧告した。さらに2009年4月に行政命令を発し，石油・石炭・天然ガスを市場に輸送するために，規制上の障害を一掃し，輸送施設への投資を推進することを閣僚メンバーに命じた」(261)。

アンドリュースは，トランプの政策課題を24頁にわたり詳細に検討したのち，「彼のもっとも恒久的な環境政策のレガシーは，おそらく地球温暖化の緩和のための国内政策および国際協力の双方の劇的な逆転，石油・ガス採掘のための広大な公有地へのこだわり，および退職した連邦裁判官を若い保守派の終身任命によって取り替えるという彼の一貫したキャンペーンであろう」と結んでいる(262)。

しかし，トランプの施策は，その多くを議会や裁判所によって阻止され，思ったほどの「成果」をあげられなかったようである(263)。2021年1月に発足したバイデン政権は，トランプ政権のもとでなされた

(261)　Andrews, supra note 10, at 392 (3d ed. 2020).

(262)　Id. at 420. それぞれの項目の内容は，アンドリュースが付けた，気候変動政策の帳消し，「規制国家」の解体，自動車排出・燃費基準の揺り戻し，科学の再定義，法執行の緩和，石炭へのてこ入れ，エネルギー優先：石炭・石油・ガスリースの加速化，種の保護の弱体化，国有記念物の縮小，狩猟・商業的野外レクリエーションの推進，NEPA審査の制限，「協調的連邦主義？」，国際協定の否認，農民賞賛と農業軽視などの見出し（Id. at 392-414）から容易に推測できる。

(263)　Id. at 416-418; Turner & Isenberg, supra note 3, at 213-214.

125にもおよぶとされる環境規制の廃止や緩和措置の大部分をオバマ政権時の状態にもどし，（環境団体などが出訴し）連邦政府が敗訴した訴訟の控訴・上訴などを取り下げることを宣言している(264)。したがって，トランプ政権の「成果」をいまさら議論しても詮ないことだろう。

空振りに終わった規制緩和

トランプ政権の謳い文句は，歴代のいずれの政権にもまさる規制緩和を記録し，経済成長を実現したというものである。コルニーシーらの論稿から，その言を引用してみよう。

> 「わが政権のもとで，われわれは雇用を消滅させる約2万5000頁の規則を撤廃した。これは，わが国の歴史において，任期が4年，8年，いや8年以上におよぶ，いかなる大統領にもはるかにまさるものである」，「われわれは，ひとつの新たな規則が追加されるたびに，8つ程の連邦規則を廃止した」，「ここ4年で，われわれはアメリカ労働者に対する規制攻撃を終わらせ，アメリカ史上もっとも劇的な規制緩和キャンペーンを達成した」，「低所得アメリカ人は，これら負担の重い規制のコストを不平等に負担し，不平等な利益しか得ていない。そこでわれわれは，低所得集団を害している負担の重い規制を抑制し，これら低所得アメリカ人をケアするための行動をとった」，「われわれの歴史的な規制緩和は平均アメリカ家族に1年だけで3100ドルを提供した」。

---

(264)「トランプは国の大気，水および土壌を守ることを意図した125以上の規則と政策を弱体化させ，または拭い取り，40以上が後退の途上にある」（Juliet Eilperinet al., Trump Rolled Back More Than 125 Environmental Safeguards, Washington Post, Oct. 30, 2020, https://www.washingtonpost.com/graphics/2020/（last visited Feb. 6, 2021)）。「トランプは125の環境規制を撤廃または緩和した」，「おおらくバイデンは，トランプの環境上の後退の，すべてではなくても大部分を，彼の大統領命令によってもとに戻すだろう」（Umair Irfan, How Joe Biden Plans to Use Executive Powers to Fight Climate Change, Vox, Jan. 6, 2021, https://www.vox.com/21549521/（last visited Mar. 6, 2021)）。

かくして2020年3月までに，合衆国経済は株価高騰による歴史的利得だけではなく，雇用および国民所得において歴史的な高さを達成したが，これらは，すべてトランプ大統領または政権担当者が掲げる規制緩和の「業績」であるというのである[265]。

しかし，環境法学者でこのトランプの誇大宣伝に耳をかすものは見当たらない。コルニーシーらは，トランプ政権の「実績」を詳細に検討し，トランプ政権の規制緩和措置は，「政権が，実際に経済を押し上げるために規制緩和を用いるよりも，その成果について公衆を欺すうえで，より効果があった」にすぎないという結論を下している[266]。この点は，本書212頁で再び取り上げよう。

EPAにとっての史上最悪の時代

EPAの活動にも簡単にふれよう。当初，EPA長官に就任したのが，クリーン電力プランのもっとも声高な反対者であったオクラホマ州司法長官プルーイットである[267]。プルーイット長官下のEPAは，CAA，CWA，TSCAなどに係わる多数の規則の改正，自動車排気ガス・燃

(265) Cary Coglianese et al., Deregulatory Deceptions: Reviewing the Trump Administration's Claims About Regulatory Reform 4, 5, 10, 14, 21 (2020), https://scholarship.law.upenn.edu/faculty_scholarship/2229 (last visited Feb. 10, 2021).

(266) Id. at summary, 1-2.

(267) プルーイット（Scott Pruitt）はEPA規制イニシアティブのもっとも攻撃的な反対者としてつとに有名で，規制対象企業およびそれを応援する中西部州を先導（煽動）し，EPAを被告に，少なくとも14の訴訟を提起してきた（ただし大部分が敗訴）。しかし，プルーイットは，公費の乱用，公用飛行機やファーストクラス・チケットの私的利用，石油産業ロビイストとの癒着，勤務・面談記録の書き換えなどを非難されて2018年7月5日辞職し，EPA次官ウィーラー（Andrew Wheeler）が長官に任命された（Coral Davenport et al., E.P.A. Chief Scott Pruitt Resigns Under a Cloud of Ethics Scandals, N.Y. Times, July 5, 2018, https://www.nytimes.com/2018/07/05/ (last visited Feb. 16, 2021)）。ウィーラーは石炭・ウラン・その他の企業のベテランロビイストで，インホーフ上院議員の長年の側近であった。

費基準の引下げ，EPA に設置された科学諮問委員会の（専門家から業界利害関係者への）メンバーの入替え，規制影響分析の見直し，法令違反企業に対する強制執行の緩和など，およそ思いつく限りの規制緩和・事業者優遇に奔走した(268)。しかし 2018 年末までに，EPA は大部分の規則の取消しや改訂を完了できず，見直しを実施した規則についても，裁判で敗訴する事例がますます増加した(269)。

環境史学者セラーズによると，トランプ政権の「EPA に対する猛攻撃は，それが示すあからさまな敵意と圧力という点で，レーガン政権第1期の出発時のそれをも上回るものであり，EPA の歴史におけるもっとも暗黒の時代として長く記憶される」のである(270)。

(2) 動かなかった議会

最後にトランプ政権時の議会の動きを記そう。政権発足当時の第 115 議会（2017 年1月から 2019 年1月）は，共和党が上下両院を支配しており，下院ではティーパーティ・コーカスなどの保守強硬派が，上院では反オバマの急先鋒マコーネル院内総務（ケンタッキー州選出）が強い影響力を行使した。アンドリュースがいうように，「トランプの環境規制の巻き返しというキャンペーンは，単なる変わり者の個人的アジェンダではなく，いく人かの共和党有権者，保守的利益集団，および競争的企業研究所，ヘリテッジ財団，ハートランド研究所，そ

---

(268)　Andrews, supra note 10, at 396-402, 416-418 (3d ed. 2020) に詳細である。See also David Cay Johnston, It's Even Worse Than You Think: What the Trump Administration Is Doing to America 115-129 (2018).

(269)　Andrews, supra note 10, at 397 (3d ed. 2020).

(270)　Christopher Sellers, Trump and Pruitt Are the Biggest Threat to the EPA in Its 47 Years of Existence, Vox, July 1, 2017, https://www.vox.com/2017/7/1/15886420/ (last visited Mar. 6, 2021). 2017 年3月，ある EPA 職員は，「本当のところ，プルーイットとトランプ政権は，抜本的に職場を破壊しようとしているという一般的な合意がキャリア職員のあいだにはある」と証言している（Turner & Isenberg, supra note 3, at 212）。

れにコーク兄弟の“繁栄のためのアメリカ人”などのシンクタンクの要求リストから直接に借用し，共和党議員によって数年にわたり準備され，提唱されてきたものであった」[271]。したがって，環境規制に対する敵意をトランプと共有する共和党議員が，この機会をフルに利用しようと考えたのは，当然の成り行きであった。

議会には，強硬な温暖化懐疑論者・反環境主義者であるインホーフ上院議員（オクラホマ州選出）を先頭に，主要環境法規の解体をめざす多数の法案が提出された。しかし，上院共和党は過半数ぎりぎり（50～52）であったために民主党のフィリバスターを突破できず，予算法案などに便乗するライダーも大部分が不発に終わった。さらに下院共和党は2018年の中間選挙で大幅に議席を減らし，少数派に転落したために，トランプや保守派が思い描いた環境関連予算の縮小や重要環境法規の大幅改正などの方策は，まったくの夢に終わった[272]。

わずかに議会保守派の勝利にみえるのが，議会審査法（Congressional Review Act）の適用である。議会審査法は，ギングリッチ下院議長が主導した「アメリカとの契約」の一部として1996年に制定されたもので，行政機関が最終確定した規則はすべて議会に提出され，両院が提出後（議会開催日で）60日以内にそれを単純多数で否決し，大統領

(271) Andrews, supra note 10, at 415 (3d ed. 2020). See also Mayer, supra note 181, at 88-111, 172-202.

(272) トランプは，レーガン政権にならい，EPAの規模縮小や事業予算の大幅削減を画策した。しかし議会はトランプ政権が要求した環境予算削減の大部分を認めず，EPA 2018年度予算の1%を削減しただけであった（Turner & Isenberg, supra note 3, at 212-213)。また，議会はブラウンフィールド活用・投資・地域開発法（2018年）を可決し，スーパーファンド（浄化基金）の規模や対象を拡充したほか，いくつかの自然保全予算を増額した。「議会共和党は環境規制の緩和というトランプのキャンペーンを支持したが，行政機関やその事業の急速な解体には，ほとんど関心を示さなかった。しばらくの間，トランプは，EPA予算のカットは十分でないと文句をいい続けた」(Andrews, supra note 10, at 393-394 (3d ed. 2020))。

が署名すると規則は無効となり，新しい法律が制定されまたは緊急の場合を除き，「実質的に同一」の規則の制定は禁止されるというものである。

この法律は2016年までに1度だけ発動され，存在すら忘れられていた。しかし共和党は2017年にこの法律を16回も発動し，オバマ政権末期に制定された規則を無効にした。そのなかには，公有地における石油・ガス油井から排出されるメタンガスの規制，炭鉱汚染からの渓流保護，アラスカ野生生物保護区における外来種規制などに関する規則が含まれる(273)。

2020年11月の選挙および2021年1月の上院決選投票の結果，両院を民主党が支配し，統一政府が実現した。しかし，上院は強硬派マコーネルが采配する共和党が半数（50名）を確保しており，今後は民主党が共和党のフィリバスターを突破できない状態が続く。本章103頁に記したように，オバマ政権発足当時の第111議会は上下両院で民主党が圧倒的多数を誇っていたにもかかわらず，オバマはクリーンエネルギー安全保障法案を可決に持ち込めなかった。これを考えると，バイデン政権が1990年代から続く議会の膠着状態（グリードロック）を打開し，野心的な温暖化対策法を手にする可能性は著しく低い。

---

(273)　Andrews, supra note 10, at 416 (3d ed. 2020). 放った矢は自らに返る。多くの環境団体や研究者が，トランプ政権末期に制定された規則を無効にするために，バイデン政権が議会審査法を発動する可能性を指摘し，そのリストを公表している。Jennifer Adams et al., Environmental Law Outlook under a Biden Administration 6-7, https://www.jdsupra.com/legalnews/ (last visited Apr. 10, 2021). なお，議会審査法の内容と意義について，杉野・前掲（注136）145頁参照。

第2章　歴代政権と環境規制改革

「規制緩和と規制改革が1970年以降のすべての大統領府の政策課題（アジェンダ）であった。改革の要求は経済不況の時期にもっとも強かったが，成長期においてさえそれが主張された。過去数十年にわたり，批判者は改革を支持する強力かつ広範な理由を提示してきた。ある者は，規制の虜という政治経済を取り上げ，他の者は，コストの高い規制命令は強いインフレーション圧力を作り出し，投資インセンティブを減少させ，生産をより法的規制要件が少ない国へ委託するよう企業を駆り立てると論じてきた。これらの主張は，全面的規制緩和から費用便益分析に基づく規制審査にいたる是正のための要求を，例外なしに先導してきた」[(1)]。「歴代の大統領の国内政治における政策課題は，物価の安定と経済成長を強調した。規制がこの時期の慢性的経済不況の主な要因であるという証拠はほとんどなかったが，歴代の大統領は，“規制の負担”を減らすことに精を出し，規制行政機関の管理を改善し，当該行政機関が政策プロセスの早い段階で規制行為の経済的影響を考量することを要求した」[(2)]。

1　1970年代の規制改革

(1) ニクソン政権の「生活の質」審査

大統領（府）による規制審査の起源とされているのが，1971年3月21日，ニクソン政権のジョージ・シュルツOMB局長がラックルスハウスEPA長官に対し，費用を大幅に増加させ，または追加的予算を必要とするEPA規則を明示するよう求めた書簡であったとされる。

(1) Marc Allen Eisner, Governing the Environment: The Transformation of Environmental Regulation 73 (2007).

(2) Marc Allen Eisner, Regulatory Politics in Transition 179 (2d ed. 2000).

書簡の内容は，EPA に対して規則を公示する 30 日前までに，規則の目的，代替案および費用と便益の推定額の分析を含む規則案を，OMB に提出することを指示するものであった。

これが EPA だけではなく，他の連邦行政機関にまで拡大され，「生活の質審査」（Quality of Life review: QOL）となった。QOL 審査の仕組みは上記書簡とほぼ同じ内容で，行政機関は「重要な」規則制定を連邦公報で公示する 30 日前までに，提案された規則の政策目標，費用と便益の概要，検討された代替的規制アプローチ，代替案の費用と便益，行政機関の選択を正当とする理由を明記した分析を，規則原案に添えて OMB に提出することを求められた(3)。規制行政機関から OMB に提出された規則案は他省庁に回覧されたが，OMB の主たる責務は，他省庁の意見（コメント）を求めるという調整的なもので，実体的な審査権限などはあたえられなかった(4)。

規則案は，さらに商務省内に設置された全米産業汚染統制評議会（National Industrial Pollution Control Council: NIPCC）の審査にも服した。NIPCC メンバー（63 名の法人幹部で構成）は商務長官または連邦職員と自由に面談し，規制行為に係わる不満を述べることができたが，メ

(3) Robert V. Percival, Who's In Charge? Does the President Have Directive Authority Over Agency Regulatory Decisions?, 79 Fordham L. Rev. 2487, 2497 (2011); Eisner, supra note 2, at 179. さらに，久保文明『現代アメリカ政治と公共利益――環境保護をめぐる政治過程』132-133 頁（東京大学出版会，1997 年），杉野綾子『アメリカ大統領の権限強化と新たな政策手段――温室効果ガス排出規制政策を事例に』128-129 頁（日本評論社，2017 年）参照。なお，本第 2 章の記述にあたり，久保・前掲 132-139 頁，杉野・前掲 127-168 頁を全体的に参照した。同書と記述内容が類似する箇所はできるだけ表記するよう務めた。

(4) Robert V. Percival, Checks Without Balance: Executive Office Oversight of the Environmental Protection Agency, 54 Law & Contemp. Probs. 127, 133 (1991); Eisner, supra note 2, at 179; Percival, supra note 3, at 2497; 宇賀克也「アメリカにおける規制改革(上)」ジュリスト 844 号 85 頁（1985 年）。

ンバー名は公には通知されず，氏名も非公開であった[5]。

このQOL審査の目的については，つぎの2つの説明がみられる。第1は，ニクソンが，政府職員に対する不信をつのらせ，行政官僚組織の拡大によって大統領の統権限制が弱まるのを阻止するために，大統領府（ホワイトハウス）のなかに「官僚対抗組織」（counter-bureaucracy）を創設することを意図したというものである[6]。

その目的を実現するために，大統領府の職員は倍増され，さらに従来の大統領府予算局（Bureau of Budget）が改組・拡充され，1970年5月，行政管理予算局（Office of Management and Budget: OMB）が発足した。さらにニクソン大統領はアーリックマンを議長とする内務委員会を設置したが，その役割は，大統領府と行政機関の間で意見の不一致などが生じたときに，委員会メンバーが問題を所管する省庁のメンバーと接触し，大統領の了承に向け政策を調整する役割を拡大するものであったとされる。

第2に，しかしQOL審査の目的については，より具体的に，ニクソン政権下で新設されたEPAとOSHA（労働安全衛生局）の活動をけん制することにねらいがあったという指摘が有力である。マガリティは，「NEPAがもっている行政機関のイニシアティブを啓発する力，そしておそらくより重要なのは，それを遅延させる〔NEPAの〕力を嗅ぎ取り，OMBは，新設されたEPAとOSHAに対し，彼らの提案する規則について省庁間“QOL”審査を経由することを要求するようニクソン大統領を説得した」と説明する[7]。

(5)　Percival, supra note 3, at 2497; Rena Steinzor, The Case for Abolishing Centralized White House Regulatory Review, 1 Mich. J. Envtl. & Admin. L. 209, 239-240（2012）. 杉野・前掲（注3）129-130頁。

(6)　Richard H. Pildes & Cass R. Sunstein, Reinventing the Regulatory State, 62 U. Chi. L. Rev. 1, 130（1995）.

(7)　Thomas O. McGarity, Reinventing Rationality: The Role of Regulatory Analysis in the Federal Bureaucracy 18（1991).「政治的スタッフと経済顧

アイズナーも，QOL 審査の目的が環境規制の拡大をけん制することにあったとし，「ニクソン大統領は，新しい環境規制のコストに関する懸念を引き合いに，1971 年の省庁間“QOL 審査手続”の創設を正当化した」と明言する(8)。

実際，QOL 審査手続はすべての行政機関の「重要な」規則を対象にしていたが，規則が「重要」かどうか，および規則を発するかどうかの最終判断は当該の行政機関に委ねられた。そのため大部分の行政機関はこの審査手続を無視し，当初案の見直しを拒否した(9)。常時，QOL 審査の対象とされたのは EPA（および OSHA）の規則のみであり(10)，結局のところ，QOL 審査が，この時期に急速に拡大しつつあった健康・安全・環境（health, safety, and environment: HSE）法令を標的とし，それに「対抗」する大統領府の試みであったことが，明らかであった(11)。

問によってコントロールされた大統領府の集権的審査の種は，ニクソン政権の初期に，商務長官スターンが EPA の規制活動を監督するためにタスクフォースを設立するようアーリックマン内政政策担当補佐官を説得したときにまかれた」(Steinzor, supra note 5, at 239)。See also Percival, supra note 4, at 132-133.

(8) Eisner, supra note 2, at 179. 杉野・前掲（注 3）130-131 頁。

(9) Eisner, supra note 2, at 179.

(10) 「ニクソンのプログラムは，当初ニクソンが 1970 年の大統領命令で設置した EPA の規則および OMB の集中的審理に服させようと考えていた規則に限定されていた」。「プログラムは，名目上は，消費者保護，公衆の健康と安全，および労働安全衛生に係わるすべての連邦政策提案に拡大されたが，実際は，EPA だけが提案を常時 OMB に提出することを要求された唯一の行政機関であった」(Christopher S. Yoo et al., The Unitary Executive in the Modern Era, 1945-2004, 90 Iowa L. Rev. 601, 658, 659（2005））。宇賀・前掲（注 4）85 頁。

(11) ただしアイズナーは，このような監督手続の整備とは別に，「結局，ラックルスハウス EPA 長官が彼の職責を全うできるかどうかは，大統領が EPA 規則に関する最終的な権限を OMB よりも EPA 長官にあたえるという大統領の意思次第であった」ともいう（Eisner, supra note 2, at 179)。

くわえて，このQOL審査が環境・衛生規則の質の向上につながったかどうかも疑わしい。マガリティは，省庁間コメントは，公の審査を経ずに意思決定過程にとって重要な，しかし記録に残らな情報の入力をもたらしたという前EPA次官の発言を引用し，「QOL審査は，政府機関に合理的な規制を強制するメカニズムとしてではなく，他の政府機関および規制される企業内の彼らの顧客が，私的にEPAやOSHAにアクセスすることを，より広く認めるための媒介たることが意図されていた」と述べる(12)。

そして，ニクソン大統領自身が，NIPCCの設置目的を，規制イニシアティブに関し「事業者に対して，大統領，CEQおよびその他の政府職員・民間組織と定期的に意思疎通することを認めるもの」と公式に宣言していたのである(13)(14)。

---

(12)　McGarity, supra note 7, at 18.「審査プロセスは，NIPCCメンバーが規制決定に影響を及ぼすことを試みる便利な媒体となった」(Percival, supra note 3, at 2497)。

(13)　Percival, supra note 3, at 2497 n.77; Percival, supra note 4, at 130.「NIPCCの設立は，一連の環境上の判定基準による企業の規制を，企業の諸価値を保護することを企図した企業・政府連携関係に変形するための第一歩」であり，「端的に，環境政策の推進における企業と政府の間のかなめとなるべきもの」であった（Henry J. Steck, Private Influence on Environmental Policy: The Case of the National Industrial Control Council, 5 Envtl. L. 241, 253-254（1975））。

(14)　EPA長官トレインは，NIPCCへの諮問手続が，広く一般に受けいれられた規制手続原則を侵食するという理由で，この手続に従うことを拒否した（Richard N. L. Andrews, Managing the Environment, Managing Ourselves: A History of American Environmental Policy 461 n.32（2d ed. 2006））。See also Percival, supra note 3, at 2499-2500, Steinzor, supra note 5, at 240-241. 議会（下院）は，NIPCCが1972年制定の連邦審議会法（Federal Advisory Committee Act: FACA）の定める公開要件に適合しないという理由でNIPCC職員の1974年度予算を認めず，ウォーターゲート事件で揺れる大統領府もこれに介入しなかった。1975年，商務省は，NIPCCを所管の審議会リストから削除した（Steck, supra note 13, at 279-280 & n.154）。

(2) フォード政権の経済影響評価

フォード大統領は，いっこうに収まる気配のないインフレーションへの懸念から，ニクソンが残した仕組みを基本的に承継し，さらに拡大することをめざした。そのプロセスを定めたのが，1974年11月の大統領命令11821である。

すなわち同命令は，すべての執行府の行政機関に対して，すべての「立法，規則（rules and regulations）に関する重要な連邦の提案」について，それを公示する前に，インフレーションへの潜在的な影響を考慮したことを証明する書類（インフレーション影響評価書）を作成し，新たに法律によって設置された賃金・物価安定評議会（Council on Wage and Price Stability: COWPS）に提出するよう命じた。これがインフレーション影響評価と称されるものである。ただし，COWPSの審査意見に命令的拘束力はなく，COWPSの役割は行政機関の決定が大統領府の意向に適合するよう助言的・調整的意見を述べるにとどまった。審査意見は，APA（連邦行政手続法）の定める通常の規則制定手続に則り，規則案に対する意見として行政記録簿に記載され，公表された(15)。

これとは別に，1975年1月OMBは通達（Circular A-107）を発し，インフレーション影響評価書に含めるべき事項を定めた。それによると，行政機関は，経済コストが年間1億ドルを超えると思われる規則および・または生産性，雇用水準，エネルギー消費などに特別の影響をあたえると思われる規則の提案について，評価を実施し，「提案された行為のおもな費用またはインフレーションへの影響の分析」，こ

(15) NIPCC審査が密室での取引と批判されたのをうけ，COWPSの意見は規則案の意見公募期間中に書面で述べられ，規則制定記録に記載されるものとされた。Percival, supra note 4, at 139. インフレーション影響評価は，フォード政権末期の1976年12月31日，大統領命令11949により「経済影響評価」に改称された。なお，杉野・前掲（注3）131-133頁参照。

れらと「提案された行動がもたらす便益との比較」，および代替案を記載することを要求された[16]。

しかし，インフレーション影響評価の実績はノミナルである。1976年末までに，主要なインフレーション影響評価書41のうち23にCOWPSの意見が付き，そのうち11は公式行政文書化されたが，12は省庁間覚書の形で私的になされたとされる[17]。しかし，インフレーション影響評価の詳細は評価実施機関の判断に委ねられ，主要官庁であればCOWPSの不同意に対して何とか抵抗できるものと理解されていた[18]。そのため，「経済影響評価制度の成果は，非常にお粗末なものであった」とされるのである[19]。

ただし，環境学者の間には，QOL審査やCOWPS審査がもたらした直接的効果よりも，それが行政機関の意思決定にあたえた間接的効果を評価する声が少なくない。ピルデス・サンスティーンは，「行政機関とCOWPSはしばしば対立したが，多くの論者が，COWPSは公衆参加と行政機関の分析能力を向上させたと信じている」と述べ[20]，マガリティも，インフレーション影響評価書は単なる後付けに

(16)　Eisner, supra note 2, at 180; Percival, supra note 4, at 139; Steinzor, supra note 5, at 241.

(17)　McGarity, supra note 7, at 18. ニクソン政権下のQOLはEPA規則がもっぱら対象であったが，COWPS審査は広範におよび，むしろ経済規制が対象であった。COWPSは1974年12月から1978年11月の間に180の審査意見を公表したが，EPA規則に関連したのは，わずか18であった。Percival, supra note 4, at 140.

(18)　Pildes & Sunstein, supra note 6, at 14; Percival, supra note 4, at 139-140.

(19)　古城誠「レーガン政権と規制審査制度――OMB規制審査制の検討」北大法学論集36巻4号1332頁（1985年）。

(20)　Pildes & Sunstein, supra note 6, at 14. パーシヴォルも，「それはEPAにとっても便益的効果があった。EPAはすべての連邦行政機関のなかで最高の規則分析能力を開発し，内部的な規則改廃プロセスを作りあげた」と肯定的に評価する（Percival, supra note 4, at 141）。

すぎず，書類を増やし，規則制定を遅らせたにすぎないというという職員の声を紹介しつつ，デミューズ，ミラー，ヴィスクーシーなどの論説を脚注に掲記し，「すべてを考慮し，政府内外の有識者はプログラムは続ける価値があると結論付けた」という(21)。

(3) カーター政権の規制分析審査

カーター大統領は，いく人かのオブザーバーを驚かせたように，フォード政権のインフレーション影響評価プログラムを引き継ぎ，さらにこれを拡大した。その内容を定めたのが，大統領命令 12044 である(22)。同命令の最大の特徴は，これまで審査の対象とされてきた「重要な」規則（以下，「重要規則」という）を，規制分析（regulatory analysis）の対象となる「主要な」重要規則と，その必要がない「主要ではない」重要規則に細分化したことである。「主要な」重要規則の規制分析は，問題の簡潔な声明，主要な代替案の記述，各代替案のインフレーション影響の分析，選択された優先案の詳細な説明を含まなければならない。ただし，大統領命令 12044 は，行政機関に対し，規則制定の提案にあたり費用便益分析を実施し，その結果を報告することを明示的には要求しなかった(23)。

---

(21) McGarity, supra note 7, at 310 n.19. しかし，マガリティの評価は甘すぎるのではないか。デミューズ，ミラー，ヴィスクーシーなどはニクソン・フォード政府内外で活動した名うての費用便益分析推進論者であり（本章(注 30)，彼らが経済影響評価の実績を強調するのは当然の習いであろう。

(22) 以下の説明は，Percival, supra note 3, at 2501-02; Pildes & Sunstein, supra note 6, at 14; McGarity, supra note 7, at 19 による。宇賀・前掲（注 4）85-86 頁にもまとまった説明がある。また，杉野・前掲（注 3）133-134 頁参照。

(23) Pildes & Sunstein, supra note 6, at 14. この点は，古城・前掲（注 19）1333 頁および 1336 頁注 24 に詳しい。ただし，マガリティは，「規制分析の要件はインフレーション影響評価プログラムの定量的費用便益分析を強調していなかったが，カーター政権は，フォード政権プログラムの基本骨子から

省庁が作成した規制分析（書）を審査し意見を述べる権限はCOWPSが引き継いだが，COWPSには行政機関が規制案を公示するのを阻止する権限はなく，規則案が連邦公報で公示されて後に通常の規則制定手続により意見を述べることができたにとどまる。この扱いは，フォード政権時のCOWPSと同じである。

これとは別に，カーター政権は，1978年1月，大統領府内に閣僚レベルの省庁間連絡組織として規制分析審査グループ（Regulatory Analysis Review Group: RARG）を設置し，より重要度の高い規制について経済的影響の審査を開始した。RARGは，主要行政機関，OMB, COWPS，および経済諮問委員会（Council of Economic Advisors: CEA）など，14の組織の代表からなり（議長はCEA委員長，事務局はCOWPS），経済への影響が年間1億ドルを超えると思われる重要規則を審査対象とした。

RARGは主要行政機関の「重要な」規則を審査対象としたが，実際はそのなかからとくに少数の規則（年間10から20程度）を選び出し，より詳細な検討をくわえることを想定していたとされ，実際，RARGがカーター政権終了までの18か月間に審査した規則は8つにとどまった(24)。結局，「大統領はごく少数の高度に論争的な問題を解決しはしたが，RARGは相対的にみて規則をほとんど審査しなかった」といえる(25)。

カーター大統領は，さらに1987年11月，反インフレーション・プログラムを推進し，行政機関の規則をモニターし，政府支出の削減を推進するための省庁間連絡調整組織として，連邦規制評議会（議長は

撤退しなかった」という（McGarity, supra note 7, at 19)。なお，杉野・前掲（注3）134-135頁参照。

(24)　古城・前掲（注19）1333頁。同前1332-37に，カーター政権下の規制分析の実績に関する詳しい説明がある。

(25)　Pildes & Sunstein, supra note 6, at 14.

EPA長官コーストル）を設置した。

規制柔軟法とペーパーワーク削減法

1980年，連邦議会はカーター政権のすすめる規制改革を支援する2つの重要な法律を可決した。第1は，9月19日に法律となった「規制柔軟法」(Regulatory Flexibility Act）である。これは，正式な名称を「小規模団体にとってより柔軟な規制アプローチの適用可能性を分析するための手続を創設することにより，連邦規則制定を改善すること，およびその他を目的とした法律」といい，規則制定にあたり，一律に施行される連邦規則が，とくに小規模団体にとって不当に過重な負担ならないようにするため，政策の選択肢の分析を連邦行政機関に求めた法律である。議会がすべての行政機関に対して体系的な規制影響分析を命じた唯一の法律として重要な意義を有するとされる。ただし，分析の対象は，従業員500人以下または売上額500万ドル以下の「小規模団体」に影響をあたえる規則に限られた(26)。

第2に，カーター政権最末期の1980年12月11日，カーターが側近閣僚の反対を押し切って署名したのが，ペーパーワーク削減法(Paperwork Reduction Act）である。これは，規制対象企業が負担する文書・報告作成に要する高額コストの軽減を意図したもので，情報収集の必要性と用途の立証，情報収集がもたらす負担の推計額，および情報収集のためにもっとも負担が少ない方法を採用したことの証明を，規制行政機関に要求したものである。この法律は，カーター大統領側近が危惧したように，ときにOMBに，規制行政機関の規則制定に介入する口実をあたえることになった（本書194頁参照)。

さらに同法が重要なのは，政府機関による情報収集の請求を審査す

(26) Eisner supra note 2, at 181; McGarity, supra note 7, at 22-24. とくに，Paul R. Verkuil, A Critical Guide to the Regulatory Flexibility Act, 1982 Duke L. J. 213 (1982) に詳しい説明がある。同法は，1990年代になって，なんどか重要改正がなされたが，内容は省略する。

る広範な権限をOMBに付与し，その専門審査機関として，OMB内部に情報・規制問題室（Office of Information and Regulatory Affairs: OIRA（オーアイラ））の設置を認めたことである。これによって，規制監視役（ウォッチドッグ）としてのOMBの存在が，さらに高まることになった[(27)]。

(4) 1970年代大統領規制審査システムの問題点

大統領（府）による連邦規制プログラムの横断的審査は，ジョンソン大統領が，重要な行政規則の公布に影響をあたえるために，予算局（Bureau of the Budget）の監察権限を行使したのが始まりといわれる[(28)]。これを拡張し，大統領府内部に組織化したのが，ニクソン政権のQOL審査，フォード政権のCOWPS審査，それにカーター政権のRARG審査である。

しかし1970年代は，大統領による規制審査の試行期，形成期ともいうべき時期で，当時の審査システムはいくつかの深刻な問題をかかえていた。

アイズナーは，1970年代規制審査システムの特徴を，(1)なにが「重要な」規則かを各行政機関が定義し，これに該当する規則を特定し，さらに審査過程を主導したために，もっとも目に余る規則が審査を免れたという疑念が生じる，(2)規制改革者は費用便益分析が行政意思決定のための分析装置を提供したと信じているが，費用便益分析が実施されても，それはすでになされた決定を正当化するための事後的なものにすぎない，(3)OMB，COWPS，RARGは懲罰機関となり

(27)　Eisner, supra note 1, at 76; Eisner supra note 2, at 181; Steinzor, supra note 5, at 243; Verkuil, supra note 26, at 255-256. ペーパーワーク削減法は，議会がOMBに命令的権限を付与したことを推定させるような根拠を定めておらず，逆に行政機関の政策内容に関する大統領やOMBの権限を拡大するものではないとの明文をおいている（Percival, supra note 3, at 2502 n.113)。

(28)　Yoo, supra note 10, at 652-653.

えたが，指令を遵守しない者に対する確実なサンクションがないために，純便益がマイナスになる規則の制定を阻止できなかったの3つに要約している(29)。

しかし，1970年代は，OMB，EPAなどの内部に，規制影響分析や費用便益分析の知見・技法の蓄積を促したという点では，重要な時期であったともいえる。アイズナーによると，これらの審査プロセスは，経済学の地位を，長きにわたり規制プロセスを支配してきた法的ディスコースに匹敵する地位にまでに押し上げ，それがレーガン政権時に究極的な形で現れ，規制プロセスを支配する下地を作り出したからである(30)。

2　レーガン政権と規制影響分析

(1) 規制緩和特別委員会の設置

さて，レーガン政権がめざした規制緩和の推進役として，政治の表舞台で派手に活動したのがストックマンであるが，その裏側でストックマン以上に重要な役割を果たしたのが，ミラー3世である。ミラー

(29) Eisner, supra note 2, at 181.

(30) Id. at 181-182. なお，COWPSは1981年に再授権が認められず廃止されたが，その際，のちに述べるように，ミラー，トージ，デミューズ，ヴィスクーシーなど，COWPSに関係した多くの経済学者がOIRAに移動し，従来の任務を継続した。スマイスは，1960年代後半から70年代にブームとなった規制緩和を総括し，正統派改革者は経済規制緩和には成功したが，社会規制緩和にはさほど成功しなかった，それに対して，エドワード・ケネディ，ネーダー・グループなどの異端者は，官僚制打破のための手続改革を主張したという。そのうえで，彼女は「異端者によってもっとも好まれた手続改革という道具は，カーター政権時に実際にかつおそらく意図せずに，正統派改革者の神学を支持する者にとって相当に価値のある装置へと変形した」という。「レーガンがワシントンに来たとき，彼はこの装置を並はずれて抜け目なく利用した」というスマイスの指摘（Marianne K. Smythe, An Irreverent Look at Regulatory Reform, 38 Admin. L. Rev. 451, 461-464, esp. 464 (1986)）は，明らかに正しい。

はフォード政権下の経済諮問委員会で政府規制の審査を，さらにCOWPSでは審査部門の責任者を経験しており，その頃より強固な規制緩和論者にして熱烈な費用便益分析信奉者であった(31)。

レーガンの政権移行チームに参加したミラーは，早速，連邦取引委員会（FTC）の組織・権限の大幅縮小を提案し，さらに「レーガンは大統領に就任すると，OMBへの政治的任用者で熱狂的な規制緩和論者であるジェームス・C・ミラー3世の指揮のもとで，〔1981年1月22日〕直ちに規制緩和に関する大統領府特別委員会を設置した」(32)。ミラーは特別委員会で事務局長を務め，さらに4月1日，OMB内にOIRAが設置されると，初代室長に就任した。「特別委員会のサポートは直近に設置されたOIRAを通しOMBによって準備され，したがって，特別委員会の協議事項と結論をまとめる第一義的役割がOMBにあたえられた」(33)。かくして，規制緩和特別委員会の設置を主

(31)　Binyamin Appelbaum, The Economists' Hour: How the False Prophets of Free Markets Fractured Our Society 204-205 (2019).「フォード大統領のもとでCOWPSのポストにいたミラーは，いつも決まって他の連邦行政機関が提案する規則（たとえば，コークス炉の発がん性排出物を規制しようとするOSHAの試みなど）に対し，規制はインフレを促進するという理由で介入した。ミラーは，規制が社会にもたらす利益が企業のコストを上回ることを立証することを求める“費用便益分析”の頑固な擁護者となった」。また，「政府は企業のじゃまをすべきではないと熱狂的に信じ込んでいるミラーは，芸術家がシスティナ礼拝堂について語るときのような畏敬の念をこめて“経済的効率性”を語った」（ラルフ・ネーダー・グループ（海外市民活動情報センター訳）『レーガン政権の支配者たち』139頁，142頁（亜紀書房，1983年））。

(32)　Robert W. Collin, Environmental Protection Agency: Cleaning Up America's Act 279 (2006); Marc Allen Eisner, Regulatory Politics in an Age of Polarization and Drift: Beyond Deregulation 84-85 (2017).

(33)　Richard N. L. Andrews, Deregulation: The Failure at EPA, in Environmental Policy in the 1980s : Reagan's New Agenda 164 (Norman J. Vig & Michael E. Kraft eds., 1984). 杉野・前掲（注3）136-137頁。

導し，設置後の委員会の実権を掌握したのは，ミラーであった[34]。

ミラーの指導のもとで，OMB 職員は（政権発足前の）1981 年 1 月半ば頃までに，産業界から規制の再検討の申し出があった 242 の「ヒットリスト」を作成し，さらにそのなかから早急な検討を要する 110 を選び出し，簡易リストを完成していた。これらは，すべて自動車排気ガス，有害廃棄物，公共下水道に排出する一次処理水，有毒化学物質の製造前通知，殺虫剤登録などに関するものであった[35]。

規制緩和特別委員会が発足すると，委員会は，独自の“過重”規制ヒットリストの作成に取りかかり，まず，OMB が準備した前記の簡易リストをベースに，それに産業界から募集した新たな要望が付け加えられた。その間，「委員会は，実業界，取引業界，州・地方政府，その他規制の負担を感じているすべての者による推薦を募ったが，受理された要望の大部分は EPA 規則に関するものであった」[36]。

規制審査の対象が HSE に関する規則に偏っていたことは，その実績からも裏付けられる。規制緩和特別委員会は 1981 年 12 月までの 11 か月間に既存の 91 の規則を審査したが，その 60% は EPA および NHTSA が制定した自動車産業関連の HSE に関するのものであった[37]。1983 年 8 月，規制緩和特別委員会は，（一部の金融規制やバス輸送規制緩和を除くと）十分な実績をあげないままに，任務の終了を宣

(34) ミラーは，しかし半年後の 1981 年 10 月，上院通商・科学・運輸委員会の厳しい承認聴聞会をくぐり抜けて連邦取引委員会委員長の要職につき，さらに 1985 年 10 月，ストックマンの後任として第 2 期レーガン政権の OMB 局長に返り咲いた（1988 年 10 月まで在任）。

(35) Andrews, supra note 14, at 257–258.

(36) Andrews, supra note 33, at 164. とくに規制緩和の主役として，活発に活動したのが自動車業界であった。「自動車企業のタスクフォースは，企業の規制コストを削減することをめざし，既存の規則の変更リストを作成するために大統領タスクフォースと伴に活動した」（Thomas O. McGarity, Regulatory Reform in the Reagan Era, 45 Md. L. Rev. 253, 263 (1986)）。

(37) Andrews, supra note 33, at 165.

言し，解散した。2年8か月の間に，特別委員会は119の規則を審査し，76の規則の改定または廃止を規制官庁に要求したが，上記119の約半数はEPAおよびNHTSAの規則であった[38]。

(2) 大統領命令12291

ブッシュ副大統領から正式の指示を受けたストックマン，ミラーらは，早速，規制緩和システムの創設に取りかかり，政権が発足して約1月後の1981年2月17日，これをレーガンが大統領命令として連邦行政機関に通知した。これが世上名高い大統領命令12291である[39]。

この行政命令は，カーターが発した大統領命令12044を廃止し，規制行政機関により包括的で徹底した規制分析プログラムの実施を命じるとともに，OMB（実際はOIRA）にそのプロセスを監督する強大な権限をあたえたもので[40]，従来より政権の内外で規制分析・費用便益分析の包括的な実施を熱烈に主張してきた複数の者の長年の夢を一挙

---

(38)　Id. at 165; Percival, supra note 4, at 148, 149-150. ただし，審査の実績については，カウント方法の違いにより，いくつかの異なる数値が報告されている。

(39)　Richard J. Lazarus, The Making of Environmental Law 100 (2004). なお，McGarity, supra note 7, at 19-22; 古城・前掲（注19）1339-1358頁，宇賀克也「アメリカにおける規制改革(下)」ジュリスト845号90-94頁（1985年）のより詳しい説明参照。とくに，宇賀・前掲89頁は，本書とは異なる視点から大統領命令12291制定の経過を説明しており，興味深い。

(40)「大統領命令は，規制影響分析の監督を通して規制プロセスを統制するために，OMBに空前の監督権限を付与した。OMBは，すべての規制影響分析を審査しただけではなく，提案されたまたは既存の規則についても規制影響分析を要求することができた。OMBは，規制影響分析がOMBを満足させるまで，提案された規則の連邦公報への公示を遅らせる権限を付与された。OMBの意見や行政機関の対応に関するレビュー可能な記録は保存されなかった。この新たな監督プロセスは，規制立法により行政機関に割り当てられたさまざまな“バランス”のとれた判断に対する大統領府の直接的介入を表していた」(Andrews, supra note 33, at 165)。

に制度化したものであった。

ミラーやトージの夢がかなう

作業の中核をになったのがミラーである。「フォード政権下でインフレーション影響評価書プログラムに関する幅広い経験を有するジェームス・ミラー3世が，初期のアプローチの主要な欠点のいくつかを是正するために，レーガンの行政命令を作りあげ」，その後の実務を統轄したのである(41)。

ミラーを補佐し，あるいはミラー以上に実務上の権限を掌握したのが，OIRA副室長トージと部下のデミューズである。「ミラーの副官トージは1972年からOMBの環境部門を担当しており，行政機関がどう機能するのかに，おそろしく精通していた」(42)。また，デミュー

(41) Eisner, supra note 2, at 182. See also Smythe, supra note 30, at 465 n.75.「OMB局長は，ブッシュ副大統領が委員長を務める大統領府規制緩和特別委員会の指示に従い，これらの権限を行使した。特別委員会事務局長（executive director）は，OMB/OIRA室長であるジェームス・C・ミラー3世であった。実際には，ミラーの事務室が大統領命令の実行に関連する実務上の業務を遂行した」（Marc K. Landy, Marc J. Roberts, & Stephen R. Thomas, The Environmental Protection Agency: Asking the Wrong Questions From Nixon to Clinton 248-249（expanded ed. 1994）. See also Appelbaum, supra note 31, at 204-205.「レーガンが行政命令で，“社会に対する規制の潜在的便益が社会に対する潜在的費用を上回らない限り，規制的行為がとられてはならない”と命じたとき，ミラーの努力は王冠を頂いたのであった」（ネーダー・グループ（海外市民活動情報センター訳）・前掲（注31）138-139頁）（ただし訳文の一部を修正）。

(42) Landy et al., supra note 41, at 249. トージ（James Tozzi）は，ジョンソン政権下の陸軍省陸軍工兵隊でダムの経済分析官を務め，さらにニクソン政権時のシュルツOMB局長のもとで費用便益分析の適用強化に腕をふるった（Appelbaum, supra note 31, at 189-191, 195）。トージについては，つぎのような記述がある。「トージはニクソン政権時のOMBに参加し，新しく設置されたEPAから送られてくる環境保護規則を審査する任務をあたえられた。OMBおよびその前の陸軍省のポストで，彼は自身の“市場ベース保守主義”イデオロギーを推進するため，費用便益分析を用いた集権的審査の役割の拡

ズはニクソン政権の大統領府環境政策委員長などを務め，消費者保護規制の緩和と市場の利用，国際競争力強化のための事業規制緩和などの強固な主張者であった(43)。

大をめざした。彼はフォード政権でも同じ職にとどまり，カーター大統領もまた彼を慰留し，トージをOMB副局長補に昇進させた。OMBで彼は，OMB内部に初めてOIRAを設置したペーパーワーク削減法について，カーター政権の“責任者”となった。レーガンの当選によって，連邦規則制定組織に対する広範な権限によって費用便益分析を効果的に作動させる審査官というトージの夢は現実となった。レーガンのもとで，トージは規制の“ブラックホール”として知られたOIRA副室長に任命された」(Richard L. Revesz and Michael A. Livermore, Retaking Rationality: How Cost-Benefit Analysis Can Better Protect the Environment and Our Health 26 (2008))。「トージは職務に胸をおどらせ，1週間に7日働き，ヴァージニアの気取りのない自宅との通勤バスのなかで規則に目を通した」(Appelbaum, supra, at 205)。

なお，一般に，大統領命令12291を起草したのは，当時ブッシュ副大統領の法律顧問であったボードン・グレー（Boyden Gray）とミラーであるとされているが，トージはOIRA30年の歴史の回想論文で，トージ自身が大統領命令12291の草案を起草し，大統領顧問および当時司法省の法務補佐官であったサンスティーンの審査をうけて，相当部分が修正されたと証言している（Jim Tozzi, OIRA's Formative Years: The Historical Record of Centralized Regulatory Review Preceding OIRA's Founding, 63 Admin. L. Rev. (Special Ed.) 37, 63 (2011)）。サンスティーンの費用便益分析体験がこの頃始まったという推測は，うがち過ぎであろうか。トージは，1983年，45歳でOIRAを辞しタバコ会社のロビイストに転じ，受動喫煙被害の科学的根拠を覆すために精力的に活動し，さらに1996年，有力企業からの拠出金をもとに営利ロビイスト団体Center for Regulatory Effectivenessを設立した（Chris Mooney, The Republican War on Science 104-108 (2005)）。

(43)　Revesz & Livermore, supra note 42, at 23-24.「デミューズ（Christopher DeMuth）は，“規則集には，環境または健康の向上に積極的効果がないままにコストを課している多くの，何百もの規則がある”という信念をミラーやストックマンと共有していた」(Judith A. Layzer, Open for Business: Conservatives' Opposition to Environmental Regulation 402 n.104 (2012))。レーガンは，ミラーをFTC委員長に任命すると，（トージではなく）当時35歳のデミューズを後任のOIRA室長に据えた。

規制審査と費用便益分析

大統領命令12291は,「現存のまたは今後の規制負担を減少し,規制行為に関する行政機関の説明責任を増進し,大統領の規制プロセスの監督を定め,規制の重複や矛盾を最小にし,および十分な根拠に基づいた規制を確保する」という(きわめて欲張った)目的を達成するために,(1)費用対効果を含め,すべての行政機関が「法律が許す範囲で」従うべき実体的基準を定めたこと,(2)すべての「主要な」(major)規則について,費用便益分析を含む規制影響分析(regulatory impact analysis: RIA)の実施を要求したこと,(3)OMBはある種の(法律に明記されない)実体的統制権限を有するという一般的な理解のもとに,正式のOMB監督メカニズムを設けたこと,の3点で重要な意義を有する(44)。

この命令については,すでに,古城,宇賀,神野各教授による詳細な論考があり(45),さらにその大部分は,後にクリントン大統領が発布

(44) Pildes & Sunstein, supra note 6, at 14-15. OMB審査に関する古典的論文とされるChristopher C. DeMuth & Douglas H. Ginsburg, White House Review of Agency Rulemaking, 99 Harv. L. Rev. 1075 (1986) は,OMB審査の目的・機能を,(1)より大きな政治的説明責任,省庁間の政策調整,合理的な優先順位付け,およびより調和のとれた費用対効果のある規則の制定(調和的機能),(2)自身の限定された政策課題の遂行に執着し過剰な規制に陥るという官僚制の悪弊の抑制(官僚チエック機能)に区分し,説明している(Id. at 1081-82. 杉野・前掲(注3)155-156頁)。しかし,バグリー・レヴェースは,(1)歴代政権が遂行してきた規制審査は規制緩和を推し進めただけで,調和のとれた規制にはほとんど役立たず,(2)また,「官僚的悪弊論」は理論的にも実証的にも証明されていないと反論する(Nicholas Bagley & Richard L. Revesz, Centralized Oversight of the Regulatory State, 106 Colum. L. Rev. 1260, 1261-63 (2006))。杉野・前掲(注3)156-157頁,160頁。

(45) 古城・前掲(注19)1337-38頁,宇賀・前掲(注39)90-94頁,紙野健二「アメリカにおける総合調整の法的検討――大統領命令 12291 号をめぐって(1)-(3・完)」法律時報 59 巻 3 号65頁,5号83頁,7号60頁(1987年)。

した大統領命令 12866 に引き継がれている。そこで，詳細は後回しに，ここではマガリティの総括的な記述を引用するにとどめよう。

「大統領命令 12291 は，取るに足りない規則を“主要”な規則に指定し，主要な規則について規制分析要件を免除する権限を OMB にあたえた。OMB は，“重複し，部分的に重なり，および矛盾した規則”および大統領命令の“基盤となった政策に適合しない”規則を特定し，“これらの重複，部分的重なり，または矛盾を最小にし，または除去するための適切な省庁間協議”を要求する権限を付与された。最後に大統領命令は，OMB が行った要求の“行政機関による遵守状態を追跡調査し”，“その遵守について大統領に勧告する”ことを要求した。すべての規則および規制影響分析が添付された主要な規則は，OMB 内 OIRA の事務官によって審査され，さらに大部分の規制影響分析は，すべての執行行政機関について分析目標を設定した OIRA 内の別の“スーパー分析官”によって審査された。OMB と行政機関との間の紛争は，大統領府を含む広範なプロセスによって処理された。実際は，紛争のほとんど大部分が，日々の交渉における非公式の貸し借りによって処理された。OMB と他の大部分の執行行政機関との関係は，どう転んでも，共通目的に向かって協力的であるとはいえなかった。逆に，それは非常に対立的で，しばしばとげとげしいのが一般的であった」(46)。

レーガン政権のもうひとつのもくろみは，大統領の指示に従わない独立行政機関を大統領命令 12291 の仕組みのなかに取り込むことであった。しかし，これには違法の疑いがあることや，議会の激しい抵抗が予想されたことから，独立行政機関が大統領命令 12291 に従うかどうかは任意の扱いとされた。そのため，これに従った独立行政委員会は皆無であった(47)。

杉野・前掲（注 3）133-134 頁も参照。

(46)　McGarity, supra note 7, at 271.

(47)　Pildes & Sunstein, supra note 6, at 15. See also Yoo et al., supra note 10, at 700 n.652. なお，規則案を「自発的」に OMB の審査に委ねよという 1981

さらに1985年1月4日，レーガンは「規制計画プロセス」と題する大統領命令12498に署名し，命令12291の仕組みをさらに強化した。この命令は，行政機関がしばしば法律の定める最終期限（デッドライン）ぎりぎりまでOMBに規則案を提出しないことに対抗したもので，行政機関に対し，規則制定手続を開始する前に年間の規制政策，到達目標および目的を記した「年間規制計画」を作成し，OMBの承認を求めることを命じたものである。承認された規制計画は合本され「合衆国規制プログラム」として公表された。この行政命令によってOMBの権限は強化され，OMBの承認を得ずに規制を実施することがさらに困難になった(48)。

レーガン規制審査の特徴

レーガン政権が大統領命令12291と12498によって推進した規制影響分析審査（以下，「レーガン審査」という）は，1970年代の規制審査（以下，「70年代審査」という）とは，多くの点で異なっていた。

第1に，70年代審査が特定の規則を対象としたのに対し，レーガン審査は「すべての」規則案と最終規則を公示前にOMBに提出することを命じた。さらに70年代審査がOMBに対して規則制定手続に基づき意見を述べる機会をあたえたのに対し，レーガン審査はOMBに審査が終了するまで無期限に規則の公示を延期する権限をあたえた。

年夏の規制緩和特別委員会からの要求について，FTCの意見は2対2に分かれたが，「OMB審査手続の起草者であるミラーは，規制緩和特別委員会の要求を当然に支持しているようで」あった（ネーダー・グループ（海外市民活動情報センター訳）・前掲（注31）155頁）。

(48)　Percival, supra note 4, at 153; Steinzor, supra note 5, at 244; Pildes & Sunstein, supra note 6, at 15.「この2つの命令は，規則を発するにあたり行政機関が用いなければならない実体的基準を強要し，同意しない規則の公示を無制限に延期することをOMBに許すことで，行政機関に対するホワイトハウスの統制をかつてないほど拡大した」(Yoo et al., supra note 10, at 700)。杉野・前掲（注3）137頁。

第2に，カーター政権時の審査が，費用対効果のある規則を開発するよう促しつつも，便益費用テストは要求されないと繰り返し強調していたのに対し，レーガン審査は，規制の便益が費用を上回らない限り規則を制定してはならないこと，「社会にとってもっとも少ない純費用」を含む規制代替策を選択すること，「社会にとって純便益総体」が最大になるように規制の優先順位を定めること，などの実体的基準を定めたことである。第3に，レーガン審査は，既存の規則の包括的緩和を目標としたことでも，過去の規制審査とは大きく異なっていた(49)。

拭いきれない違法性

大統領命令12291は，ストックマンらの「明確な法的権限が存在する既存のおよび保留している規則を中止し，変更し，または取り消すために練り上げられた大統領の一方的な行為」（本書21頁）という提言を具体化したものであり，劇的な政策変更を追求する新米の大統領にとって魅力的な特徴をもっていたが(50)，同時に，規制の予測可能性および政治的正統性の双方について，高いコストをともなうものであった。すなわち，それは「個々の特定の規制立法を変更するために経由すべき行政機関，有権者，それに議会委員会との長い闘いを回避し」，「立法府による法律変更の機会を無視し，最終的に議会と公衆による一層広範な受け入れが必要な政策変更の正当性の確立と合意形成の必要性を，著しく過小評価する」ものと解されたからである(51)。

---

(49)　Percival, supra note 4, at 149-150; 久保・前掲（注3）134-135頁。

(50)　「レーガン政権が発足したとき，政権は行政機関に対するホワイトハウスの統制がいまだ完全ではないことに気がついた。そこで最初の仕事のひとつは，行政機関とOMBの関係を劇的に変更する大統領命令12291を発することであった（Alan B. Morrison, OMB Interference With Agency Rulemaking: The Wrong Way to Write a Regulation, 99 Harv. L. Rev. 1059, 1062（1986））。

(51)　Andrews, supra note 33, at 163-164.「QOL審査プロセスと同じく，レーガンプログラムは規制審査を公衆の目から覆い隠した。提案された規則の公

そのため，レーガン審査は，行政機関に対する大統領の監督権限の範囲と限界，とくにOMBによる監督権限の行使とその濫用の実態をめぐり，議会の内外および法律学者の間に激しい議論を引きおこした(52)。

示前審査をOMBに命じることで，大統領命令は行政機関のフィルターを通さない意見を公衆が学習する機会を奪ったのである。公衆の審査を定めたRARGプログラムとは異なり，OMB審査を反映したレーガンプログラムの文書は，議会が明示的に要求しているCAAの規則制定についてさえ，公的記録にくわえられなかった」(Percival, supra note 4, at 151)。「OIRA審査の全体プロセスは，大部分が秘密でおおわれ，OIRA職員と行政機関の代理人およびOIRAと利害関係者の交渉は公衆の目から遮断された」(Revesz & Livermore, supra note 42, at 25)。「このシステムは，最終的な規則制定の判断を，実体的規制領域における権限を有せず，議会または選挙民に対し有意味な方法で説明責任のないOMB職員の掌中に委ねるものである。さらに過程全体が秘密におおわれ，公共的議論から隔絶された雰囲気のなかで運用されている」(Morrison, supra note 50, at 1064)。杉野・前掲（注3）137-138頁参照。

(52) 当時，環境防衛基金（EDF）の上席弁護士であったパーシヴォルは，「OMBの行動は，行政機関の規則制定を統制する大統領の権限について，激し議論を引きおこした。この論争は大統領権限の究極の外延を問題にしていたが，大統領命令は，この権限範囲を特定することで疑問を回避するという熟考された企ての反映であった」(Robert V. Percival, Rediscovering the Limits of the Regulatory Review Authority of the Office of Management and Budget, 17 Envtl. L. Rep. (Envtl. Law Inst.) 10017, 10017 (1987)）と述べる。杉野・前掲（注3）153-154頁。

この問題を議論した論文はきわめて多いが，初期の代表的論稿とされるのが，Morrison, supra note 50（杉野・前掲（注3）154-155頁）およびMorton Rosenberg, Beyond the Limits of Executive Power: Presidential Control of Agency Rulemaking under Executive Order 12291, 80 Mich. L. Rev. 193 (1981）である。ローゼンバーグは，「大統領命令12291は，大統領権限の適正な範囲を越えており，実体的費用便益分析を課すことで，国内政策を組み立てるための行政官の裁量を代置している。それ故，憲法が議会に一義的に付与した権能に対する重大な侵害である」(Id. at 246）と明言する。なお，宇賀・前掲（注39）92-93頁，紙野・前掲（注45）法律時報59巻5号83-85頁参照。

議会は，当初よりこうしたOIRAの「規制の皇帝（ツァー）」のごときふるまいを，議会が制定した法律の執行に必要な規則制定を妨げる行為ととらえ懸念を示していたが，レーガン政権が第2期に入ると一挙に攻勢を強めた(53)。上院環境・公共事業委員会の報告書（1986年3月）は，OMB規制審査を「行政機関の規則に実質的影響をあたえ，その権限委任を遷延させているOMBの権能は，議会の立法権限と行政機関の独立性・専門性に対する不当な侵害である」と批判し(54)，ディングルら下院のOIRA批判派は，OMB規制部門の1987会計年度予算をカットし，グラム合意を採用した場合にのみ予算を復活させるなどの改正に乗り出した(55)。しかしこれらの改革の試みも，OIRA室長任命に対する上院の承認手続を新設する，書面作成の提案に関連する開示要件を拡大するなど，若干の妥協を引き出しただけに終わった。

レーガン規制審査がEPAにあたえた重大な影響

では，レーガン規制審査は，政権のめざす規制緩和や規制改革の推進にどのように寄与したのか。

---

(53)　Revesz & Livemorer, supra note 42, at 27-29. これを後押ししたのが，規則案の潜在的便益が潜在的費用を上回るかどうかを決定するために，すべての行政機関に対して規則案のOIRAへの提出を要求する大統領命令は「議会の意思に反する」と明言したコロンビア特別区連邦地方裁判所判決（Environmental Defense Fund v. Thomas, 627 F. Supp. 566（D.C.C. 1986））である。See Percival, supra note 3, at 2504-05.

(54)　Michael Nelson, Guide to the Presidency and the Executive Branch 1182（2012）. 杉野・前掲（注3）138-139頁の指摘も参照。

(55)　Precival, supra note 4, at 154, 171-172, 177-178; Steinzor, supra note 5, at 244-245; Percival, supra note 52, at 10023 n.58. グラム合意とは，1986年当時のグラム（Wendy L. Gramm）OIRA室長が，議会の要求により作成し，署名した文書で，「外部の利害関係者との面談，訪問者の記録，および外部の利害関係者から受け取った文書の処分に関する内部的手続ガイドライン」を定めたものである。

第1に，OMBが関与したことにより，省庁が制定する規則の多くが，撤回，一部変更，再検討などを余儀なくされた。たとえば，レーザーは，「政府全体の省と庁によって提案された規則の約4分の1がOMBの命令によって変更された」と述べ(56)，アイズナーは，具体的に「1981年には，95の規則がOMBによって差し戻され，または技術基準に適合しないというという OMBの圧力により，行政機関によって撤回された。翌年は，さらに87が差し戻され，または撤回された。レーガン政権の残りの期間も同じようような割合であった」という(57)。

とくにOMBの強い圧力にさらされたのが，（ニクソン大統領の思惑通り）OSHAとEPAであった(58)。OMBとOSHA・EPAの対立は激しく，マガリティの詳細な研究によると，「OMB職員は，OHSAを一般的に包括的分析合理性が規制の意思決定を統治すべきであるという原則の最大の違反者とみなし，OSHA職員はほぼ例外なしにOMBを差し出がましい干渉者とみなした」。OMBとEPAの関係も，より友好的であったとはいえない。「EPA職員は，OMBがEPAの権限の横取りを企んでいると堅く信じていた。ある極端な事例では，

---

(56) Layzer, supra note 43, at 126.

(57) Eisner, supra note 2, at 183. 他方で，古城は1983年頃までの規制審査でOMBから再考や撤回を求められたのは全審査規則の1.6%にすぎなかったと指摘し（古城・前掲（注19）1360-1369頁），マガリティも，拒否や撤回のペースは10年間を通してほぼ同じ割合であり，全審査規則の3〜4%にすぎなかったという（McGarity, supra note 7, at 22）。カウント方法の違いが数値に反映されているようである。

(58) Percival, supra note 4, at 161-165に詳細な説明がある。レーザーによると，EPAは「1985年には，OMBによって審査された規則の74.5%を改訂した。この数値は，1986年には66.2%，1987年には66.2%であった。さらに，EPAとOMBの意見が異なる場合には，常にOMBの意見が優先した。端的に，レーガン政権時の7年間は，EPAに対するOMBの影響が重大な（substantial）ままであった」（Layzer, supra note 43, at 126）。古城・前掲（注19）1364-65頁，宇賀・前掲（注39）95頁にも同趣旨の指摘がある。

EPAの専門家100人がEPA長官宛の書簡に署名し，“リスク統制に関するすべての将来の決定が，OMBによって公式記録に記されない特定の利害関係者との私的な協議のなかで行われていないかどうか”の確認を要求した」[59]。

第2に，その結果，行政機関が制定する規則の総数が減少したことも疑いがないだろう。EPAの行政予算は（インフレーションを考慮すると）1981年から1984年の間に14%目減りし，常勤行政職員数は1980年から1984年の間に16%減少した。このEPA予算削減と新たな規制分析手続の負担が重なり，EPAの新規の規則数は，カーター政権時の4分の1に減少した[60]。

第3に，では新規の規則制定の減少は，政権がめざす調和のとれた費用対効果のある規制国家の実現に向けた前進の証と評価すべきか。一方で，「同命令は，行政庁にコスト意識を植え付け，過剰規制を緩和するうえで一定の効果をあげた」という評価がある[61]。しかしパーシヴォルは，レーガン規制改革プログラムを，「レーガン政権の一途な規制緩和（regulatory relief）の強調は，いまや，真に有益な規制改革を達成するための希な機会を奪った重大な誤りである，と広く認識

(59)　McGarity, supra note 7, at 271-272. 後日，トージはきわめて率直に，OMB審査の第一義的機能は，過大規制の本能があると目される行政機関，とりわけ環境アリーナの行政機関を抑制するために「規制に対する反証を許す推定（rebuttable presumption)」を設けることであったと述べている（Erik D. Olson, The Quiet Shift of Power: Office of Management & Budget Supervision of Environmental Protection Agency Rulemaking Under Executive Order 12,291, 4 Va. J. Nat. Resources L. 1, 43 (1984)）。

(60)　Eisner, supra note 2, at 183-184. 相当数の規則（案）が審査前の協議段階で撤回されたであろうことを考えると，規制審査が新規規則を抑制する効果はきわめて大きかったと推測できる（古城・前掲（注19）1359頁）。

(61)　宇賀・前掲（注39）95-96頁。ただし，宇賀論文は規制審査の全般的成果については，きわめて否定的である。

されている」[62]と批判し，コルニーシーも，（比較的）最近の論稿で，経験的研究は，一般に「経済分析とOMB審査が，政府規制の費用対効果に重要な影響をあたえたことを証明できなかった」と，その効果に疑問を呈する[63]。

分析結果よりは政策判断が優先する審査

しかし，このレーガン政権下のOMB審査は劇薬であり，さまざまな副作用をともなった。

第1は，規制影響分析を実施するための費用が，きわめて高額に達したことである。アイズナーは，「規制影響分析を実施するための技術的要求は，行政機関の資源に重くのしかかり，より多く外部契約者に依存することを余儀なくさせた。ポール・ポートニーの推定によれば，外部契約者に支払われた費用は10万ドルから数百万ドルであった。ポートニーは，庁内分析の実施と庁外で実施される分析のチェックに要求される行政機関職員を含めると，大統領命令12291のもとで規制分析を実施するための直接費用は，毎年1700万ドルから2500万ドルの間であると推定している」という[64]。

公益団体パブリック・シチズンの代表者モリソンは，さらに強く，「命令によって要求された文書の費用はそれぞれ数十万ドルと推測されているが，大統領府がプロセスの費用便益分析を検討したという証はどこにもない」，「提案された規則をOMBに対して正当化するために費やされた膨大な額の追加資源は，すべて連邦財政が負担する。し

---

(62)　Percival, supra note 4, at 151-152. バグリー・レヴェースは，レーガン政権を含む歴代政権の規制審査が，もっぱら規制を要求する規則案のみを審査し，規制を緩和する規則案をほとんど審査せず，規則を制定しないという判断（不作為）をまったく審査しなかったと批判する（Bagley & Revesz, supra note 44, at 1271-80）。

(63)　Cary Coglianese, Empirical Analysis and Administrative Law, 2002 U. Ill. L. Rev. 1111, 1123 (2002).

(64)　Eisner, supra note 2, at 183.

かも，これらの費用とOMBが上張りした複雑な迷路から得られる便益とのバランスがとれていたという指摘はいまだなされていない」と述べ，規制審査に対する無制限の費用投下を強く批判する(65)。規制を緩和し行政をスリム化するための規制審査に毎年高額の費用が流出するのは，明らかな本末転倒である。

第2の問題は，規則制定に要する期間が大幅に増大したことである。「レーガン政権のプログラムは遅滞を引きおこしたという厳しい批判に遭遇した。全米公行政アカデミー（NAPA）のプログラム報告書は，“規制マネジメントプロセスのもっとも明白な影響は，規則制定活動を明らかに遅滞させたことである”と認めた」(66)。マガリティも，「OMB審査に対するおそらくもっとも大きな不満は，それが規則制定手続を遅滞させるというものである。遅滞はいかなる制度的審査システムにも生じるが，行政外部の学識者は，重要な規則について，もっとも重大な遅滞が生じているという強い印象を共有している」という(67)。

問題は，複雑な費用便益分析を命じられた行政機関だけではなく，それを審査するOMB/OIRAの側にもあった。とくに重要な規則案について，いつまでもOMBから審査結果が通知されないために，多くの行政機関で法律（または裁判所）が命じた最終期限（デッドライン）を遵守できないという状態が生じた(68)。さらに規制行政機関の側には，

(65)　Morrison, supra note 50, at 1066.

(66)　Percival, supra note 4, at 157. See also Morrison, supra note 50, at 1065; Bagley & Revesz, supra note 44, at 1280-82.

(67)　McGarity, supra note 7, at 282.「とりわけEPAの新規発生源性能基準（NSPS）がOMBによる遅延の犠牲であったが，その理由が技術ベース基準に対するOMBの反対にあったことは明白である」(Percival, supra note 4, at 158. Id. at 157-159 に，規則制定の遅れの原因をめぐるOMBとEPAの激しいやりとりの様子が記されている)。

(68)　Revesz & Livermore, supra note 42, at 29, 126. EDF v. Thomas, 627 F. Supp. at 570, 571（前注53）は，「遅延をもたらし，実体的変更を強要するた

OMBが審査を故意に遅らせ，規則の内容に影響をあたえるための脅かしに利用したり，最終期限直前になって高い要求を持ち出し，交渉を有利にすすめるための戦術に用いているという不満が根強くある(69)。

第3に，OMB審査官の能力についても多数の疑問がよせられている。マガリティが書面，面談，電話インタビューなどによって包括的に調査したところ，審査を受ける行政機関の間には，OMB分析官は行政機関の規則制定においてしばしば生じる高度に技術的な問題を理解する科学的専門性を欠いている，情報収集調査や疫学研究の科学的価値を評価する能力（資格）がないにもかかわらず，決まって，さらにしばしば規制される企業の利益のために，これらの科学的根拠に基づく研究に難癖をつける，行政機関に高度な分析を要求する一方で，分析に必要な予算や人員を削減している，しばしば規制される企業から得た（文書によらない）情報や主張を行政機関に伝える役割を果たしているにすぎない，EPAが最終文書を準備する前の草案を企業に漏らし，技術上の意見を仰いでいるなどの不信・不満が渦巻いているという。

その結果，規制行政機関の大部分の分析官，科学者および技術者は，OMBは規制分析文書の内容よりも行政機関の実体的政策判断に着目し，OMBが選択した政策判断を押しつけているにすぎないと信じて

めに大統領命令12291を用いることは，憲法上の問題を引きおこす」，「OMBは，法律が定めるデッドラインを越えてEPA規則の制定を引き延ばすために，大統領命令12291の規制審査を行使する権限を有しない」と明確に判示した。Percival, supra note 3, at 2505; Percival, supra note 4, 160; Layzer, supra note 43, at 126.

(69) McGarity, supra note 7, at 282-283.「OIRAは，しばしばもっとも最後の段階で関与し，協力や期待がほとんど不可能な時点におけるぎりぎりの障害のごとく機能した。OIRAと行政機関の関係は，“ゲリラ戦争”といえる程の深刻な不信によって，しばしば敵対的になった」(Pildes & Sunstein, supra note 6, at 16-17)。

おり，さらに規制による利益を受ける環境団体や消費者団体にいたっては，「OMB審査は，執行行政機関における規則制定プロセスの結果に対する実体的統制の手段として分析を用いるための薄いベールに覆われた企みにすぎない」と明言している，というのである(70)。

第4に，結果的にOMBの審査や勧告意見には統一性および一貫性がなく，OMB審査官の主観的判断に左右されることになる。「行政機関の分析官にとって，OMB審査の最大の不満のひとつは，審査を運用するための定まった判断基準が一切欠如しているということである。OMBは行政機関の分析の欠点を発見するために，無制限の裁量を行使している，と多数の行政機関分析官は信じている」(71)。

3　H・W・ブッシュの中途半端な規制改革

H・W・ブッシュ政権は，大統領命令12291と12498に手をくわえることなく，レーガン政権時の規制審査プログラムを引き継いだ。しかし，OIRA室長の任命について上院の承認が必要になったことにより，行政機関に対する大統領府の関与は後退せざるを得なかった。

1989年，ペーパーワーク削減法が再授権のときをむかえた折，OMBの活動を繰り返し批判してきた議会は，OMB規制審査プロセスの大幅な情報開示を主張し，大統領との交渉に入った。OMBはこ

(70)　McGarity, supra note 7, at 281-288.「あるOMB職員は，経済分析は行政命令のうわべを飾る見せ掛けに過ぎなかったと述べている」（久保・前掲（注3）135頁)。「OMBが規制行政機関に示す意見・勧告は，OMB審査官の見解ではなく，規制される企業の分析に基づくものであった」(Revesz & Livermore, supra note 42, at 28)。「OMBは，おそらく審査職員の全員が経済学者，法律家または公共政策分析者であるにもかかわらず，〔省庁の専門科学的な〕決定を審査しているのである」(Morrison, supra note 50, at 1066)。

(71)　McGarity, supra note 7, at 273.「1980年代から1990年代初頭の間は，司法審査または議会審査よりも，OMBの規則制定審査の方が，はるかに居丈高なことがはっきりした」(Thomas O. McGarity, Some Thoughts on “Deossifying” the Rulemaking Process, 41 Duke L. J. 1385, 1492 (1992))。

の開示手続を任意に執行することに同意したが，大統領府は交渉を拒否した。これに怒ったは上院はブッシュが任命したOIRA新室長プレージャーの承認を拒否したため，OIRAは最高責任者不在（事務代行）のまま業務を遂行せざるを得なかった(72)。

これに追い打ちをかけたのが，1990年2月21日の連邦最高裁判所判決（Dole v. United Steelworkers of America, 494 U.S. 26（1990））である。同判決は，ペーパーワーク削減法は，OMB/OIRAに，従業員などへの情報開示を会社に対して命じる労働省の規則を取り消す権限を付与していないと判断し，OIRAの権限縮小を図る議会の動きを支持した(73)。そのため，OIRAの影響力は急落し，OIRA職員数もレーガン権時の80人から40人に削減されてしまった。

上記の空白をうめるべく，役割を増大させたのが，1989年に設立された「大統領府競争力諮問委員会」（クエール委員会）である。諮問委員会は，当初，大統領府内に組織や専任職員を置かない弱小の機関であったが，規制緩和に対するブッシュの姿勢が生ぬるいという保守派の批判が高まるのに歩調をあわせ，行政機関の規則制定に介入し，規則制定の早期の段階で費用便益分析を実行することを要求するようになった(74)。「OMB/OIRAはその後も規制審査を続行したが，その活動は，新たな省庁間タスクフォース（競争力諮問委員会）のおかげで影が薄くなった」(75)。かくして，諮問委員会は，1990年後半になると，

(72) Percival, supra note 3, at 2506. 杉野・前掲（注3）140頁。承認を拒否されたプレージャー（Jay Plager）は連邦巡回区控訴裁判所裁判官に転身し，行政官マッケー（James MacKae）が室長を代行した。

(73) Linda Greenhouse, High Court Decides Budget Office Exceeded Power in Blocking Rules, N.Y. Times, Feb. 22, 1990, at A1.

(74) Eisner, supra note 2, at 185.

(75) Percival, supra note 3, at 2506.「諮問委員会は，ブッシュが委員長を務めたレーガン政権の規制緩和特別委員会の後継機関として活動することを意図していた」(Id.)。杉野・前掲（注3）139頁。

1986年のグラム合意に従うことなく頻繁に行政規則の審査に関与し，ある種のOMB監査（またはその代替物）のごとく機能したのである[76]。

政権発足からしばらくの間は，スヌヌ大統領主席補佐官が規制緩和の推進役であった。「ジョン・スヌヌは，二酸化炭素の排出規制とか，湿地の減少防止といった金のかかりそうな環境法案がホワイトハウスにもちこまれると，手あたりしだい攻撃的につぶしていった。スヌヌがワシントン内外の不評をかって辞任したあとは，ダン・クエール副大統領が，大統領府競争力諮問委員会の委員長として，規制に反対する保守の先頭にたっていた」[77]。

その最初の主要な取組みが，EPAが自治体ゴミ焼却炉の所有者・操業者を対象として，焼却時に有害物質を発生する再生可能物質の4分の1をリサイクルすることを目的に立案した野心的なゴミ・リサイクル・イニシアティブを撤回させたことである。続いて諮問委員会は，自動車鉛バッテリーの焼却を禁止するEPAの計画を，「規制政策の便益・費用要件に適合しない」という理由で中止するよう命じた[78]。

その他，諮問委員会は，本書33頁に記載したいくつかの規則改正に介入し，ESAによってフクロウ等生息地に指定され，森林伐採を禁止された内務省土地管理局管理地を法律の適用除外とするかどうか

(76)　Pildes & Sunstein, supra note 6, at 15. ハーツによると，「その支持者にとって，諮問委員会は，過度に負担の重い規制を排除し，経済を活性化するという賞賛に値する目標に向け，金遣いの荒い真実を隠蔽する連邦官僚組織に対抗する権衡のとれた，責任と良識のある小さな反対勢力を示すものであった。批判者にとって，諮問委員会は，単に議会，行政機関およびOMBでチャンスを失い，いまや密室のリンゴをかじる4度目の機会をあたえられた実業利益の友達にすぎなかった」(Michael Herz, Imposing Unified Executive Branch Statutory Interpretation, 15 Cardozo L. Rev. 219, 225 (1993))。

(77)　フィリップ・シャベコフ（さいとう・けいじ+しみず・めぐみ訳）『環境主義――未来の暮らしのプログラム』296頁（どうぶつ社，1998年）。

(78)　Layzer, supra note 43, at 159-160; Percival, supra note 3, at 2506-07.

を審査する委員会（いわゆる神の使節委員会）に秘密裏に働きかけ，FDA が食品栄養分表示・啓発法（1990 年）に基づき定めた肉類栄養分表示規則案に対する農務省の異議申立てを支持するなど[79]，頻繁に法令遵守が疑われる行動を繰り返した。

その結果，「これらおよびその他の行為は，諮問委員会は開かれた行政手続という法律の意図や規則に違反し，違法に行動しているというレーガン政権時代の規制緩和特別委員会を思い出させる議会の抗議をまねくことになった」[80]。

ピルデス・サンスティーンは，レーガンおよびブッシュ政権の規制緩和プログラムに共通する特徴を，(1)法の意図とは逆の行政機関から OMB へという違法な権限の委譲であり，このような権限委譲を実行する権限は大統領にあたえられていない，(2)規制監視のプロセスが秘密とされ，特定の組織集団（とくに規制企業）が国家の政策に介入することを許している，(3)OIRA は広範な規則の評価に必要な専門的知識を欠いており，社会的に必要な規制を不当に遅らせる役割しか果たしていない，(4)費用便益分析は行政機関が考慮した事項を十

---

(79) Percival, supra note 3, at 2507-11. 神の使節委員会は，6 名の閣僚級委員と 1 名の州代表委員からなり，ESA の法令禁止行為に対する特例措置（適用除外）を認めるかどうかを判断する（畠山武道『アメリカの環境保護法』375-376 頁（北海道大学図書刊行会，1992 年））。ホワイトハウス職員は，APA に違反し，非公開の場で委員に特例措置を認めるよう強い圧力をかけたとされる。また後者の事件では，健康優先を主張する FDA と農産物消費への影響を主張する農務省が対立し，諮問委員会は農務省を支持した。そのため FDA 局長が辞任をちらつかせるなどの政治的重大事件に発展し，最後は厚生福祉長官の説得でブッシュ大統領が FDA 規則案を了承した。

(80) Norman J. Vig, Presidential Leadership and the Environment: From Reagan to Clinton, in Environmental Policy in the 1990s: Reform or Reaction 103-104 (Norman J. Vig & Michael E. Kraft eds., 3d ed. 1997).「ブッシュの環境政策は，レーガニズムを捨てたのではなく，どぎつさを和らげただけであることがだんだんみえてきた」（シャベコフ（さいとう＋しみず訳）・前掲（注 77）296 頁）。

分にとらえきれず，便益をもたらす規制の役割まで減じている，の４点に要約している[81]。

ピルデス・サンスティーンがあえて「ある論者は，とくにクエール副大統領の競争力諮問委員会の時期に，規制政策が“影の政府”によって私的党派の利益のために運営され，公共的正当性に対する適切な主張が実務においてなされたかどうかをだれも知り得なかったことを危惧している」と記すように，とくに(2)の決定過程の政治性と不透明性に問題があった[82]。

４　クリントン政権が試みた多様な規制改革

クリントン政権は，共和党が支配する議会に阻止され，自身が望む立法をほとんど手にすることができなかった。しかし反面で，大統領の執行権限を用い，意欲的で多彩な環境規制改革を試みた点では，おそらく歴代大統領のトップに位置づけられる。

議会の統制が及ばない大統領権限にもっぱら依存したという点で，クリントン政権の取組みはレーガンおよびＨ・Ｗ・ブッシュ政権のそれと同じであるが，その内容は大きく異なっていた。すなわち，レーガン，Ｈ・Ｗ・ブッシュ両政権が，大統領権限をEPAなどの予算縮小，組織・人員の削減，法令違反取締りの緩和，規則の改変による規制基準の引下げ・抜け穴作りなど，もっぱら規制の縮小・廃止に利用したのに対し，クリントン政権は，大統領権限を環境規制の合理化や効率化などのために積極的に用いたからである。

第１に，クリントンは，この頃ふたたび大きくなったスマートな規制，効率的な規制を求める学者，シンクタンク，経済界，それに議会

(81)　Pildes & Sunstein, supra note 6, at 4-5.

(82)　Id. at 5.「かくして諮問委員会は，行政機関の意思決定権限を横取りし，議会の指令を侵害し，公衆および議会の審査をすべて回避しながら，HSE規制を弱体化させるためにのみ機能した」(Herz, supra note 76, at 225)。

の声高な要求に配慮し，費用便益分析を基本的手法とした規制分析の存続を提唱した。それが，つぎに述べる大統領命令 12866 である。

第2に，クリントン政権時には，従来のコマンド＆コントロール規制が一方的・強権的であるとの批判を受け，そのために法の執行がしばしば停滞したことに配慮し，強権的な環境保全手法の改善を試みた。それを分かりやすく，目立った形で表したのがブラウナー EPA 長官である。

ブラウナーは長官就任2月後（1993年3月）に訪れたデトロイトで，「公衆の保護に必要な基準を変更する余地はないが，いかにこれらの基準に適合するかについては，柔軟にする余地が絶対にある」ことを宣言し，その後，協調，協働，交渉など，非権力的手法の開発，導入，および実践にのめり込むことになった(83)。

(1) 大統領命令 12866

ゴア副大統領は，政権が発足すると，直ちにH・W・ブッシュ政権時の OMB 審査や競争力諮問委員会審査に決別することを宣言し，「今日，私は，法を回避するための密室に競争力諮問委員会を利用してきた特別利害関係者に，明確なメッセージを送る。裏口は閉ざされる。もはや特別の利害関係者が特別の恩恵を受けることはない。私たちの法が無視され，傷つけられることはない。もはや公の場でなされるべき決定が私的になされることはない。この政権では，すべての者がルールに従い行動し，公の決定は公の情報となる」とのメッセージを発した(84)。

---

(83) Layzer, supra note 43, at 221. ジョン・キャノン前 EPA 総括補佐官によると，ブラウナーの規制再構築スローガンは，コラボレーション，コーポレーション，バーゲニング，パートナーシップ，それにネゴシエーションであった（Id.）。

(84) Robert J. Duffy, Regulatory Oversight in the Clinton Administration, 27 Presidential Stud. Q. 71, 71 (1997); Eisner, supra note 1, at 87.

ついでクリントンは，カーター政権時のCOWPSで事業政策副部長を務め，RARG審査の運用責任者のひとりでもあったカッツェンを新OIRA室長に任命し，新たな大統領命令の起草を命じた。しかし，レーガン大統領命令12291および命令12498のもとで12年間にわたり蓄積された弊害を一掃し，レーガン政権のそれとの違いが明確に分かるような命令案を作成するのは，簡単な作業ではなかった(85)。

8か月を経過した1993年9月30日，クリントン政権は「規制計画および審査」という表題の付いた大統領命令12866を発し，命令12291，命令12498，および競争力諮問委員会を廃止した。しかし，クリントン大統領命令12866の内容は，カーター政権が樹立したOMB規制審査システムを継続し，それにいくつかの改善をほどこしたもので，レーガン・ブッシュ政権時に最高潮に達した規制審査時代の終わりを信じていたクリントン支持者にとって，あまり楽しいものではなかった。

大統領命令12866はすでに全文が翻訳され，いくつかの日本語ウェブサイトにアップロードされているので(86)，ここでは，とくに注意す

(85)　「アメリカ政府の多くの者にとってOMB監査は著しく重要であったことから，多くの識者は，クリントン大統領がレーガン・イニシアティブをどう改革するのかをきわめて高い関心をもって見まもった。改革の進行は驚くほど遅かった。レーガン大統領は職務についてから1週間で〔規制改革を促す〕2つの大統領命令を発したが，クリントン大統領は，数か月間態度を示さなかった」(Pildes & Sunstein, supra note 6, at 6)。

(86)　たとえば，「資料5：米国：規制の計画及び審査に関する大統領令」，https://www.env.go.jp/policy/report/h16-03/mat05.pdf (last visited Dec. 17, 2019). また，同命令を解説したものとして，倉澤生雄「クリントン政権下における大統領と行政機関の関係に関する一考察」松山大学論集19巻1号99頁 (2007年) がある。

カッツェン (Sally Katzen) は作業に数か月を費やしたが，命令案を審議する閣僚会議では，政権内リベラル派の反発を予想し心臓の鼓動がとまらなかったという。しかし，命令案についてはとくに反対がなく，ゴアもこれまでの立場を変え，費用便益分析の支持にまわったことから，クリントンは命

べき箇所を中心に，その内容を説明する[87]。

(a) 行政機関，審査機関，大統領府の役割分担

規制審査を実行するのは，OMB内局OIRAである。副大統領には，規制方針，計画および検証に関する勧告の作成および説明を調整する役割があたえられる（2条）。OIRAが規則案を不同意とし，またはOIRAと行政機関の長の意見が対立しOIRA室長が解決できないときは，大統領または副大統領が解決に乗り出す（7条）。この仕組みはレーガン命令12291と同じである。

ただし，命令12866は，これまで絶えることのなかった行政機関とOIRAとの対立を緩和するために，いくつかの仕組みを設けた。それによると，まず個々の行政機関は省庁内に規制分析室を設置し，分析官を任命しなければならない。分析官は命令12866原則と省庁内の規制との整合性を維持する責任をおっており，OIRA室長が主宰する規制ワーキンググループ（大統領府規制政策補佐官が参加）と連絡をとりあう。これは早期の段階から行政機関とOIRAが情報を共有し，意見の対立や審査の遅延を防止することがねらいとされるが，それが機能するかどうかは未知数である。

(b) 規制計画

クリントン規制審査プログラムのもっとも重要な特徴は，規制審査の対象を，レーガン・ブッシュのプログラムに比較し，大幅に絞り込

令に署名した（Appelbaum, supra note 31, at 210）。なお，後にカッツェン自身が，同命令の制定経過を証言しているので参照されたい（Sally Katzen, Tracing Executive Order 12866's Longevity to its Roots, https://regulatorystudies.columbian.gwu.edu/（last visited Feb. 19, 2020））。

(87) 以下の説明は，おおむねLisa Heinzerling, Inside EPA: A Former Insider's Reflections on the Relationship Between the Obama EPA and the Obama White House, 31 Pace Envtl. L. Rev. 325, 330-333（2014）; Eisner, supra note 2, at 192-194; Steinzor, supra note 5, at 245-247; Pildes & Sunstein, supra note 6, at 6-7, 16-24などによっている。また，杉野・前掲（注3）141-143頁の分析も参照。

んだことである。

まず行政機関は，当該年度またはそれ以降に発することを予定している「重要な規制行為」(significant regulatory action) について（のみ），規制の目標・優先順位，重要な規制行為の要約（可能な範囲で代替案および想定される費用と便益の中間的推定を含む）など記載した規制計画を作成する義務をおう。「重要な規制行為」とは，年間1億ドル以上の経済効果を有すると思われる規制，および経済・雇用・環境などに重要な悪影響を及ぼすと思われる規制などをいう（3条(f)）。この規制計画は，各行政機関の長が直接に承認し，毎年6月1日までにOIRAに提出される。OIRAはこれを審査し，問題があると判断したときは副大統領が行政機関の長と協議し，再検討または調整を求める。

これらの規制計画は「重要な規制行為」に該当しないその他の規制案のリストとともに，毎年10月に規制予定項目（Unified Regulatory Agenda）として公表される（4条(c)(7)）。これらの手順は命令12498とほぼ同じ内容である。

(c)　OMB 審査

独立行政機関を除くすべての行政機関は，年間規制計画に記された「重要な規制行為」リストのなかから必要なものを選び出し，つぎに述べる規制の理念および原則に適合するかどうかについて，OIRAの審査を受けなければならない（6条(a)(3)(A)）。

まず個々の行政機関は，OIRAが定めた期間までにおよび方法で，行政機関が「重要な規制行為」と考える規制行為のリストを提出し，あわせて，規制行為案の条文，規制行為の必要性の説明，規制行為のもつ潜在的な費用と便益の評価などの資料を提出する（同条(a)(3)(B)）。さらに，経済への影響が1億ドルを超えると思われるものなどについては，当該規制行為の予想される便益（経済と民間市場の効率的機能の促進，健康・安全の向上，自然環境の保護など）と費用（規制を実施する政府，規制を遵守する産業界その他に対する直接的費用と，経済・民間市場，健康・安全，自然環境の保護への悪影響）の評価（実行可能な範囲で定量化したもの）などの追加的情報を，OIRA に提供しなければならない（同条(a)(3)(C))。

(d)　規制の理念および原則

クリントン環境政策の特徴をもっともよく示しているのが，命令第1条に掲げられたつぎのような「規制の理念」(philosophy) である。

> 「連邦行政機関は，法律により要求された規則，法律の解釈に必要な規則，または公衆の健康と安全，環境，もしくはアメリカ人民の福祉を保護し，または向上させるために，民間市場の重大な失敗のような公衆のニーズによって必要となった規則のみを公布すべきである。規制の可否および規制の方法の決定にあたり，行政機関は，利用しうる規制上の選択肢（規制しないという選択肢を含む）のすべての費用と便益を評価すべきである。費用と便益は，（それらが有効に推定されうる最大限の範囲で）定量的計量と，定量化は難しいが検討に欠かすことができない費用と便益の定性的計量の両方を含むものと解されなければならない。さらに行政機関は，複数の代替的規制手法からの選択にあたり，法律が他の規制手法を要求しない限り，（想定しうる経済上，環境上，公衆衛生・安全上，その他の利点，分配への影響，および衡平を含め）純便益を最大にする手法を選択すべきである」(1条(a))。

クリントン政権の環境（規制）政策の特徴は，ここに明確に記されているように，自由市場への政府介入を重大な市場の失敗の是正のような場合に限定し，規制するか・しないかの判断に費用便益分析を用いることを命じたことである。さらに，レーガン大統領命令 12291 とクリントン大統領命令 12866 が定める費用便益分析の間には，(1)命令 12291 が便益が費用を「上回る」ことを求めるのに対し，命令 12866 は便益が費用を「正当化する」ことを求めるにすぎない，(2)命令 12866 は規制の便益と費用のすべてについて金銭換算を求めておらず，非金銭的影響をあわせて考慮することを求めているという違いがある[(88)]。

クリントン大統領命令12866は，この理念をさらに12の規制原則にブレイクアップし列挙しているが（1条(b)(1)～(12)），詳細は省く。

(e)　**審査手続の透明化**

レーガン大統領命令12291は，審理過程の開示を定める条項，および民間当事者とOIRAまたは大統領府内部における意思疎通（コミュニケーション）を規制する条項をまったく含んでいなかった。これらの重要事項に関する正式手続の欠如が，OIRAの活動について深刻な論争を引きおこし，OIRAの意思決定は私的利益をもくろむビジネス集団からの圧力に基づいているとの批判の原因になっていたのである。そこでクリントン大統領命令12866は，これら手続面で大幅な改善を図った。

クリントン大統領命令12866は，まずOIRAに対して審査の最終期限（通常は90日のデッドライン）の明示を義務付け，さらに申請を行政機関に差し戻す際に書面による説明義務があることを明記した(6条(b)(1)～(3))。さらに「規制審査プロセスの，より広範な公開性，アクセス可能性および説明責任を確保するため」の手続として，審査中は，副大統領および大統領からの要求，規制行政機関に送付されたすべての書面，およびOIRA職員と会合・電話・会話などの連絡をとった民間人の氏名・日付・連絡内容などを閲覧可能および完全公開

(88)　Heinzerling, supra note 87, at 333.「政権は，規制の便益の多くは定量化が困難なことを認め，金銭換算をより強く主張しなかった。また，費用対効果を超えるより広範な判断基準の妥当性を承認していた」(Eisner, supra note 1, at 88)。また，レーザーは，「ある前EPA高官によると，クリントン政権は，環境規制の“便益”および脆弱な小集団への影響を特定し，定量化することに，従前の政権以上に強い関心を示した」と記述している（Layzer, supra note 43, at 190)。See also Jonathan P. West & Glen Sussman, Implementation of Environmental Policy: The Chief Executive, in The Environmental Presidency 87 (Dennis L. Soden ed., 1999).

とし，さらに規制行為の公示後は，OIRA 職員と当該行政機関との間で審査中に交わされたすべての文書を公共の用に供することなどを定めた（同条(b)(4)））[89]。

クリントン大統領命令 12866 をどう評価するか

命令 12866 が掲げる理念や原則は，費用便益分析の要求にくわえ，規制の優先順位付け，規制の副次的悪影響（対抗リスク）の評価，経済的インセンティブの提供，交渉による規則制定などを明記することによって「政府再構築」論者，費用便益分析論者，リスク評価論者らの長年の主張を取り入れ，それに審査過程の透明化などの規制審査批判者らの主張を非体系的に肉付けしたものともいえる。

かくして，クリントン命令 12866 には，さまざまな要素が未消化なままに含まれており，これをひとくちで評価することは難しい[90]。

まず，伝統的費用分析論者は，クリントンが費用便益分析を存続させたことを評価しつつも，レーガン大統領命令 12291 の厳格な仕組みをいくつかの点で緩和したことを批判する。ハーンらは，命令 12866 は，一見すると実体面および執行面で命令 12291 のそれと大きく異ならないが，効率性が環境・自然資源規制を評価する基準として大統領府および議会の両方によって受容され，「効率性が議会における規制

(89)　ピルデス・サンスティーンは，命令 12866 が OIRA 審理プロセスの透明化に向け多くの改善を図ったことを評価し（Pildes & Sunstein, supra note 6, at 19-24），「命令 12866 において，クリントン大統領は，OIRA 審査のプロセスを支配する特別の手続の輪郭を描くという驚くべき行動をとった」と賞賛する（Id. at 22)。レーザーも，本文に記した改善点を列挙し，命令 12866 が「透明性を増進させた」ことを評価する（Layzer, supra note 43, at 190)。

(90)「命令は，行政機関の決定を統治する新しい，複雑な，やや収まりの悪い実体的原則を含んでいる。いくつかの原則は，より柔軟な管理をめざす“政府の再構築”に傾注した成果である。いくつかは，あいまいではあるが，費用便益分析への傾注と評しうる。いくつかは比較リスク評価をめざしている。政策改革というメリットを除くと，上記のいくつかのイノベーションの適正さは確かでない」(Pildes & Sunstein, supra note 6, at 7)。

改革運動の中心目標となった」にもかかわらず，クリントン政権下ではEPA内のエコノミスト職員が削減され，経済学者の影響と経済分析の受け入れがほぼ一貫して引き下げられたこと，命令12291による規制影響分析の対象が「重要な規制行為」に限られ，それがEPAや他の行政機関によって発布されるすべての規則の一部にすぎないことなどから，クリントン政権における効率性の役割には議論の余地があるとの不満を表明する(91)。

同じく強固な費用分析論者として知られるヴィスクーシーも，命令12866の費用便益分析が，すべての規制行為について費用便益分析を求めず，また厳密な定量的評価（数値換算）以外の定性的要素の考慮を認めた点を批判し，これを費用便益分析ではなく，「厳格性の劣る効率性テスト」であると批判する(92)。

(91)　Robert W. Hahn et al., Environmental Regulation in the 1990s: A Retrospective Analysis, 27 Harv. Envtl. L. Rev. 377, 377-378, 382 (2003). なお，ハーンらは「クリントンが600万エーカーからなる20の新たな国有記念物を指定し，自然資源の採掘と商業活動を規制した大統領命令のように，この入口要件に適合しない規則は，効率性のレーダーをかいくぐった」(Id. at 383) との批判を展開する。しかし，自然保護区内の鉱物採掘や商業活動の許可に効率性テストや費用便益分析を適用することが果たして妥当なのか。自然保全におけるエコノミストの役割が問われているように思われる。

(92)　W. Kip Viscusi, Regulating the Regulators, 63 U. Chi. L. Rev. 1423, 1430 (1996). ヴィスクーシーも（カッツェンと同様）カーター政権時のCOWPSに勤務した経験がある。「RARGは多くの省庁代表からなっていたが，実際の分析作業は，COWPSとCEAの経済学者の手に委ねられて」おり，「RARGには使命感をもったエコノミストが集まり，規制政策における効率的な資源配分を，すなわち膨大なコストにもかかわらず効果の少ない規制の排除を，徹底的に追求した」（久保・前掲（注3）133-134頁）。費用便益分析の信奉者であったヴィスクーシーが，そこで水を得た魚のごとく辣腕をふるったことは想像に難くない。「ヴィスクーシーは，リベラル派を説得し，費用便益分析を受け入れさせることを決意した」(Appelbaum, supra note 31, at 208-209)。ヴィスクーシーは2014年，便益費用分析学会の副理事長に，翌年理事長に選出された。

ピルデス・サンスティーンも，費用便益分析に強いこだわりを示す。彼らは，まず「現代的規制を調整し，思慮深い優先順位付けを推進し，さらに大統領の基本的任務との適合性を確保する職務を任された執行部局を設置し，維持することには強い理由がある」と自らの基本的立場を表明する。そのうえで，「重要なのは，命令12866が決定の基本的いしずえとして費用便益分析を強調したことを含め，レーガン命令の実体的目標の多くを維持していることである。つまり，クリントン大統領は，費用と便益の評価は役にたたない，または不当に党派的な規制の基礎概念であるという見解を拒否した」という(93)。

ただし，彼らからみると，命令に示された数々の実体的審査基準は，いかにも中途半端で，我慢がならないものである。「大統領命令12866は，その外見上は，疑いもなく一定範囲で費用便益分析にコミットしている」が，「その文言は，費用便益分析に対するあいまいな態度と警戒を示唆して」おり，「もしも命令12866が単一の測定基準を用いず，または質的違いを強調するのであれば，費用便益分析の様式の首尾一貫性が保たれているかどうかを疑うのが合理的である」と彼らは不満をもらす(94)。

しかし，このような規制改革論者の不満は，より慎重な改革論者からみると，むしろクリントン命令12866の長所に転換する。パーシヴォルは，つぎのようにいう。

> 「リスク評価は放棄されるべきではなく，むしろ規制の質を向上させるための誠実な取組みにおいてのみ用いられるべきである。規制計画・規制審査に関するクリントン大統領の命令は，規制分析は，それが選択的に適用されならもっとも役にたつであろうことを認めることで，従来の政権よりも慎重なアプローチを用いている。命令は，規制優先順位を設定する方法として“その所管するさまざまな物質や活動

(93) Pildes & Sunstein, supra note 6, at 16, 6.
(94) Id. at 43-44.

により生じるリスクの性質を，合理的な範囲で考量する”ことを行政機関に命じている。しかし命令は，すべての規則についてリスク評価を実施することや，すべての規則を審査のためにOMBに提出することを要求していない。そうではなく，行政命令の主眼は，もっとも重要な規制上のイニシアティブについてのみ，この分析や審査を要求することにある」(95)。

レーザーも，クリントン命令12866が審査の対象を「重要な」規則に限定したこと，費用便益分析の要件を緩和し，法律が他のアプローチを要求していない場合にのみ提案規則の便益を最大限考慮できるとしたこと，および「クリントンが，カーターのもとではじまり，ブッシュおよびレーガンのもとで強化された規制政策に対する中央集権的統制を緩和した」ことを肯定的に評価する(96)。

最後に，政治学者ウェスト・バレットは，「クリントンの大統領命令12866により構築されたプログラムは，規制政策策定の際の行政機関の自由を回復し，レーガン・ブッシュの規則審査がもたらしたと批判される公的説明可能性と専門性の侵害を是正したシステムとして正当化される。実際，大統領府監査は，よりオープンで，より敵対的ではなく，行政過程に対してより高慢でなくなったように思える。しかも，この発展はOIRAの組織構造や専門文化を実質的に変更することなくもたらされたのである」と主張する(97)。おそらく，これが最大

(95)　Robert V. Percival, Regulatory Evolution and the Future of Environmental Policy, 1997 U. Chi. L. F. 159, 192.

(96)　Layzer, supra note 43, at 190. なお，杉野・前掲（注3）145頁の評価も参照。

(97)　William F. West & Andrew W. Barrett, Administrative Clearance Under Clinton, 26 Presidential Stud. Q. 523, 523 (1996). アイズナーの評価も，命令12866は，これまで，規制審査に対してなされてきた政治的批判を払拭し，それを党派の利害を超えた永続的なものへと変化させたというものである（Eisner, supra note 1, at 87-89)。なお，ウェスト・バレットは「経済的効率性という基準に一義的に基づく中央集権的審査は，2つの政党の基調と

公約数的な見解であろう。

クリントンの規制審査改革が功を奏したかどうかは未確定である。しかし，リベラル派の論客ハインツァリングによると，「〔命令12866の中途半端な改革は多くの環境主義者を失望させた〕にもかかわらず，顧みるに，クリントン時代はOIRA審査にとって比較的平穏な時代であったといえるだろう。そのプロセスは，レーガン・ブッシュ（父）時代に蔓延した引き延ばしや秘密のようなものとは関わりがないようにみえた。OIRAのプロセスについて議論はあったが，クリントンの時代は，まず間違いなく，もっとも争いが少なかった」(98)。

(2) 環境規制の再構築（reinvention）

1993年3月3日，クリントン大統領は，ゴア副大統領を長とする特別対策本部を設置し，すべての政府事業および役務に関する包括的な「連邦政府業務審査」(National Performance Review: NPR) の実施を宣言し，さらに連邦省庁に対し，連邦規則の内容の向上と数の削減を確保するための方策に関する実施計画を6月以内に作成することを指示した(99)。

なる規制優先順位付けに適用可能であり，近い将来に選ばれるであろういかなる大統領にもおそらくアピールするだろう」ともいう（West & Barrett, supra, at 523)。

(98) Heinzerling, supra note 87, at 333-334. 同じくリベラル派のスタインツオーも，「クリントン政権時のOIRAの規則制定への介入は，以前よりも，より攻撃的でも有害でもなかった」という（Steinzor, supra note 5, at 246. See also Duffy, supra note 84, at 76, 78-80)。これに対し，ブレスマン・ヴァンデンバーグは，H・W・ブッシュ政権およびクリントン政権下のEPAのトップ政治任命職員にインタビューした結果，大統領府の介入は一般に報告されている以上に煩雑かつ非生産性で，その点は両政権を通して変わらないという（Lisa Schultz Bressman & Michael P. Vandenbergh, Inside the Administrative State: A Critical Look at the Practice of Presidential Control, 105 Mich. L. Rev. 47, 47, 49-52 (2006))。

(99) NPRの青写真となったのが，David Osborne & Ted A. Gaebler,

この作業のために24の省庁・部局から250人の公務員が選抜され，省庁横断的な課題および省庁毎の課題の検討に取り組んだ。その結果，1993年9月7日に公表されたのが，「お役所仕事（レッドテープ）から成果へ――よりよく機能しかつ費用の少ない政府の建設」である。報告書は，政府運営の合理化，管理の改善，行政の効率性と経済性の推進などを目標とする380もの勧告を含んでいた(100)。これに続き，対策本部部会や個別の省庁から付属報告書がつぎつぎに公表された。

ここでは，クリントン政権が推進した環境規制再構築プログラムのなかから，とくに著名なものを取り上げよう(101)。

Reinventing Government: How the Entrepreneurial Spirit Is Transforming the Public Sector（1992年）: デビッド・オズボーン・テッド・ゲーブラー（野村隆監修・高地高司訳）『行政革命』（日本能率協会マネジメントセンター，1994年））である。同書は政府再構築ブームの火付け役となり，1997年までに50万部を売り上げ，15か国語に翻訳された。また，連邦政府だけではなく8万7000もの州・自治体政府，さらにイギリス，カナダ，オーストラリア，ニュージーランドなどの先進諸国が本書を参考に行政改革に着手した。大統領選挙中のH・W・ブッシュも早速これに興味を示したが，行動にはいたらなかった。なお，オズボーン自身もゴアの特別対策本部にも参加し，勧告内容に大きな影響をあたえた（Frank J. Thompson & Norma M. Riccucci, Reinventing Governmental, 1 Ann. Rev. Pol. Sci. 231, 235（1998））。

(100)　Office of the Vice President, From Red Tape to Results: Creating a Government That Works Better & Costs Less（Sept. 7, 1993）, https://eric.ed.gov/?id=ED384294（last visited Mar. 12, 2020）; 曽和俊文『行政法執行システムの法理論』250-252頁（有斐閣，2011年）。しかし，この報告書は従来主張されてきた行政管理理論を総動員したもので，原理の優先順位や相互関係が明らかでないと批判されている。本多滝夫「アメリカ「成果重視」の二つの行政改革」法律時報70巻3号30頁および32頁注(5)に引用された文献参照。

(101)　Rena I. Steinzor, Reinventing Environmental Regulation: The Dangerous Journey from Command to Self-control, 22 Harv. Envtl. L. Rev. 103, 109-111（1998）. なお，U.S. EPA, Common-sense Strategies to Protect Public Health: A Progress Report on Reinventing Environmental Regulation（1996）は，EPAが試みた，より小規模で，より著名ではない（しかしその

環境リーダーシップ

クリントン政権が試みた主要な規制改革のなかで最初（第1）に開始されたのが，1994年6月21日に公示された「環境リーダーシップ・プログラム」(Environmental Leadership Program: ELP）である。これは最先端の環境マネジメントシステム（EMS）を構築し，環境法令の遵守と持続的な汚染防止に積極的に関わるリーダーシップたることを証明した少数の最優良企業をプログラムのメンバーに認定し，メンバーについては通常の報告・臨検義務を免除し，法律違反があった場合でも法の強制執行を見合わせるというものである(102)。

当初EPAは少数の最優良企業をメンバーに認定し，より多くの企業のELPへの参加を動機付けようとした。しかし捗々しい反応をえられなかったことから，プログラムは短期のパイロット事業に変更された。1995年4月，EPAは12の施設（民間施設10，連邦政府施設2）をELPメンバーに指定し，EPAと州は，プログラムの進行中に検知されたすべての違反について直ちに強制措置をとらないことで合意した(103)。ただし，猶予期間は最長180日まで，違反施設はその期間内に是正措置をとらなければならない(104)。

コモンセンス・イニシアティブ

第2に，1994年11月2日から華々しく開始されたのが「コモンセ

後より重要となった）多数の取組みを説明している（Steinzor, supra, at 111 n.29)。

(102) Environmental Leadership Program: Request for Pilot Project Proposals, 59 Fed. Reg. 32062, 32062-64 (June 21, 1994).

(103) Cary Coglianese & Jennifer Nash, Performance Track's Postmortem: Lessons from the Rise and Fall of EPA's "Flagship" Voluntary Program, 38 Harv. Envtl. L. Rev. 1, 16-18 (2014); 曽和・前掲（注100）256頁。

(104) Steinzor, supra note 101, at 110-111 n.25.

ンス・イニシアティブ」(Common Sense Initiative: CSI) である[105]。CSIは，個々の汚染物質に目を向けるのではなく，業種単位で解決すべき問題を検討することにより，環境保護の推進と法令遵守費用の軽減の両方を実現することを目標としており，ブラウナーEPA長官によれば，「EPAが設置されて以降，おそらくもっとも重要な環境保護に向けた新動向」であり，「規制再構築措置の目玉」[106]であった。

CSIの第一義的目標は，「よりクリーンで，安くて，賢明な」汚染削減の方法を見つけだし，それを達成するために提案された対案を，現在の規制構造のなかで組み立てることである。その検討のために，1つの諮問委員会（議長はEPA長官）と，6つの企業部門（製鉄・製鋼，石油精製，コンピュータ・電子，金属メッキ，印刷，および自動車製造）について，広範な利害関係者で構成された小委員会（議長はEPA職員）が設置された。小委員会の任務は，法令遵守費用を軽減しつつ環境を向上させる方法を追求し，汚染防止事業を開発し，許可・報告要件を簡素化し，より優れた業績と新しい技術の開発を推進し，さらに

(105)　Id. at 109-110. この表題は同年に出版されたPhilip K. Howard, The Death of Common Sense: How Law Is Suffocating America (1994): フィリップ・K・ハワード（広瀬克哉・山根玲子訳）『常識の死：法は如何にしてアメリカをだめにしてきたか』（リブロス，1998年）をもじったものである。同書は，いかにEPAの過度に詳細な規則（規制）が企業に無駄な負荷をあたえているのかを詳細に書き連ね，おりから進行中の中間選挙運動における政府規制批判の火付け役となった。ブラウナーは，同書を念頭に，クリントン政権の環境規制改革の目的は，「よりクリーンで，安くて，賢明（スマート）な環境・公衆健康の保護を推進するために，すべてのEPAの行為にコモンセンス原則を適用すること」であると称している（Elizabeth Glass Geltman & Andrew E. Skroback, Reinventing the EPA to Conform with the New American Environmentality, 23 Colum. J. Envtl. L. 1, 16 (1998))。

(106)　Gary Lee, EPA Chief Plans Major ‘New Direction,’ Washington Post, July 20, 1994, p. A9; Christopher McGrory Klyza & David J. Sousa, American Environmental Policy: Beyond Gridlock 204-205 (updated and expanded ed. 2013).

違反常習者に対する強制措置を確保するための方策を検討し，それに基づき現在の規則を上書きするというものである[107]。

ブラウナー EPA 長官は，「CSI は環境決定によってもっとも影響をうける利害関係者間の協力を，前例のない水準にまで引き上げ」，「過去に膠着状態を生み出した古い当事者対抗主義的アプローチを回避した」[108]と自賛した。

しかし，CSI の実績は乏しいものであった。GAO 報告書（1997 年）は，プロジェクトは 3 年の間に 3 つの公式報告書を作成したが，どれも重要なものではなかったとし，「EPA は，CSI が利害関係者集会のような活動を作り出すことに明らかに成功した事例だけを取り上げ，規制を実質的に発展させる効果がないものにはほとんど注目していない」と EPA を批判する。そこでクライザ・スーザーはこの GAO 報告書を引用し，「不幸なことに，独立第三者の報告書は，CSI がほとんど成功しなかったことを示している」[109]と結論付ける。

いくつかの小委員会では，若干の成果があった。しかし，コルニーシー・アレンは，全国で実施された約 45 の地域プロジェクトを通して約 30 の勧告が小委員会からなされたが，そのうち実際に EPA 規則の改正に結び付いたのは 5 にすぎなかったことから，「EPA は，CSI は“革新的アプローチ”と“先駆的フォーラム”を提供したというが，目に見える成果は知れたものである。……EPA 自身の報告書によっても，技術革新，汚染防止，または他のなんらかの重大な政策

(107) Klyza & Sousa, supra note 106, at 204-205. より詳しくは，Daniel J. Fiorino, The New Environmental Regulation 131-133 (2006); Cary Coglianese & Laurie K. Allen, Building Sector-Based Consensus: A Review of the EPA's Common Sense Initiative 1-3 (John F. Kennedy School of Gov't Faculty Research Working Paper No. RWP03-037, 2003); 久保・前掲（注 3）236-240 頁を参照。

(108) Klyza & Sausa, supra note 106, at 205.

(109) Id.

変更をもたらす成果をあげたプロジェクトは，ほとんどない。プロジェクトの大半は，単に教育的教材または情報収集を生産しただけである」という厳しい評価をくだしている(110)。

環境規制の再構築プログラム

1995年3月16日，クリントン・ゴアは，環境規制に対する共和党議会の猛攻撃が続くなかで，環境規制改革の包括的プランを公表した。これが有名な「環境規制の再構築」である(111)。この提言書は，柔軟で協働的なアプローチの実験を推進し，伝統的なコマンド＆コントロール規制システムを根本的に改革するための10の原則と25もの高度優先行動項目を列挙していた。そのなかには，排出・排水権取引，正しい科学に基づく優先順位の設定，交渉・合意による規則制定，リスクを重視した法執行，内部監査・情報開示・自発的是正イニシアティブなどの現行制度改善策にくわえ，新しいシステムとして，プロジェクトXL，第三者監査，複合許可など，およそ規制改革論者がよろこびそうな政策手法がすべて列挙されていた(112)。

---

(110)　Coglianese & Allen, supra note 107, at 2. フィオリーノは，「CSIにはなんの成果もなかったというのは過小評価にすぎる」，「実際，CSIはそれに続く再構築イニシアティブにとって有益な教訓を提供した」と述べつつ，「しかし，実際の政策や環境上の成果への影響は限られて」おり，「CSIはおそらくあまりに大風呂敷で，十分に組成されておらず，消滅してしまった。目標は漠然としており，手法は散漫で，ゲームの手続的ルールには終わりがなく，事業は最初から失敗を運命付けられていた」とCSIを酷評する（Fiorino, supra note 107, at 131）。なお，久保・前掲（注3）252-255頁は，SCIの「失敗」を，地元住民や環境団体の排除という観点から分析する。

(111)　Bill Clinton & Al Gore, Reinventing Environmental Regulation, National Partnership for Reinventing Government, http://govinfo.library.unt.edu/npr/library/rsreport/251a.html（last visited Mar. 13, 2020）.

(112)　それぞれの項目の詳しい説明は，David B. Spence & Lekha Gopalakrishnan, Bargaining Theory & Regulatory Reform: The Political Logic of lnefficient Regulation, 53 Vand. L. Rev. 599, 613-619 (2000); 曽和・前掲（注100）252-253頁，Geltman & Skroback, supra note 105, at 15-25

さらに1995年11月，EPAは「EPA・規制優先順位の声明：変化への挑戦」（60 Fed. Reg. 59658 (Nov. 28, 1995)）を公表した。同文書は「EPAは，〔規制を〕とくに規制される者にとってよりシンプルで機敏なものにするために，環境および公衆健康の保護を再建中（reshaping）である」としたうえで，EPAが意図する再建策の目標を，(1)大部分が，規制される者の行為を命じ，公衆の健康および環境上の到達点を特定している現行環境法規により運用される規制から構成されている現在のシステムの強化，(2)現行法で定められた以上の環境および公衆の健康上の到達点を達成するための，革新的・非命令的・合意ベース手法を用いた新しいシステムの構築の2つとし（Id. at 59658），さらに，それぞれについて3つの個別課題を詳述している。

クリントン政権が改革を急いだ理由

この時期，クリントン政権がつぎつぎと規制改革イニシアティブを打ちだした背景には，多くの者が指摘するように，「議会共和党員によって主張されるもっとラジカルな環境規制改革の企みに対する代替策を示す」という政治的意図があったことが明白である[(113)]。「クリントンホワイトハウは"次世代"環境規制改革を，政治的手段および連邦の環境枠組みに対する攻撃的な議会からの情け容赦のない攻撃をかわす手段として受け入れた」のであり[(114)]，「ブラウナーのEPAは，

をみられたい。

(113) Rena I. Steinzor, Regulatory Reinvention and Project XL: Does the Emperor Have Any New Clothes?, 26 Envtl. L. Rep. (Envtl. Law Inst.) 10527, 10527 (1996).「大統領府の最初の本格的なEPA規制再構築イニシアティブ打ち上げの特別なタイミングからして，その大部分は104議会の環境政策闘争に対する防御的リアクションと受けとめられている」(David W. Case, The EPA's Environmental Stewardship Initiative: Attempting to Revitalize a Floundering Regulatory Reform Agenda, 50 Emory L. J. 1, 34 (2001))。またid. at 34 n.205に引用された多数の文献参照。

(114) David W. Case, The Lost Generation: Environmental Regulatory

当時議会でペンディングになっていた，より広範な規制改革法案の機先を制するため，プロジェクトXL，CSIおよびELPなどの，より全体的な，より当事者対抗主義的ではない，施設単位の規制アプローチを意図した一連の改革を，よろこんで受け入れた」のである[115]。

くわえて，1994年の中間選挙後，著名な政策シンクタンクによる「次世代」環境規制改革プランが相次いで公表されたが（本書285頁），それらがクリントン政権を刺激し，規制改革イニシアティブの迅速な取組みを促したことも，おそらく疑いがない[116]。

プロジェクトXL

「環境規制の再構築」イニシアティブが掲げた25の高度優先行動項目のなかで，おそらく本気度がもっとも高かったのが，1995年5月23日付けの連邦公報で提言とコメントの募集が公示された「プロジェクトXL」（eXcellence and Leadership）である[117]。

プロジェクトXLは，アスペン研究所の「環境規制に対するもうひとつの道」をめぐる議論に根拠があり，ブラウナーによると，個々の施設レベルにおける排出規制に焦点をあて，「環境政策決定における合意点を追求するもっとも野心的で重要となりうる合衆国の実験」であり，「そこに次世代の環境改善と次世代の環境テクノロジーを見いだしうるもの」であった[118]。

Reform in the Era of Congressional Abdication, 25 Duke Envtl. L. & Pol'y F. 49, 67（2014）; Klyza & Sousa, supra note 106, at 132.

(115)　Lazarus, supra note 39, at 157.

(116)　Case, supra note 113, at 34–37; Case, supra note 114, at 67–69.

(117)　EPA, Regulatory Reinvention（XL）Pilot Projects, 60 Fed Reg. 27282（May 23, 1995）.

(118)　Klyza & Sousa, supra note 106, at 204. EPA顧問によると，プロジェクトXLは，汚染未然防止，複数媒体アプローチおよび市場ベース制御によって技術革新と法令遵守費用の削減を達成し，「合衆国内の会社を規制するうえで，真に革命的な変化をもたらす可能性がある」という（Beth S. Ginsberg &

プロジェクト XL の仕組みは，以下のとおりである。まず，個人事業主，連邦機関，実業部門，および州・地方政府は，つぎの XL 選定基準の達成をめざし，プロジェクトを実施する。

選定基準は，(1)環境上の成果：現在および将来予想される規制への適合を通して達成される成果を上回る（superior）環境上の成果の達成，(2)費用節約とペーパーワーク削減の産出，(3)利害関係者の支持，(4)技術革新／複数媒体汚染の未然防止，(5)広範なプログラムへの転用可能性，(6)技術上・執行上の実行可能性，(7)プロジェクトのモニタリング，利害関係者への報告，評価，(8)リスク負担の転嫁：労働者の安全保護，不公正・不均衡な環境影響の回避などである(119)。

上記の 8 つの項目内容について，連邦・州・地方政府，事業者および広範な利害関係者の合意が成立すると，最終事業協定（final project agreement: FPA）が締結される。FPA は，後に説明する現行法令違反のおそれや強制執行を停止させ，事業者が FPA を遵守している限り，法令違反を理由に強制執行手続をとらないことを確約する（no action assurance）役割がある(120)。

ハーシュは，プロジェクト XL の画期的意義や特徴を，つぎのよう

Cynthia Cummis, EPA's Project XL: A Paradigm for Promising Regulatory Reform, 26 Envtl. L. Rep. (Envtl. Law Inst.) 10059, 10060-61 (1996))。

(119) 60 Fed Reg. at 27287. さらに，特定の地理的地域を対象としたプロジェクト XLC については，(9)環境の質の改善を通し・または連動した経済的機会を提示する戦略の開発，(10)新規または現存のコミュニティ目標と計画の組み入れ，という選定基準が追加される。

(120) Bradford C. Mank, The Environmental Protection Agency's Project XL and Other Regulatory Reform Initiatives: The Need for Legislative Reauthorization, 25 Ecology L. Q. 1, 23 (1998). クリントンいわく，「もしもあなた〔会社〕がより高い環境達成基準に適合できるなら，私たちは，あなたがそれを実行するうえでもっとも費用が少なく，もっとも効率的な方法を発見できるように，柔軟性と煩雑な手続の軽減を提供しよう」と（West & Sussman, supra note 88, at 94）。

に要約する。

「プロジェクトXLは，環境制御に対する新たなアプローチを提示する。今日の大部分の連邦環境規制は“コマンド＆コントロール”方式をとっており，施設が汚染の削減についてどうすべきかを連邦政府が決定する。しかしプロジェクトXLは，政府が参加企業に環境目標を達成する革新的でより費用対効果的な手段を捻出することを促す。これらの新しい戦略を執行するために企業がコマンド＆コントロール枠組みを逸脱するときは，現在の規制要件と新しいアプローチを取り替えることにEPAは同意する。この“規制の柔軟さ”と引き替えに，企業は，新しいアプローチがより費用対効果的であるだけではなく，それが従来のコマンド＆コントロール基準のもとで達成したであろう環境的成果の水準を大幅に上回るであろうことを保証しなければならない。さらに企業は，プロジェクトの作成に，州・地方政府，規制者，環境団体，および市民を参加させ，革新的制御戦略への支持を取りつけることに同意しなければならない」(121)。

プロジェクトXLの成果：なにが問題だったのか

プロジェクトXLは1995年から2002年まで実施され，95の応募があった。そのうち48がFPA締結にまでいたり，事業として公示された。内訳は，27が民間法人，21が州などの公的機関で，民間法人の大部分は，インテル，インターナショナルペーパー，IBM，アンダーソンコーポレーション，NASAホワイトサンド，PPGインダス

(121)　Dennis D. Hirsch, Bill and Al's XL-ent Adventure: An Analysis of the EPA's Legal Authority to Implement the Clinton Administration's Project XL, 1998 U. Ill. L. Rev. 129, 130-131 (1998). くわえて，プロジェクトXLは，従来の個別発生源ごとの規制を施設単位の「キャップ」または「バブル」に置き換え，汚染物質または媒体の間の取引を事業者に認めたという点でも画期的である。Richard B. Stewart, A New Generation of Environmental Regulation?, 29 Cap. U. L. Rev. 21, 65 (2001); Steinzor, supra note 101, at 135; Mank, supra note 120, at 20.

トリーなどの著名企業であった(122)。

2002年，EPAはプロジェクトXLに関する包括的報告書を公表した。上記の結果をふまえ，同報告書は，プロジェクトXLの「真の価値」は「よりよい結果をもっと広いスケールで達成するために，自発的な，または規制の変更を通して応用することができる改善(improvement)を提示したこと」にあると総括している(123)。

しかし，今日，プロジェクトXLは当初からさまざまな問題をはらんでおり，成果は期待はずれに終わったというのが，大多数の研究者の合意である。その原因はなにか。

プロジェクトXLの実施プロセスと成果を，個別事例の検証を含め，もっとも詳細に検討したのが，スタインツオーである。スタインツオーは，「プロジェクトXLは，ほとんどすべての外部の顧客を失望させたことが明らかである」，「プロジェクトXLは，その実体およびプロセスの両方に基づき，それを糾弾する全国と地域の環境主義者および地域代表者から，途絶えることのない砲火を浴びてきた」と結論付け，その理由として，(1)プロジェクトXLは（大気局ではなく）政策・計画・評価局が所管したが，担当職員には，企業が提案する実体的問題を見通せる専門的能力が欠けており，さらに申請事業の適否を判断する基準が常に不安定・不確定で，参加者のフラストレーションを高めたこと，(2)FPA締結と引き替えに企業に認められる規制要件の免除項目について明確な判断基準がなく，企業側が長大な免除リストを提出したために時間が浪費されたこと，(3)EPAおよび企業が，慣れ親しんだ個別発生源規制を施設単位の規制に切り替えるのに手間取り，法令遵守費用の削減につながらなかったこと，(4)施設単位の

(122) Eisner, supra note 1, at 103; Fiorino, supra note 107, at 143. See also Steinzor, supra note 101, at 124; Klyza & Sousa, supra note 106, at 207; Mank, supra note 120, at 23-24.

(123) Fiorino, supra note 107, at 143.

規制の内容が複雑で，市民の問題関心に適合せず，企業主導で手続が進行したこと，(5)プロジェクトXLの合法性に関する疑念を払拭できず，企業が市民訴訟の提起をおそれ，参加をためらったことなどをあげる[(124)]。

スチュワートは，スタインツオー論文をほぼなぞりつつ，「プログラムの成果は，全体として期待はずれであった。プロジェクトXLは規制の標準的ベースライン，提案の環境上の便益の評価，およびプロジェクト承認の判断基準の設定における不確実と不一致に悩まされた」，「この状況が参加施設の提案を遅らせた。参加施設には潜在的な利益があるにもかかわらず，EPAは参加企業の少なさという問題を乗り越えることができなかった。相対的に少数の協定のみが締結され，その他の〔企業以外の〕者と交渉する試みは行き詰まり，うやむやになってしまった」という[(125)]。

クライザ・スーザーも，「プロジェクトXLは，企業といくつかの州環境規制行政機関との間で40以上のFPAを実現し，ある程度成功した。しかしCSIの経験と同様，プロジェクトXLの全体的成果は，大部分のオブザーバーおよび多数の参加者を失望させた」とし，環境団体が技術的議論に参加できなかったこと，「上回る環境上の成果」に関する基準があいまいであったこと，EPAは企業に対して現行規定の大幅適用除外を約してプロジェクトへの参加を呼びかけたが，法律違反への懸念から平均的な交渉期間が20か月にも達したことなどの原因を列挙する[(126)]。

(124)　Steinzor, supra note 101, at 124-125, 127-140, 141-150.

(125)　Stewart, supra note 121, at 67.「多数の環境グループはプロセスに懐疑的で，EPAは，環境利害者の交渉の場における十分な資源の保有を確かなものにするのに失敗し，さらにその他の点でプロジェクトの環境上の統合性を確保するのに失敗したと主張した」(Id. at 68)。

(126)　Klyza & Sousa, supra note 106, at 206-208. アイズナーは，「上回る環境上の成果」基準を含め，EPAの要求する基準の厳しさ，事後的でエンドレ

フィオリーノは，EPA は初年度に50の申請という目標をたて，まず１ダース以上の企業（大部分は超一流企業）が応募したが，その後の流れはごくわずかであったと総括し，理由とし，(1)当初の「現行規則のもとで達成されるよりは大きな環境上の便益」を生み出すというプロジェクト承認の要件が，環境団体の圧力で，絶対的な意味の「上回る」成果の達成という要件に引き上げられたこと，(2)大規模環境団体が，個別の FPA 案がもつ全国的波及効果を主張し，参加者の範囲の（無制限な）拡大を主張したこと，(3)EPA に特定の要件を緩和する法的権限があるのかという疑念を払拭できなかったことの３つをあげる。(1)(2)は，EPA や環境団体の非を主張するもので，保守的規制改革論者の言い分を代弁したものである[(127)]。

上記の指摘から，(1)協定を認定する（「上回る環境上の成果」などの）基準があいまいで，事業者の不安・不信をまねいたこと，(2)個別発生源規制（単一媒体規制）に代わる工場単位の規制（複数媒体規制）が想定したほど簡単ではなかったこと，(3)地域単位の FPA と全国的な環境保護水準との間に齟齬が生じる可能性があること，(4)企業主導のプロセスもとで，広範な利害関係者の参加という建前が形骸化したこと，(5)プログラムの合法性に対する疑念を払拭できなかったことなどが，プロジェクト XL の問題点として浮かび上がる。ここでは，(4)(5)に関連する問題を取り上げよう。

スな要求，新たな立証データの要求，FPA 不承認の割合の高さなど，EPA の側の問題点を指摘し，これが参加企業の少なさや，参加後の申請取下げをまねいたという（Eisner, supra note 1, at 103-105）。

(127)　Fiorino, supra note 107, at 141-142. フィオリーノは，プロジェクト XL を，企業に経済的便益をもたらす柔軟性の向上を意図したもので，「合衆国よりもヨーロッパや日本で広範に用いられてきた交渉による協定」という新たな規制手法について，経験と重要な教訓を残したと肯定的に評価する（Id. at 143-144）。

簡単ではない合意形成

第１に，「プロジェクト XL の根底にある信念のひとつは，事業現場における十分な公衆参加と精査により，全国的規制が存在する必要性が大幅に減少するというものである。しかし，これは“公衆”が広範囲にかつ公正に代表され，“参画”が真に意味があればの話である」[(128)]。

とくにプロジェクト XL においては，小規模な地域に特化した環境問題が争点になる。しかし，地域団体，小規模自治区，その他の住民参加者には，企業や地方政府と対等に対話できるだけの専門知識，時間，資金的余裕がなく，結局，全国的環境団体が交渉の前面にでる。そのため地元住民はさらに発言の機会を失い，疎外感を強めることになる[(129)]。「交渉過程から除外された利害当事者は，おそらく結果に満足せず，市民執行訴訟，公衆の組織化，公衆キャンペーンを通してそれに挑戦することになりがちである」[(130)]。その結果，「意味のある公衆参加に関する実際上の障害が，プロジェクト XL のもっとも議論の多い側面のひとつになった」のである[(131)]。

---

(128)　Charles C. Caldart & Nicholas A. Ashford, Negotiation as a Means of Developing and Implementing Environmental and Occupational Safety and Health Policy, 23 Harv. Envtl. L. Rev. 141, 185 (1999).

(129)　環境主義者からは，「プロジェクト XL は技術的問題ばかり取り上げている」という不満の声があがる（Klyza & Sousa, supra note 106, at 206）。しかし，汚染削減技術のような専門的問題について，地方の環境グループが企業と対等に交渉するのは難しい（Nancy Perkins Spyke, Public Participation in Environmental Decisionmaking at the New Millennium: Structuring New Spheres of Public Influence, 26 B.C. Envtl. Aff. L. Rev. 263, 291（1999））。

(130)　Caldart & Ashford, supra note 128, at 184.

(131)　Steinzor, supra note 101, at 142; Stewart, supra note 121, at 67. なお，久保・前掲（注３）255-260 頁は，市民参加の程度に対する企業側と環境団体側との認識の違い，州政府や自治体の離脱，EPA の姿勢に対する産業界側の不信など，プロジェクト XL の「失敗」要因を政治学の観点から分析して

第2に，FPA締結にいたるには平均20か月以上の交渉が必要とされているが，それが適切な期間といえるか，さらに参加企業がEPAや利害関係者との協議に時間をかければ，それに見合う成果が得られるのか，などについても種々の議論がある(132)。

第3に，プロジェクトXLは，XLの提案について「外部の利害関係者」の支持を要求しており，その範囲はプロジェクトの環境上の影響に利害を有する実質上すべての者である(133)。利害関係者を選抜し，集会を主催し，参加者の同意を取りつける責務は（EPAではなく）規制される事業者にあるが，事業者が合意形成に向け「すべての努力」をつくしたかどうかの判断権限は，FPAを最終的に承認するEPAが有している。したがって，プロジェクトXLは利害関係者参加の重要性を強調するが，結局EPAが交渉過程全体において中心的役割をになっているのである(134)。

プロジェクトXLは法令違反か

しかし，法的観点からみると，プロジェクトXLの最大の問題は，

いる。

(132) Alfred A. Marcus, Donald A. Geffen & Ken Sexton, Reinventing Environmental Regulation: Lessons from Project XL 180-181 (2002); Eisner, supra note 1, at 103-105; Steinzor, supra note 101, at 142.「合意を得るには多大な労力を要するが，にもかかわらず合意したルールが対立や訴訟を減らし，またはより優れた選択をもたらすという証拠はほとんどない」(Klyza & Sousa, supra note 106, at 208)。久保・前掲（注3）258頁。

(133) Mank, supra note 120, at 65; Steinzor, supra note 101, at 141 n.136.「外部の利害関係者」には，全国・地域の環境主義者，その他の地域活動家だけではなく，地方政府公務員，利害関係学術団体，プロジェクト予定地近郊の事業者，プロジェクトの競業者も含まれる。

(134) Stewart, supra note 121, at 67; Steinzor, supra note 101, at 141-144. これに対し，マンクは，住民参加が不十分なことを理由にEPAがFPAに対して拒否権を行使することはありえず，参加者の選定は，実際は事業者の広範な裁量に委ねられるという（Mank, supra note 120, at 73, 73-75）。

その法的根拠と実定環境法規への適合性である。ここでは，カルダート・アーシュフォードの分かりやすい説明を引用しよう。

> 「プロジェクトXLの根本的な問題は，議会によって授権されていない規制の柔軟さを描いていることである。交渉によってFPAに定められた規制計画は，制定法による授権がないので，現在の規則に優位しない。そこで参加者により取引された規制の“柔軟性”が特定の規則に適合しない範囲で，施設は（たとえそれが他の特定の規則より優れていても）法に違反して操業されることになる。くわえて，現行規則からの解放こそがこのプログラムを実業界にとって魅力的なものとしているために，大部分のFPAが適用される環境規則違反となりうる[135]。実際ある情報源は，“もしもそれが違法でないのなら，それはプロジェクトXLではない”というのが，プロジェクトXLに近いEPA職員の間の現在の言い回しである，と報告している」[136]。

同じ趣旨の指摘は，ハーシュ，スタインツオー，マンク，マーケス，クライザ・スーザー，スチュワートらにもみられる[137]。しかし，プ

(135)「このことが，参加する会社にとってプロジェクトXLを危険な賭にしている。EPAや州がFPAに適合しない強制〔執行〕行為を実行しないことを非公式に確約しても，行政機関は，当該の強制〔執行〕行為が適用される連邦法規の“市民訴訟”条項のもとで実行されないということまでは保証できないのである」(Caldart & Ashford, supra note 128, at 183)。

(136) Caldart & Ashford, supra note 128, at 183.「違法でなければプロジェクトXLではない」という有名な評言は，プロジェクトXLスタッフによって回覧された庁内のニュースレターにも登載された。しかし，このニュースレターの作成者や受取人は不明とされる。Steinzor, supra note 101, at 147-148 n.163.

(137)「もっとも鋭いいくつかの疑問が企業の代表者から発せられ，彼らはプロジェクトXLのための確固たる法的基盤の欠如が企業の参加を遅らせていると主張した。GAOおよび多数の有識者も，この論争に参加した」(Hirsch, supra note 121, at 131)。「実際問題として，プロジェクトXLの法的地位の不確かさが，プロジェクトが現在の法的要件から大きく離脱する際の唯一の深刻な問題であった」(Steinzor, supra note 101, at 149)。「EPAの改革イニシアティブは法的権限の欠如によって大幅に阻害されており，〔私は〕議会

ロジェクトXLはすでに終了しており，この論点を議論する意義は低下したので，これ以上立ち入ることはしない。

(3) 自然保護分野における新たな挑戦

ブラウナーEPA長官に劣らず，環境規制反対派との融和を目的に，新たな手法の実施に邁進したのが，バビット内務長官である。バビットは，その強力な規制ゆえに議会保守派の標的にされ，再授権が頓挫していた「絶滅のおそれのある種の法」(Endangered Species Act: ESA) の執行について，いくつかの改革を試みた。なかでも「環境政策決定における協働レジームの中核的構成要素」に位置づけられたのが「生息地保全計画」(habitat conservation plan: HCP) である。

HCPは，保護対象種の重要生息地に指定された地域について，ESA10条の付随的捕獲（事故等による偶然の捕獲）条項を適用拡大し，土地所有者が一定の基準（おもに代替地の取得）をみたす保全計画を自発的に作成した場合に，一定範囲で開発行為を認めるというもので，規制に対する土地所有者の反発を和らげ，利害関係者を含めた自発的取組みを奨励することをねらいとする(138)。

が必要な改革を実施するための十分な権限をEPAに付与することを提唱する」(Mank, supra note 120, at 5. See id. at 24-25, 30)。「プロジェクトXLに対する議会の承認の欠如がEPAの行動を用心深いものにし，（市民団体による訴訟をおそれる）企業をして，合意を慎重に交渉する費用のかかるプロセスに近づけることになった」,「主要な環境法規は，EPAの汚染媒体を横断する規制の免除・取引き・引下げについて裁量を制限しており，それがいかに合理的で善意で効果が正当化できるとしても，環境政策決定を“グランバザール”（屋根付き市場）に変えるのは困難である」(Klyza & Sousa, supra note 106, at 207, 208)。See also Stewart, supra note 121, at 68; Marcus et al., supra note 132, at 52-53; 曽和・前掲（注100）258頁。

(138) Layzer, supra note 43, at 234-235; Lazarus, supra note 39, at 157, 158; Stewart, supra note 121, at 73-75; 畠山武道「野生生物保護における新たな手法の開発」[2002-1] アメリカ法34-38頁。「クリントン政権は，HCPという苦肉の策を用いてESAの救済を図った」(Klyza & Sousa, supra note 106,

HCPについては，研究者および環境保護団体の賛否が分かれるが，野生生物保護に新機軸をもたらす新たな（協働的）手法を取り入れ，絶滅のおそれのある種・その他の野生生物種保護を大きく前進させる効果があった，というのが一般的評価である[139]。

エコシステムベースの自然資源管理

「1993年，クリントンが政権についたとき，連邦官僚機構の内部には，エコロジカルな管理ビジョンを表面化するための舞台がすでに設置されていた。太平洋岸北西部のすべての公有地における森林伐採を禁止する裁判所の差止め，各地でせまる同様の訴訟の脅威，そしてサンフランシスコ湾デルタ地域，フロリダ・エヴァーグレーズ，その他の地域で沸騰した重大な地域資源管理論争などに直面し，新政権には，新しい進路を海図に記す以外の選択肢がなかった。権力の階段を駆け上がりはじめると，ゴア副大統領，バビット内務長官，それにブラウナーEPA長官は，エコシステムマネジメント概念を後押しし，それを新政権の自然資源政策アジェンダに組み入れはじめた」[140]。

エコシステムマネジメントという名称は，1993年4月，クリントン政権が「森林エコシステムマネジメント評価チーム」を設置し，エコシステムアプローチを用いた森林管理のあり方の検討を命じたのに

---

at 267)。

(139) 「政府はきわめて多数の（その多くが大規模な）HCPを承認し，交渉による協定は種の保護を確実にした。そこには多くの注目すべき発展があった。起業家は，将来の開発者が取得可能な生息区域からなる“生息地バンク”を創設した。また政府も“ノーサプライズ政策”を創設し，土地所有者がHCPを遵守している限り，規制への適合および強制的保全措置のレベルを将来変更しないことを土地所有者に保証した」(Cass R. Sunstein, Risk and Reason : Safety, Law, and the Environment 283 (2002))。HCPのより詳細な分析は，Klyza & Sousa, supra note 106, at 182-193をみられたい。詳しくは，別途検討する。

(140) Robert B. Keiter, Keeping Faith with Nature: Ecosystem, Democracy, & America's Public Land 70 (2003).

はじまる（本書70頁)。1993年末，大統領府環境政策局を主導官庁として「エコシステムマネジメントに関する省庁間特別委員会」が設置された。同委員会は，マネジメントを実施するための目標設定，原則と指針などの検討を開始し，1995年から1996年にかけて，「エコシステムアプローチー健全なエコシステムと持続的経済」と題する3巻の報告書を発表した。同じ頃，アメリカ生態学会も，「エコシステムマネジメントの科学的基礎」(1996年）と題する報告書を発表した。さらに，これらの動きと前後し，連邦官庁，州行政機関，民間団体などによって，エコシステムマネジメント原則に基づく試行的事業が各地で一斉に開始された(141)。

エコシステムマネジメントは，明確な基準を内包した自然資源管理原則で，ひとくちにいうと，時間的・空間的に一定の広がりをもつ地域のエコシステムを，複雑で動的なエコシステムの特性にあわせ，広く関係機関や利害関係者を包摂し，試行錯誤を繰り返しながら管理するというものである(142)。

エコシステムマネジメントは，クリントン政権公認の自然資源管理方法であったために，とくにW・ブッシュ政権時に政治的逆風にさらされ，頓挫したものも多い。しかしエコシステムマネジメントは，流域管理，エコシステムベース管理，地域密着型自然資源管理，協働的自然資源管理などに形を変え，大小さまざまな規模の事業が全米各地で実施されており，その多くは現在も継続中である(143)。

---

(141) 柿澤宏明『エコシステムマネジメント』8-17（築地書館，2000年)，畠山武道・柿澤宏明編著『生物多様性保全と環境政策』38-39頁〔畠山武道執筆〕(北海道大学出版会，2006年)。

(142) Norman L. Christensen et al., The Report of the Ecological Society of America Committee on the Scientific Basis for Ecosystem Management, 6 Ecological Application 665, 668-670 (1996); Keiter, supra note 140, at 71-73; 畠山・柿澤編著・前掲（注141）40-42頁〔畠山武道執筆〕など。

(143) Judith A. Layzer, Natural Experiments: Ecosystem-Based Management

(4) 環境規制再構築プログラムの全体的評価

フィオリーノは，修正主義者（規制改革論者）の立場から，クリントン政権の再構築プログラム全体を好意的に総括し，「EPA の 1990 年代の革新努力と自発的イニシアティブの経験は，一般に新しい規制に向けた有意義な足がかりを提供した。法的権限の欠如や政治的抗争に災いされ，これらの取組みは一進一退であった。現実的な見通しと恒常的なリーダーシップがあれば，XL や他のプログラムがもっと成功したことは確かである。しかし，このことは経験から引き出される教訓をあいまいにするものではない。総じて，これらのイニシアティブは，修正主義者が 1990 年代に提案してきた多くのアイディアを応用したものであった」と述べる[(144)]。

これと正反対に，ケースの評価は大変厳しい。やや長くなるが，ここに引用しよう。

> 「1990 年代後半を通して，EPA は伝統的なコマンド＆コントロールシステムに対する代替的アプローチの実験を意図し，いくつかのいわゆる“再構築”イニシアティブに乗り出した。しかし，過去数年にわたり大量の労力と資源が再構築活動に投入されたにもかかわらず，これらの実験的取組みの目立った成果は一般に期待はずれとされてきた。ごく限られた成功はあったが，EPA プログラムは，再構築の公式の最終目標，すなわち，コマンド＆コントロール規制という核心的アプローチに対する恒久的かつ企業単位の代替策を提供するという目標を達成しなかった。高く賞賛され，広範に推進された多数のイニシアティブの失敗は，1990 年代の終わりに向け，EPA の再構築アジェンダは失敗であり，この取組みを追求する便益は，もはやその費用を上回らないという認識を大きくした」[(145)]。

---

and the Environment (2008); James Skillen, Federal Ecosystem Management : Rise, Fall and Aftermath (2015) は，その包括的研究である。

(144) Fiorino, supra note 107, at 154-155.

(145) Case, supra note 113, at 3-4. ただし，ケースは，議会には（2014 年の時点でも）規制改革に取り組む気配がないことから，行政府が主導した各種

5　W・ブッシュ政権と改革の乱用

(1) 次世代環境法論の終焉

クライザ・スーザーは，進歩的政策研究所（Progress Policy Institute）マーズレクの「ブッシュが大統領に就任したとき，彼は，環境を保護するために，より市場ベースで，情報主導で，地域に友好的な方法によって時代遅れの環境法や規則をアップデートする必要性について超党派的合意が大きくなり，……環境法の現代化を真正面から推奨する18の報告書，立法提案，およびその制定と執行を支持する体勢が整った政策集団を目にした」(146)という指摘を引用し，にもかかわらず，ブッシュは次世代ビジョンが後退するのを許し，気候温暖化に対処するための市場ベースアプローチを拒否し，環境規制権限を州に委譲するために選別的・政治的アプローチを追い求め，より柔軟で成果志向的な汚染制御枠組みにとって必要な情報技術インフラへの投資に失敗したことによって，汚染規制を次世代ラインにそって再構築する「歴史的機会を浪費した」という(147)。

の代替的アプローチの推進には意義があるとの立場を堅持する。そのうえで，「議会は第一義的政策決定者として，個々の環境上の挑戦に適合する最善の手段を発見するために，過去20年にわたり改革提唱者によって繰り返されてきた挑戦を受けとめなければならない」と議会の奮起を促す（Case, supra note 114, at 96-99, esp. 98)。ロンディネリも，EPAが執拗に勧誘したコモンセンス・イニシアティブ，プロジェクトXLおよび多種多様な企業の「パートナーシップ」プログラムなどの「再構築」プログラムは，その範囲と効果が限られたものであったという（Dennis A. Rondinelli, A New Generation of Environmental Policy: Government-Business Collaboration in Environmental Management, 31 Envtl. L. Rep. (Envtl. Law Inst.) 10891, 10896-97 (2001))。

(146)　Jan Mazurek, Back to the Future: How to Put Environmental Modernization Back on Track, Progress Policy Institute, April 23, 2003, cited in Klyza & Sousa, supra note 106, at 268-269.

(147)　Klyza & Sousa, supra note 106, at 269.

同じくケースも，「2000 年大統領選挙におけるジョージ・W・ブッシュの勝利の直後から，伝統的な環境規制に対する“次世代”の代替策を追求するという全国的な動きは大きく後退した。2期にわたるジョージ・W・ブッシュ政権を通して，環境問題には低い優先順位しかあたえられなかった」，「効率的・効果的な環境規制アプローチに向けた改革志向の動きが完全に消えたわけではないが，このような取組みはブッシュ政権の後半には極端に低い優先順位しか得られず，“次世代”改革を提唱するという願望は，隅に追いやられた」という(148)。結局，「2001 年のジョージ・W・ブッシュ政権の発足とともに再構築の時代は終わ〔り〕」，「それに取って代わるものはなにも生じなかった」(149)。

ニューヨーク大学「行き詰まりの打破」プロジェクト

しかし，第2期ブッシュ政権が終盤に入り，次期大統領候補オバマおよびマケインへの期待や，連邦議会を民主党が制するであろうという予想の高まりとともに，環境法学者の間にふたたび環境規制改革への機運が高まってきた。その代表例が，ニューヨーク大学ロースクールなどが組織し，シェーンブロッド，スチュワート，ワイマンが共同リーダーとなった「行き詰まりを打破する：新議会と政権のための環境改革」と題するプロジェクトである(150)。このプロジェクトには，国家環境保護システムのための立法的・制度的改革を提言するために，合衆国全土から 40 人以上の環境法専門家が（関与の度合いは異なるが）参加した。

プロジェクトリーダーは，そのねらいを，「政治的分裂とリーダー

(148)　Case, supra note 114, at 69-70.

(149)　Fiorino, supra note 107, at 55.

(150)　Breaking the Logjam: Environmental Reform for the New Congress and Administration, https://www.breakingthelogjam.org/（last visited Apr. 20, 2020）.

シップの欠如は，約20年にわたり，合衆国の環境保護を旧式な法律と規制戦略による重い負担のままに放置した。その結果，この国は，新たに生じた環境問題だけではなく，多くの古い緊急の環境問題に，効果的にまたは断乎として対処するのに失敗している。そのため，政治的行き詰まりを打破し，ますます複雑化した環境的挑戦に適合した環境保護のための革新的戦略が緊急に必要である」と述べる(151)。

プロジェクト報告書は，「環境法改革に必要な政治的対話のための建設的出発点を提供する」ことを目的に掲げつつも，報告書の当面の意図は，伝統的階層的な規制アプローチの抜本的改正や取替えよりは，「環境保護規制を，スマートで，より柔軟で，より費用対効果的なものにする」ために，それを補完する多くの代替的規制戦略の考慮を，政策決定者に対して強く促すことにあるという(152)（内容は本書326-327頁で説明する）。

しかし，伝統的なアプローチに微修正をくわえ，環境規制をスマートで，柔軟で，費用対効果的なものにするというスチュワートらの期待は，オバマ政権によるいくつかの取組みにもかかわらず，結局，実現しなかった。クライザ・スーザーによると，「2006年以降（実際は1990年代末以降）その地位が低下したグループは次世代提唱者」であり，「ジョージ・W・ブッシュの時代およびそれ以後の党派的行動は，汚染防止政策についてプラグマチックで中間的な地位を模索しようと

(151) Carol A. Casazza Herman, David Schoenbrod, Richard B. Stewart, & Katrina M. Wyman, Breaking the Logjam: Environmental Reform for the New Congress and Administration, 17 N.Y.U. Envtl. L. J. 1, 1-2 (2009).

(152) Case, supra note 114, at 70-71. スチュワートは，「この気候変動と汚染に対する統合されたアプローチは，健康保護を向上させ，費用を抑制し，技術革新を加速し，その結果，新プログラムと対立するのではなく，むしろ協力して経済を刺激し，グリーン・テクノロジーを育成する」という（NYU Law News, Breaking the Logjam issues report calling for revamping of Clean Air Act, https://www.law.nyu.edu/news/LOGJAM_REPORT (last visited Apr. 20, 2020)）。

する全国的取組みを片隅へ追いやってしまった」のである[153]。

(2) 自発的手法を多用

ブッシュ政権下のEPAがコマンド＆コントロール規制に代わり第一義的に推進したのが，自発的（ボランタリー）環境規制イニシアティブであった。これは，政府規制ではなく自主的・自発的な環境規制手法によって，事業者が法令上の規制要件によって要求される水準を超える環境成果を達成することを，政府が積極的に奨励するというものである[154]。

ただし，自主的・自発的プログラムは，クリントン政権にあっては，環境法改正による権限の取得を共和党議会に阻止された政権がとった窮余の策であったのに対し，W・ブッシュ政権はそれを環境法が定めた権限を行使しない口実としてもっぱら利用したという違いがあった。「ブッシュ政権は，クリントン時代の取組みにならい，協働的規制および資源保護をすすめた。ある論者がいうように，クリントン政権時にADR（代替的紛争処理）形式として取り入れられたプログラムは，ブッシュ政権によって，現在の環境法や規則に対する規制をより軽減できる代替策として評価された」のである[155]。

---

(153)　Klyza & Sousa, supra note 106, at 286.「次世代思考に感化されたいくつかの連邦政策は存続し，いくつかの連邦，州，とくに地方の協調的保全プロジェクトは拡大し続けた。しかし全体的にみて，今の時代は次世代提唱者にとって良い時代ではなかった」(Id.)。

(154)　Case, supra note 114, at 69-70. とくにW・ブッシュ政権時にボランタリーな法執行が乱発された背景には，EPAや内務省魚類・野生生物局の大幅予算カットがあることが明白である（Eric Planin & Michael Grunwald, Bush Plan Shifts Power Over Polluters to States, Washington Post, Apr. 10, 2001, at A3）。

(155)　Klyza & Sousa, supra note 106, at 267. これに対し，フィオリーノはブッシュ政権の姿勢を評価する。「プロジェクトXLを除き，多数の自発的プログラムは，ブッシュ政権のEPA長官のもとでも継続した。なるほど，自

パフォーマンストラック

ブッシュ政権は，2005年頃までに60以上のさまざまな自発的環境プログラムを創設したとされるが，「自発的プログラム」の定義が一貫せず，個々のプログラムの統合・改廃が激しいために正確な数は不明であり，一説では500以上にのぼるともいわれる(156)。そのなかでも，ブッシュ政権の「もっとも突出した」自発的プログラム(157)といわれるのが，「パフォーマンストラック」(Performance Track: PT) である。

パフォーマンストラックの起源は，クリントン政権が1994年6月に開始した環境リーダーシッププログラム (ELP) にあるとされるが，その直接の先例となったのは，同政権が1999年7月に公表したEPAイノベーション特別委員会報告書「卓絶をめざして」(Aiming for Excellence) である。

2000年6月26日，クリントン政権ブラウナーEPA長官の強力なリダーシップのもとで，アチーブメントトラックおよびスチュアードシップトラックという2つのプログラムが開始された。ブッシュ政権

発的プログラムが追加的な規制（とくに気候変動問題）のための指令を妨害するために使われうるという疑いが常にある。しかし，気候変動に向けたほとんどすべての取組みは，クリントン政権下でもボランタリーであった」からである (Fiorino, supra note 107, at 155)。なお，フィオリーノは，クリントン政権およびW・ブッシュ政権時のEPAでパフォーマンスインセンティブ部長を務め，自身が「EPAパフォーマンストラックの主要企画者であり，最初の連邦部長であった」と明かしている (Id. at 247 n. 49; Coglianese & Nash, supra note 103, at 25)。

(156) Coglianese & Nash, supra note 103, at 34, 34-35; Fiorino, supra note 107, at 134. 自発的取組みの旗を掲げるEPAは，2006年にはパフォーマンストラックをはじめ，大小100以上の「パートナシッププログラム」を運用していた (Klyza & Sousa, supra note 106, at 309)。

(157) Layzer, supra note 43, at 291-295; Coglianese & Nash, supra note 103, at 4-6; Klyza & Sousa, supra note 106, at 309.

はこれを引き継ぎ，本格化させたのである。アチーブメントトラックプログラムは2004年に「全米環境パフォーマンストラック」プログラムと改称され，2009年3月14日に終了したが，その間783余の施設が基準に適合し，「メンバー」としてプログラムに参加した（終了時の参加者は547施設）(158)。

プログラムは，EPAが，プログラムに参加し，環境リーダーと認められた企業に対し，規制要件への実体的適合の維持，および企業自ら設定した（現存の規制水準を超える）環境改善目標に向けた自主的取組み（環境マネジメントシステム：EMS）を要求する一方で，定期検査の優先順位を引き下げ（州にも同様の扱いを要望する），一定の規制要件や手続要件を軽減するというもので，基本的コンセプトはクリントン政権のそれと同じである。しかし，プログラムは多様な分野におよび，仕組みもそれぞれ異なるので，これ以上の説明は省略しよう(159)。

パフォーマンストラック（PT）の成果については，政府関係者を中心に，単なる法令遵守を超えた「より大きな包括的枠組み」を意図したもので，情報開示という点でも「当時のすべての自発的環境プログラムのなかでもっとも包括的で体系的な成果の記録（文書）を提供した」(160)という評価があるが，他方で問題点を指摘するコメントも絶えることがない。たとえば2007年に公表されたEPA監察長官報告書によると，「参加した施設の大部分は，期待された環境上の進歩

(158)　Coglianese & Nash, supra note 103, at, 4–5, 12; Fiorino, supra note 107, at 145–146, 149. See also Performance Track Final Progress Report 1, https://archive.epa.gov/performancetrack/web/pdf/pt_progrprt_2009_web.pdf（last visited Apr. 22, 2020).

(159)　Coglianese & Nash, supra note 103, at, 4–5, 12–15, 22–32などの詳細な説明参照。ブッシュ政権の取組みの特徴として，EPAが，プログラム実施のためのスタッフと予算を増額させつつも，もっぱら州・地方レベルの取組みを勧奨し，技術的・資金的支援に徹したことがあげられる（Id. at 7)。

(160)　Fiorino, supra note 107, at 147–148.

を達成できず，これら施設が達成した成果はPTへの参加がもたらしたものではなかった。PTが追求した法令遵守の記録はお粗末で，“リーダー”に選ばれた多数の施設が，実際は過去に定期的に環境上の基準に違反しており，EPA監察官がいったように，“彼らのリーダーシップの質を疑わせる”ものであった」[161]。

(3) 強化されたOMB/OIRA審査

ブッシュ政権はクリントン大統領命令12866が枠組みを定めたOMB規制審査システムを引き継いだが，それを人事や実務の刷新によって厳格化し，規則制定への政治的介入を極限にまですすめた。

第1に，OMB/OIRA審査の厳格化を先頭にたって指揮したのが，OIRA室長の座に5年間君臨したグラハムである。グラハムは2001年7月，OIRA室長に就任すると（トージやデミュースの活動時期を含め）OIRA職員を25年務めた下院連邦規制監視小委員会の事務局次長カーロー（Barbara Kahlow）を呼び出し，ペーパーワーク削減法の規制対象となる過重規制を洗い出し，ランク付けしたリストを作成するよう要請した。そこでカーローは，同年9月26日，実業界の数十人のロビイストや業界団体に非公開の電子メールを送り，さらに素早く，かつ徹底して秘密裏に会合を重ねた結果，2001年12月には，廃止審査（サンセットレビュー）を早急に必要とする57の規則をリストアップした。グラハムはこの提案をもとに，23の規則（そのうち13はEPA規則）を行政機関に差し戻し，変更を要求した。また，問題ありとされた13のEPA規則のうち12は，企業や企業系シンクタン

(161) Klyza & Sousa, supra note 106, at 310; Coglianese & Nash, supra note 103, at 7-8, 46-49. フィラデルフィア・インクァイァラー紙の記者は，ブッシュ政権時のEPAに関する1年間の連載記事のなかで，「パフォーマンストラックは，ホワイトハウスの事業寄り倫理が，いかにEPAを弱体化させ，環境上の進歩を妨げるかの偽りのない見本である」と述べた（Klyza & Sousa, supra, at 310)。

クが反対を示した規則であった(162)。結局，第1期ブッシュ政権の4年間に（大部分は）実業界からの申し出があった576の規則が審査対象にノミネートされ，135が提案および最終公布の段階で実際に改正された(163)。

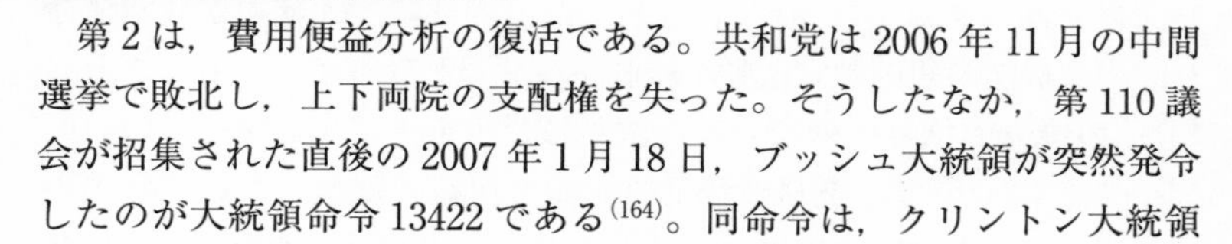

大統領命令13422

第2は，費用便益分析の復活である。共和党は2006年11月の中間選挙で敗北し，上下両院の支配権を失った。そうしたなか，第110議会が招集された直後の2007年1月18日，ブッシュ大統領が突然発令したのが大統領命令13422である(164)。同命令は，クリントン大統領

(162)　Carl Pope & Paul Rauber, Strategic Ignorance 68-69 (2004); Michael Grunwald, Business Lobbyists Asked To Discuss Onerous Rules, Washington Post, Dec. 4, 2001, https://www.washingtonpost.com/archive/politics/2001/12/04/ (last visited May 17, 2020).

(163)　Layzer, supra note 43, at 267. GAOが2002年7月1日から2003年6月2日の間に変更，差戻しまたは撤回された85のHSE規則（案）を調査したところ，25の規則がOIRA審査によって実質的な影響をうけ，とくにEPAの17の規則のうち14はもっとも劇的な変更を余儀なくされた。さらに第2期ブッシュ政権の最初の年である2005年，OMBは申し出のあった189の規則のなかから76の規則を審査したが，76の半数はEPAの規則であった (Id. at 267-268)。

(164)「ブッシュ政権が新たな民主党多数派議会に直面した同じ月に大統領命令13422が発令されたことから，新たな措置が，議会によって命じられる新たな規制環境を先制して押し返すための党派的策略であると批判されたことは，意外ではない」(Michael Hissam, The Impact of Executive Order 13,422 on Presidential Oversight of Agency Administration, 76 Geo. Wash. L. Rev. 1292, 1297 (2008). ただし同稿はこの批判に反論する。Id. at 1305)。なお，グラハムは2006年3月にOIRA室長を辞任しているので，この大統領命令13422には直接関与しておらず，これを主導したのはダドリーである。ダドリーは，ブッシュ大統領からグラハムの後任としてOIRA室長に任命されたが，上院の承認が得られず，宙づり状態にあった（本書80頁注181）。大統領命令のいくつかの主要な条項（とくに(1)市場の失敗要件）は，ダドリーがマルカタス・センター在職時に主張していたものである (Revesz & Livermore, supra note 42, at 42)。See also Steinzor, supra note 5, at 252-253.

が発した大統領命令 12866 を公式に廃止はしなかったが，その内容を重要な点で書き換えるもので，「OIRA に関わるもっとも重要な近時の政策決定」であった(165)。

その内容は，新たな規則の制定にあたり，(1)行政機関は新規則を制定する前に，規制を正当とする特別の市場の失敗または問題の内容を文書で認定すること，(2)各行政機関の内部に，大統領が政治任命し，当該機関の規則制定活動を統制する「規制政策官」を置くこと，(3)その優先順位付けのために，次年に公示を予定するすべての規則（ルール）について，規制の費用の総額と便益の総額について最善の推計額を可能な範囲で提出することの３つを規制行政機関に義務付け，(4)OIRA 審査の範囲を「重要なガイダンス文書」にまで拡大し，(5)特定の事例について，よりフォーマルな規則制定手続を用いるかどうかの判断を行政機関に認めるというものである(166)。

(1)は，直接的規制を市場の失敗や特別の問題がある場合にのみ認めるものであり，これによって「規制緩和アジェンダと費用便益分析の結び付きはほぼ完全なもの」になった。(2)は，「大統領による官僚統制を固め，おそらく非政治的上級公務員の役割を削ごうとする」も

(165) Revesz & Livermore, supra note 42, at 42.「この事態は，OIRA はその影響力を行政機関の日常の活動にまで及ぼしており，行き過ぎだという一連の批判を巻きおこした」(Steinzor, supra note 5, at 251-252)。これに対し，ヒッサムは，命令を支持する立場から，大統領命令 13422 による変更は，大統領による行政国家監視活動の拡大に向けて過去 40 年以上にわたり徐々に形成されてきた流れの一部にすぎず，突然の変更ではないと主張し（Hissam, supra note 164, at 1293, 1305-07），ノルも，大統領命令 13422 による変更は字句訂正の範囲にとどまり，一部のガイダンス文書の経済影響分析を定めた箇所を除き，経済的影響はないという（Roger G. Noll, The Economic Significance of Executive Order 13,422, 25 Yale J. Reg. 113, 123-124（2008））。

(166) Maeve P. Carey, CRS Report, The Federal Rulemaking Process: An Overview 28（RL32240, June 17, 2013); Steinzor, supra note 5, at 251; Hissam, supra note 164, at 1297-1300; 杉野・前掲（注 3）148 頁。

のである(167)。(3)は，従来の行政規則が「検討された代替案と想定される費用・便益の予備的推定額」を「可能な範囲」で提出することを求めていたのに比べると，費用便益分析の実施を一層強く義務付けるものである。

しかし，(1)については，議会が定めた「最善の一般汚染物質抑制技術」(BCT／CWA)などの規制基準を新たな基準(市場の失敗基準)によって変更するものであるという批判が，(2)については，政権の利害が勝ちすぎるという批判がある。さらに(3)については，次年度に公示を予定するすべての規則の総費用と総便益を事前に推定することなど不可能であり(予定された規則がすべて制定されるとは限らず，また予定外の規則が制定されることもある)，行政機関が提供できるのは一般的情報にとどまるという難点が，(4)については，行政機関が作成する膨大な数の文書のなかから「重要な」「ガイダンス文書」を選抜し，OIRAとの協議にあげるのは実際上不可能であるという批判があり，(5)については，正式の規則制定手続の使用はいまも認められており，わざわざ定める必要がないという指摘がある(168)。

(167)　Revesz & Livermore, supra note 42, at 42. See Hissam, supra note 164, at 1298.

(168)　以上の整理は，Curtis W. Copeland, CRS Report, Changes to the OMB Regulatory Review Process by Executive Order 13422, at 5-12 (RL33862, Feb. 5, 2007) による。その他，大統領命令13422に対しては，行政機関による規制に新たな障壁を設け，真に必要な規制の遅延をまねく，すでに加重負担となっている行政過程をさらに硬直化させるなどの批判がなされている。これに対してコルニーシーは，大統領命令13422は，従来の規定の大部分を温存しており，新たな追加的要求も行政機関が余裕をもって対応できる範囲のものであって，新命令のもとで規則制定はむしろ増加しており，分析麻痺や規則制定の遅延は生じていないと反論し，批判者が主張するレトリックと現実のあいだには乖離があり，「ブッシュの改正の最終的影響は大部分がシンボリックになる可能性がある」という (Cary Coglianese, The Rhetoric and Reality of Regulatory Reform, 25 Yale J. Reg. 85, 87-89, 93-95 (2008))。

(4) 政治による科学の修正

ブッシュ政権下のOIRAは，規制を正当化する経済データの作成について細かな指令を発する一方で，規制の根拠となっている科学データ（情報）にも激しい攻撃をくわえた(169)。ここでは，2つの事例を紹介する。

第1に，2000年12月，クリントン政権のもとで通称「情報の質法」(Information Quality Act: IQA）が成立し，2002年10月から施行された(170)。この法律は，700ページ以上に達する膨大な「2001会計年度財政および一般政府歳出法案」の一部（ライダー）として質疑討論が一切なされないままに成立した。法案の主要部分を起草し，ジョアン・エマーソン下院議員（共和党：ミズーリ州選出）に手渡したのは，当時「たばこが喫煙者だけではなく，関わりのない傍観者をも危険にさらすことを立証する科学情報と闘うたばこ企業キャンペーンのキープレーヤー」として活発に活動していたトージ（本書141頁注42）であった(171)。「トージが認めるように，この法律は，たばこ会社と“もちろん”(definitely）関係があり，たばこ会社をおおいに助ける」ものであった(172)。

IQAはわずか2項の簡単な法律で，OMB局長が行政機関に対して「連邦行政機関によって配布（disseminated）される情報（統計的情報

---

(169) Layzer, supra note 43, at 268-269.

(170) Pub. L. No. 106-554, § 515 of Title V, 114 Stat. 2763, 2763A-153 (2000). 同法は，「データの質法」(Data Quality Act:）ともよばれる。

(171) Mooney, supra note 42, at 108; Layzer, supra note 43, at 269, 442 n.49; Curtis W. Copeland & Michael Simpson, CRS Report for Congress, The Information Quality Act: OMB's Guidance and Initial Implementation 2 & n.2 (RL32532, Aug. 19, 2004).

(172) Mooney, supra note 42, at 110. データの質法は，トージのような企業ロビイストが「〔規制を妨害する〕プロセスを容易にするための多くの手段のひとつではあったが，明らかに強力な手段」を提供するところに真のねらいがあった（Id. at 111)。

を含む）の質，客観性，効用および統合性を確保し最大にするための政策的および手続的指針に関するガイドライン」を発することを定めたにすぎず，一見するとさほど問題のないものであった(173)。

しかし，レーザーによると，(1)規制行政機関が従来用いてきた「証拠の重み付け基準」は，個々のデータの信憑性よりは多数のデータを（すべて）考慮して有害性やその大きさを判断するものであり，したがって個々別々のデータに対する攻撃については脆弱であり，(2)さらにデータ・情報の内容に不服がある者には訂正請求権があたえられ，「まず規則制定案が公示される前にデータの正確性に異議をとなえられるので，行政機関は自身を2度防御する準備をしなければ」ならなくなった(174)。

批判者によれば，「IQAは，──たばこ企業が長い間うまく行ったように──影響を受ける企業に“不確実を生産する”機会を開放し，たとえ証拠の重み全体が政府の行動を支持している場合でも，個々の細部を攻撃することによって規制を弱体化させ，さらに行政機関が公衆に情報を配布することさえも阻止する機会を開放したもの」であ

(173)　Mooney, supra note 42, at 105.「手続的指針（ガイダンス)」とは，「情報の質，客観性，効用および統合性を確保し最大にする」という政策に適合することなく「行政機関によって保有され，配布された情報の訂正を請求し，および達成することを利害関係者に認める行政的メカニズムを設立する」ものをさす（IQA§515(b)(2)(B))。なお，EPAを含め，各連邦省庁は，OMBガイドラインに従い個別にガイドラインを作成し，OMBの審査をうけることになる。このような複雑な手続がとられるのは，IQAがライダー条項で制定されたために規則制定の手掛かりとなる委員会報告書などの立法資料が一切なく，さらにIQAが〔おそらく意図的に〕あいまいな文言を用い，OMBに解釈適用上の広範な裁量を認めているからである。

(174)　Layzer, supra note 43, at 269.「執行府によって連邦行政手続法の冒頭に追加されたこれらおよびその他の単純にみえる要件は，規制プロセスの硬直化と，新たな規制基準採用の出鼻を挫く能力を規制企業にもたらした」（Robert V. Percival et al., Environmental Regulation: Law, Science, and Policy 179（8th ed. 2018).

り[175]，「政府行政機関が公衆に配布したデータ，研究および報告書に対する不服申立てに対応しなければならないという，前例のないかつ手間のかかるプロセスを創設し，科学の悪用者の夢をかなえた」ものであった[176]。

第2に，2003年9月，グラハムはIQAのわずかな条文を根拠に，これまで行政機関で一般的に実施されてきたピアレビュー（専門家同士による厳格な審査）について，新たな実施ガイドライン案を提案した。それは非常に煩雑なピアレビューの実施を定める一式の手続からなり，さらに政府から「実質的」に研究基金を受給し，潜在的な「バイアス」が疑われる大学等の科学者の参加を縮小し，利害関係のある企業が推薦（または基金提供）する専門家をより多く参加させることを求めるというものであった。

---

(175)　Andrews, supra note 14, at 382; Copeland & Simpson, supra note 171, at 3.「IQAは，政府情報の発信に反対する団体に対し，公衆または環境に対するリスクについて公衆に警告できる情報の配布を諦めさせるための企みに利用する機会として，不服申立手続を提供するものである」(Sidney A. Shapiro, The Information Quality Act and Environmental Protection: The Perils of Reform by Appropriations Rider, 28 Wm. & Mary Envtl. L. & Pol'y Rev. 339, 358 (2004))。合衆国商工会議所環境・技術・規制問題担当副会長コバックいわく，「これは規制分野に存在する最大のスリーパー（掘り出し物，スパイ）であり，人びとが想像できる何物にもはるかにまさる影響をもつだろう」と（Layzer, supra note 43, at 269; Copeland & Simpson, supra, at 3)。

(176)　Mooney, supra note 42, at 105.「IQAの結末は，意思決定プロセスに費用と遅延を付け加えただけである」(Thomas O. McGarity, Our Science Is Sound Science and Their Science Is Junk Science, 52 Kan. L. Rev. 897, 935 (2004))。産業界が最初に標的としたのは，国務省が公表し，配布した全国気候変動評価書であった。それ以後，訂正請求は，アトラジン除草剤，重金属，ヒ素の毒性・リスク評価，森林伐採量算定方法，絶滅危惧種保護管理計画，塗料からの揮発性大気汚染物質などに関する文書・記事のなかの印刷ミスや事実誤認などを糺す手段として，企業，取引団体，ロビイストなどによって多用されることになった（Layzer, supra note 43, at 269)。See Andrews, supra note 14, at 476 n. 37; Mooney, supra note 42, at 106, 110-115.

しかし，この指針案は「学会の標準的ピアレビューに類似する点がほどんどなく」，ピアレビューを繰り返し実施することによって規制を無限に引き延ばすことを可能にするとともに，「企業の科学に対し，大学に基礎をおくまたは公的に設立された科学に優越する目に余る特権をあたえる」ものであった。そのため，全米科学アカデミー，アメリカ公衆衛生学会などの主要学会の「強大な怒りの声」を呼び起こした(177)。しかしOMBは，2004年12月，内容に若干の修正をくわえただけで最終版を公示した(178)。

グラハムは2006年6月にOIRA室長を辞任したが，ムーニーによると，「〔グラハムは〕5年の在任中に，政府の規制プロセスを劇的に変質させ，特定の利害関係者が，ある理由で好まない科学的情報を攻撃するための複数の新しい大路（avenues）を作りあげた」のである(179)。

---

(177)　Andrews, supra note 14, at 476-477 n. 38; Mooney, supra note 42, at 119-120; 杉野・前掲（注3）147頁。

(178)　70 Fed. Reg. 2664（Jan. 14, 2005). Curtis W. Copeland and Eric A. Fischer, CRS Report, Peer Review: OMB's Proposed, Revised, and Final Bulletins 1-2, 23-27 (RL32680, Feb. 3, 2005); Sarah Grimmer, Public Controversy over Peer Review, 57 Admin. L. Rev. 275, 276, 283-284（2005).「グラハムの“ピアレビュー”システムは，単に良い“科学”を確固たるものにしただけではなく，規制プロセスを劇的にスローダウンさせるものであった」(Mooney, supra note 42, at 119)。これに対し，コルニーシーは，ピアレビュー手続の改正が規制政策決定の不当な遅延をまねくという批判を疑問視する（Coglianese, supra note 168, at 89)。ルール・サールズマンは，ピアレビューの有用性を認めつつ，「情報生産物」(information products）の準備，規則制定，当該情報に基づく決定のような広範な行政機関の行為に一律にピアレビューの実施を命じるのは不当であり，賢明でないと主張する（J.B Ruhl & James Salzman, In Defense of Regulatory Peer Review, 84 Wash. U. L. Rev. 1, 61（2006))。

(179)　Mooney, supra note 42, at 124. ムーニーは，ジャーナリストらしく実名をあげ，「保守主義者は，政府行政機関を妨害し，行政機関の科学に挑戦する新たな手段を提供する規制改革法案の制定を手にすることはできなかっ

6　オバマ政権と規制改革の夢

オバマ大統領の規制改革に関する姿勢は明確ではなく，景気後退に対応するために，規制の経済的負担や景気対策をより重視した規制緩和策を打ちだすなど，一貫性に欠けるものであった。しかし，発足当初のオバマ政権は，これまで賑やかに議論されてきた「次世代環境法」論や「スマートな規制」論を排除し，伝統的な規制的手法を重視する王道への復帰をめざしたようにみえる。たとえばオバマは選挙キャンペーンで，政府の役割は自分自身を支援できない者を支援することであると繰り返し宣言し，オバマは資本家経済の鋭い刃によって生み出された損害を防止するために，改革を積極的に後押しするだろうという期待を抱かせたのである。実際，彼が提唱する医療保険制度改革や金融市場改革は，政府を強化するための積極的介入が政権の一般的モデルであるという印象をより強くしたのである[(180)]。

(1) 次世代環境プログラムの終焉

上記の姿勢を最初に示したのが，ブッシュ政権が環境規制（実際は規制緩和）のために大規模に推進してきた自発的（ボランタリー）プログラムの扱いである。

オバマ政権のジャクソンEPA長官は，彼女がEPA長官に指名される6日前の2008年12月9日，新聞のトップ記事で，ブッシュ政権下のEPAが強力に推進してきたパフォーマンストラックを「ほとんど価値のないショーウィンドーの飾り」と酷評し，政権発足2か月後の2009年3月16日，ブッシュ政権の2つの代表的プログラム

たが，その代わり，派手なロビイスト（トージ），立法者（ジョアン・エマーソン），ホワイトハウスの行政官（グラハム）を仕事をするために発見した」(Id. at 121-122) という。

(180)　Steinzor, supra note 5, at 212.

（パフォーマンストラックとクライメートリーダーズ）の廃止を宣言した(181)。

このジャクソン長官の行動を，環境団体が歓迎したことはいうまでもない。さらに多くの研究者も，これを「オバマ政権が次世代プログラムの前提そのものを拒絶し，伝統的環境プログラムによる，より積極的（aggressive）な法執行へのアプローチに傾倒した」こと(182)，あるいは「オバマ政権がより積極的な規制アプローチに傾倒し，次世代プログラムの前提を拒否し，より伝統的な規制プロセスを受け入れた」(183)ことを明確に示すものと受けとめた。

これらの論者によると，オバマ政権はブッシュ政権の自発的取組みプログラムだけではなく，クリントン政権の規制再構築プログラムの根底にある次世代環境法論も同時に否定したのである。

ただし，オバマ政権が，市場メカニズムや自発的取組みプログラムと目されるものを，すべて払拭したわけではない。たとえばオバマはW・ブッシュ政権が開始した大気浄化州際規則（Clean Air Interstate Rule）（発電所が排出する二酸化硫黄および窒素酸化物の排出枠取引プログラム）を引き続き実行し，2014年6月に提案したクリーン電力プランでは，発電部門の炭素排出量を削減するために，州に対して市場ベースプログラムを含む独自の削減計画を策定することを求めた。ここには，オバマ政権のキャップ＆トレードプログラムに対する強いこだわりがみられる。さらにオバマ政権は，農用地保全スチュワード，農用地保全地役権，健全な森林保存などのボランタリー活動支援プログラムにも熱心に取り組んだが，これはブッシュ政権よりはクリントン政権の遺産を引き継いだものといえよう(184)。

(181)　Coglianese & Nash, supra note 103, at 8 n.31 & 33, 32-35; Klyza & Sousa, supra note 106, at 310. 連邦公報による公式告示は5月14日。

(182)　Case, supra note 114, at 71-72.「オバマ政権は，当初より“次世代”環境規制改革という考えに対し断乎たる否定的見解を表明した」(Id. at 71)。

(183)　Klyza & Sousa, supra note 106, at 310.

(184)　Jason J. Czarnezki & Katherine Fiedler, The Neoliberal Turn in

(2) 大統領命令 13563

すでに述べたように，ブッシュは大統領命令によって，またグラハムのOIRA室長任命によって，費用便益分析を前面に掲げた高圧的な規制審査を推進した。そこで多くの者は，オバマ政権がブッシュ政権時の大統領命令を取り消し，規制審査から費用便益分析色を一掃し，さらにOIRAを規制プロセスから遠ざけることを期待したのである[(185)]。実際，オバマは政権発足10日後の2009年1月30日，最初の仕事として大統領命令13497に署名したが，この大統領命令には「規制計画および審査に関する特定の大統領命令の廃止」という表題が付されており，W・ブッシュ大統領の発した命令13258と13422の廃止が明記されていたのである。

さらにオバマは同日，大統領覚書を発し，OMB局長に対し，規制審査に関する新たな大統領命令について規制行政機関の代表者と協議し，100日以内に大統領に勧告することを命じた。覚書のなかでオバマは，「私は執行部門省庁の専門性と権限は認めるが，集権的審査は，もし適切に指揮されるなら，規制目標を推進する手段として正統かつ適切であると信じる」と述べ，規制審査の必要性を強調している。そのうえで，「今般の根本的転換期において，規制審査プロセスーおよび規制全般を統治する原則ーは改正されるべきである」と述べ，とくにOIRAと規制官庁の関係，情報開示と透明性，公衆参加，費用便益分析の役割，分配に対する配慮・公正性・将来世代の利益への関わりなどについて，具体的な検討をつくすことを求めた[(186)]。

Environmental Regulation, 2016 Utah L. Rev. 1, 11-13 (2016).

(185) Heinzerling, supra note 87, at 338 & n.75; Steinzor, supra note 5, at 214-215.

(186) Presidential Memorandum of January 30, 2009: Regulatory Review, 74 Fed. Reg. 5977 (Feb. 3, 2009). See also Heinzerling, supra note 87, at 339-340. 大統領覚書のなかで目を引くのは，「規制政策の形成における行動科学の役割を明確にする」という項目である。スタインツオーは，ここにサンス

行政機関からの意見聴取（ただし内容は公表されず）およびパブリックコメントという前例のない手続を経て，2011年1月18日，大統領命令13563「規制および規制審査の改善」が公示された。しかし，この命令13563は「1993年9月30日の行政命令12866において制定された現代の規制審査を律する諸原則，構造および定義を補足し，かつ再確認する」（1条(b)）ことを目的に掲げ，その内容も大部分が大統領命令12866をなぞったものであった(187)。したがって，環境主義者からみると，「オバマ大統領の規制審査に関する新たな大統領命令は，要するに，すごく新しくも，すごく特別でもなかった。オバマ大統領が，この機会に，大統領府と行政機関の関係を根本的に再構成し，また規制政策に対する費用便益分析の締め付けを緩和するために新たな大統領命令を用いるだろうという希望は打ち砕かれてしまった」のである(188)。

しかし，大統領命令13563には，注目すべき点がいくつかみられ

ティーンの強い影響をみる。「サンスティーンの強い望み（アンビション）は，彼の学術的著作で長い間情熱を傾けてきた“行動経済学”の表題のもとで発展させた考えを導入するために，命令12866を改造する新たな大統領命令を公布することであった」(Steinzor, supra note 5, at 255-256)。なお，杉野・前掲（注3）148-149頁参照。

(187)　ブッシュ政権下のOIRAの高圧的な規制審査の見直しは，オバマ政権発足前から準備されたものであり，政権移行チームにおける行政機関審査グループの責任者はカッツエン（当時はミシガン大学ロースクール教授）であった。本書159頁に記したように，カッツェンは大統領命令12866の起草者であり，実施責任者であった。そのため，カッツェンが命令12866の継続を主張したであろうことは容易に想像できる。サンスティーンも政権移行チームに参加していたが，早い時期に命令12866の存続を認め，それを改造するという願望を封印した（Steinzor, supra note 5, at 256)。

(188)　Heinzerling, supra note 87, at 341. ハインツァリングは，とくにオバマが覚書のなかで示した具体的検討事項が，命令に正確に反映されていない点を強く批判する（Id.)。

る[189]。まず第1に，政府データのオンライン化に対応し，行政機関は「重要な科学的，技術的記録を含む regulations. gov.[190] 上の規則制定予定表に対する適宜のオンラインアクセスを，簡単に検索可能で，ダウンロードできるオープンな形式で整備しなければならない(should)。提案された規則に関し，これらのアクセスは，実行可能で法が許す範囲で，重要な科学的，技術的記録を含む規則制定予定表のすべての関連箇所についてパブリックコメントの機会を含まなければならない」(2条(b)) と定めたことである。

第2に，とくに注目すべきは，新規の規則（案）だけではなく，現行の規則についても，「本規則公布の日から120日以内に，各行政機関は，法律，資源および規制の優先順位に適合し，当該の規則が，行政機関の規制プログラムを規制目的を達成するうえでより効果的またはより負担が少ないものにするために修正，能率化，拡大または廃止されるべきかどうかを決定するために，行政機関が現行の重要な規則を定期的に審査するための準備計画を作成し，OIRA に提出しなければならない,」(6条(b)) という定めをおき，定期的な事後評価(retrospective review) を義務付けたことである。クリントン大統領命令12866の5条(a)は，事後審査のための計画を OIRA に提出するよう行政機関に要求しており，したがってこの規定は事後審査計画のアップ・ツー・デートを行政機関に求めたものとされる[191]。

---

(189) 以下の説明は，Carey, supra note 166, at 28-29 による。なお，杉野・前掲（注3）149-150頁参照。

(190) 連邦行政機関が制定予定の規制規則案を時系列的，項目別に列挙した，パブリックコメントを受け付けるためのウェブサイトをさす。

(191) Carey, supra note 166, at 29. なお，オバマ大統領は，2011年7月11日，大統領命令13579「規制と独立規制行政機関」を公布したが，独立行政機関に OIRA 審査が及ぶかどうかは，長年議論されてきた重要問題である。したがって，この命令は，独立行政機関に対して大統領命令13563の基本原則に従い，既存の規則の事後分析計画を作成することを文字通り要請（ask）するものであり，義務付けるものではない（Id. at 29)。杉野・前掲（注3）151

サンスティーンの自画自賛

では，オバマ大統領命令13563に基づく実務は，これまでさまざまに指摘されたきたOIRA審査の課題を，どの程度改善したのか。

オバマ政権下のOIRA審査の実務・実績を，おそらくもっとも熱心に弁護するのが，OIRA室長を3年間務めたサンスティーンである。サンスティーンによると，OIRAはしばしば「規制のツァー」と評されるが，実際の役割は，大統領府，連邦省庁，州，公衆などに広く分散する情報を収集する「情報集積者（aggregator）」であり，日常的に，パブリック・コメントの実施，重要な代替案の検討，行政手続法を含む各種の法的問題の解決などに関し，省庁を支援する「よく機能する行政手続の守護者（管理者）」である(192)。

また，OIRAは，多くの者が批判するように，審査の過程でOIRA自身の見解を行政機関に強要しているのではなく，OIRAが伝達するコメントの大部分は，多くの場合，OIRA自身ではなく他の省庁から提出されたものであり，費用便益分析は重要になりうるが，ほとんどのケースで中心的な争点ではない，とサンスティーンはいう(193)。

さらにサンスティーンは，OIRAと規制行政機関の間の対立や抗争についても，規制行政機関とOIRAおよび省庁間審査官の見解が対した場合，ケースによって，規制行政機関が議論の余地なく正しく，

頁参照。

(192)　Cass R. Sunstein, The Office of Information and Regulatory Affairs: Myths and Realities, 126 Harv. L. Rev. 1838, 1838, 1841 (2013). Id. at 1844–63は，彼の経験をもとに，OIRA審査の実際のプロセスを詳細に記述している。

(193)　Id. at 1874.「費用便益分析はきわめて重要になる可能性があり，オバマ政権はそれを強化するために歩をすすめた」,「費用便益は，とくに経済的に重要な規則については，審査過程の重要な，しばしば決定的（critical）な部分である。しかし，ほとんどの規則は経済的に重要とは判定されず，ほとんどのケースで費用便益は主要な争点ではない」(Id. at 1842, 1864–68)。

または議論の余地はあっても合理的に正しい場合もあり，逆にOIRAなどの見解が「明瞭に（clearly）正しく，または明瞭に正しくはなくても合理的に正しい」場合もあった，また当初OIRAの指摘に不満であった行政機関も，次第にOIRAの指摘に理解を示すようになり，自ら修正を受け入れるようになった，とOIRAの判断の正当性を自画自賛するのである[194]。

改善がみられぬ不透明さ

しかし，このような楽観的現状肯定論が批判者の支持をえることは相当に難しい。スタインツオーは，「オバマ政権下のOIRAの実績は，クリントン政権下のOIRAの成果に比べるとかなり多くの問題があるが，W・ブッシュ政権下のOIRAの成果よりは非難が少ない。サンスティーンは，グラハムとは異なり，リスク・アセスメントのような微妙な問題に関する広範な政策声明を発しようとはしなかった」との一般論を述べつつ，「サンスティーンのOIRAは，行政機関の意思決定にきわめて深く介入し，彼が過重であると主張する規制を抑え込むためのOIRAの決定を公然と自慢している」ことに批判の矢を向ける[195]。

スタインツオーのみならず，多くの環境リベラル派から，労働者および環境の保護を強化するための提案を脱線させ，抑え込むというサ

(194) Id. at 1873, 1847-48. なお，サンスティーンはきわめて率直に，「進歩的な団体が支持する非常に多くの規則の発令を，とくに経済的に困難な時期にそれらの規則（規制）を正当化できないというセオリーにより一般的に拒否した」，「法が許す限り，私たちは便益と費用の慎重な考慮を強く要求した。私たちは経済成長と雇用創出に焦点をあて，規制がいずれかの目的を損なうことがないよう確保することを求めた」と自身の基本的立場を述べている（Cass R. Sunstein, Simpler: The Future of Government 7, 8 (2013); キャス・サンスティーン（田総恵子訳）『シンプルな政府：“規制”をいかにデザインするか』23-24頁（NTT出版，2017年）（なお訳文を変更した）。

(195) Steinzor, supra note 5, at 256.

ンスティーンの嗜好をもっとも顕著に示した事例とされるのが，(1)ブッシュ政権時に制定されたオゾンNAAQSの改正強化の見送り，(2)石炭焼却灰の規制を強化する規則制定の見送りの2つである。

まずオゾンNAAQS事件とは，ブッシュ政権下のEPAが2008年に改定したオゾンNAAQSをめぐり，その見直しを求める裁判が続いてきたが，オバマ政権に代わった2009年9月，裁判所は，EPAが先の基準を撤回し，より厳しい基準を検討中であることを理由に審理を停止した。そこでEPAがオゾン基準の見直し作業を加速し進めたところ，2011年9月2日になって，オバマ大統領が突然作業の中止を命じたというものである。

サンスティーンによると，その理由は，CAAが定める見直し期限は（2008年から5年後の）2013年であり，「CAAのもとで，いま現在，新基準を最終確定することは強制的ではなく，不必要な不確実性を作りだ〔し〕」，「比較的近い将来，〔新基準策定作業に向けた〕新たなアセスメントが進展するという事実に鑑みると，2011年中に最終規則を公布するのは問題が多い」というものであった(196)。しかし，サンスティーンが認めるように，真の理由は「大統領が，とくにこの経済的に困難な時期に，大統領命令13563を執行し，および規制の費用と負担を最小限にするために，すべての執行行政機関および省庁と緊密な連携をとり続けるよう，私に命じた」(197)からであった。

石炭焼却灰事件は，2008年12月22日，テネシー峡谷公社（TVA）発電所跡地に設置された石炭焼却灰貯蔵池の土堤が崩壊し，10億ガロンもの石炭焼却灰汚泥がテネシー州キングストンその他近郊の町を襲ったことが発端である。この重大事故の発生を受け，EPAは2009年10月，(a)野積みされた石炭焼却灰をRCRAの定める「有害廃棄物」に指定し，厳しく規制する内容の第1次EPA規則提案をOIRA

(196)　Id. at 257.
(197)　Id. at 259.

に提出した。しかし，OIRA は 2010 年 3 月になって，(a)にくわえ，(b)従来の規制方法を踏襲し，執行を州の裁量に委ねる，(c)残存する焼却灰については，その存続期間中の貯蔵を認めるという対案を EPA に提示し，検討を要求してきた[198]。その間，OIRA は EPA 規則提案を一般には公表せず，利害関係団体と 47 回の会合を重ねたが，その 3 分の 2 が規制に反対する事業者や州の代表者との会合，3 分の 1 が環境団体との会合であった[199]。さらに企業側は，行動経済学上の「スティグマ効果」を持ち出し，規制強化に反対した。その効果とは，石炭焼却灰が危険物に指定されると，消費者が焼却灰再生物品の購入を躊躇し，その結果，リサイクル市場が崩壊するというものであった[200]。2011 年 3 月，ジャクソン EPA 長官は，激しい批判に耐えきれず，2011 年中に焼却灰規制最終規則を制定しないことを表明した。

そこで，これらの事件を例に，スタインツオーは，「中央集権的審査は，政策決定を密室に押しやり，限られた政府の資源をますます浪費し，行政機関の優先順位を混乱させ，公務員のやる気を失わせ，もっとも悪いことには　生命の消失，回避可能な疾病や傷害のロス，かけがえのない自然資源の破壊という大きなコストを日々国家にもたらす」，「ことが明らかになれば，この誤りは，彼の前任者ジョージ・W・ブッシュの業績（レガシー）をそうしたように，オバマの歴史的業績をもっとも否定的な言葉で示すことができるだろう」とオバマ・サンスティーンを批判するのである[201]。

ハインツァリングも，サンスティーンを容赦なく批判するが，彼女が強調するのは，だれが最終決定者か，情報開示や公衆参加は十分か，

---

(198)　Id. at 225-226, 261-262.

(199)　Id. at 262. 47 回という会合数は，オバマ政権発足後に OIRA が開催した 142 回の会合の 33% にあたる。

(200)　Id. at 265-266.

(201)　Id. at 214-215.

判断の基準はなにか，科学者の専門的意見は尊重されているか，という OIRA 審査の意思決定過程の不透明さである。

たとえばサンスティーンは，「非常に多くの論争があり，しかし疑問の余地なく正しい決定であったが，大統領自身がEPAに対し，オゾン排出量を削減する大気汚染規則の最終決定を支持しないと告げたことがある」という(202)。しかし，彼は「疑問の余地なく正しい」という理由をなにも説明していない(203)。同じくサンスティーンは「私はEPAのオゾン規則の最終決定を支持しないという大統領の決定について言及した。この決定は規則の内容に基づきなされた（made on the merits)。公表された報告書とは反対に，それは政治に動機付けられたものではない」と主張しているが(204)，「内容」（merits）の中身が具体的に説明されておらず，理由になっていない，とハインツァリングは批判する(205)。

そのうえで，ハインツァリングは，彼女がEPAに気候変動政策上級顧問として7か月間勤務した経験をふまえ，実際のOIRA審査には，意思決定権限の配分が場当たりで無秩序である，審査された規則は大

(202)　Sunstein, supra note 194, at 7-8; サンスティーン（田総訳）・前掲（注194）23-24頁。

(203)　Heinzerling, supra note 87, at 368. サンスティーンは，当初OIRAの指摘に不満であった行政機関も，自から修正を受け入れるようになったという。しかし，ハインツァリングは，それはOIRAの見解が「疑問の余地なく正しい」からではなく，OIRAが監督機関としての権限を形式上保有しているからであると反論する。「行政機関がOIRAの見解を受け入れ，さらに歓迎したという主張は，問題を引きおこした規制意思決定の説明可能性をさらに弱める」(Id.)。

(204)　Sunstein, supra note 194, at 27; サンスティーン（田総訳）・前掲（注194）53頁。

(205)　Heinzerling, supra note 87, at 354-358.「オバマ大統領がジャクソン長官に宛てた書簡は，EPAへの規則の差戻しを説明するなかで，“規制の負担”，“規制上の不確実性”，および経済的停滞を強調しているが，もしこれらの考慮が本当に大統領決定の理由であれば，決定は違法である」(Id. at 354-355)。

部分が経済的に重要ではなく，多くの場合単にOIRA職員にとって特別の利害があるにすぎない，規則がOIRA審査に不合格となった理由がまちまちである（いくつかの理由は法に無関係であり，またいくつかは単にミステリーである），OIRA審査に実質的な期限がない，OIRAは関連の大統領命令の透明性要件の大部分に従わず，また行政機関が従うことも認めない，などの問題があるというのである(206)。

結局，これらの批判者の意見は，OMB/OIRA審査は，歴史的・現状的にみて，権限配分の不明確さを含め，さまざまな問題を内包しており，その欠陥は大統領命令12866および13563によっても根本的に是正されておらず，したがって大統領府による中央集権的規制審査は廃止し，もし行政の統一性や一体性を確保する必要があるのであれば，それは高官の任命や罷免で達成すべきであるということにつきる(207)。

7　トランプ政権による規制の縮小

(1) 海図なき規則の撤廃と規制予算

歴代政権が取り組んできた環境規制改革には，(1)不合理な環境規制システムを改善し，効率的・効果的なシステムに作り替える規制改革，(2)企業にとって過重な規制を廃止し，企業活動の自由を回復する規制緩和（regulatory relief）の2つの流れがある。レーガンやトランプがめざしたのは，(2)規制緩和である。しかし，レーガンとトランプとの間には，（若干の）違いがある。すなわち，レーガン規制改

(206)　Heinzerling, supra note 87, at 325-326, 364-369.

(207)　Steinzor, supra note 5, at 277-279, 281-283. パーシヴォルも大統領の単一執行権（論）およびOMB/OIRAによる規制審査の憲法上の根拠に長年異議をとなえてきた論者のひとりである。彼は，大統領は非独立行政機関の長を罷免する権限をたとえ有するとしても，法律によって行政機関の長に授権された意思決定を統制する権限までは有せず，歴代の大統領の規制審査プログラムも，このような広範な大統領の権限を拒否してきたと主張する（Percival, supra note 3, at 2487-88）。

革にはそれを裏付ける経済理論（レーガノミックス）らしきものがあったが，トランプ規制緩和には，なにもなかったからである[208]。トランプがめざしたのは，ひたすら規則の数を減らし，企業が負担する法令遵守費用の総額を減らすことであった。

トランプは，政権が発足して10日後の2017年1月30日，「規則の削減と規制費用の抑制」と題する大統領命令13771に署名した。しかし，（後述のように）バイデン現大統領は政権発足日の2021年1月20日，新たな大統領命令13992に直ちに署名し，トランプが布告した命令13771ほかを廃止した。したがって，トランプが発した大統領命令13771の功罪や合法性を議論する意義は大幅に薄れたといえる。ここでは以下の2点を記すにとどめる。

第1に，大統領命令13771は，行政機関は，新たに1つの規則を制定するときは，既存の規則を少なくとも2つ廃止すべきことを定めた。一般に，「1つに2つ」（two for one, one-in, two-out）といわれるルールである。

第2に，より重要なのは，新たな規則の制定が企業の法令遵守費用を増加させる場合に，その増額分に一定の枠（キャップ）を設けたことである。この仕組みは，一見すると行政機関が使用できる年間歳出額に上限を設けるのに類似するので，「規制予算」（regulatory budget, regulatory cost budget）といわれる。省庁にキャップを割り振るのはOMBの役割で，OMBはキャップを減額することで，規制規則の数や企業の法令遵守費用を効果的に削減することができる[209]。

---

(208)「トランプ大統領はレーガン大統領にもっともよく似ているようにみえる。しかし，レーガン大統領の命令が教科書の経済原則に基づいていたのに対し，トランプ大統領の命令は，規制を撤廃するという以外は，いかなる原則に基づいているようにもみえない」(Sally Katzen, Benefit-Cost Analysis Should Promote Rational Decision Making, The Regulatory Review (2018), https://www.theregreview.org/2018/04/24/ (last visited Feb.. 22, 2021).

(209)　たとえば2017会計年度の増額費用はゼロとされたので，省庁は2018

規制予算の導入は規制緩和論者の長年の夢で，1978年以降，議会には何度か法案が提出されているが，いずれも議会を通過するにはいたっていない(210)。規制予算にはいくつかの方式があるが，トランプ政権が導入したシステムは，規制の便益を無視し，もっぱらその費用のみを考慮し，さらに規制の廃止や放置（不作為）によって公衆の健康や社会に生じる費用は考慮しないという一方的なものでである。そのため，（トランプ政権が形式上はその存続を承認している）クリントン大統領命令12866の定める費用便益分析要件に該当するかどうかにも疑念がある。そこで，この規制予算システムについては，法令上，政策上の是非をめぐり，たちまち激しい議論が生じた(211)。

さらにトランプは2017年2月24日，大統領命令13777「規制改革アジェンダの遂行」を発し，各省庁に規制改革担当官（オフィサー）を置くとともに，部外者や利害関係者を委員に加えた規制特別委員会（タスクフォース）を設け，既存の規則を点検し，廃止・代替・改正について勧告することを命じた。

会計年度には，いくつかの規則を廃止し，前年度の増額費用分を吸収にする必要がある。Holly L. Weaver, One for the Price of Two: The Hidden Costs of Regulatory Reform Under 13,771, 70 Admin. L. Rev. 491, 498 (2018); Richard L. Revesz, Destabilizing Environmental Regulation: The Trump Administration's Concerted Attack on Regulatory Analysis, 47 Ecology L. Q. 887, 891-892 (2020).

(210) Ed Stein, Regulatory Budgeting: Recent Efforts and Recurring Issues, Harvard Law School, Briefing Papers on Federal Budget Policy, No. 73, at 20-22 (April 2018) に詳しい。

(211) Caroline Cecot & Michael A. Livermore, The One-in, Two-Out Executive Order Is A Zero, 166 U. Pa. L. Rev. Online 1, 6-12, 16 (2017); Weaver, supra note 209, at 492-506; Levesz, supra note 209, at 890-904, 955; Stein, supra note 210, at 24-28. その他，Cecot & Livermore, supra, at 2 n.3 に掲記された多数の文献参照。

(2) 誇張された規制緩和の効果

2020年11月，コルニーシーらは，トランプ政権4年間の規制緩和策の成果を詳細に検証した論稿を公表した。それによると，「トランプ政権の規制緩和策は，誤りまたは誇大宣伝である。本当は，トランプ政権は規制緩和したよりも多くの規制を実施し，その規制緩和行為は景気に対して証明できるテコ入れを実現できなかった。政権が規制緩和の成果として好んであげる景気上昇傾向（国民総生産の増加や失業の減少）は，前政権の政策に起源がある」とされている。さらに問題なのは，「トランプ政権が規制緩和の利点を誇張するだけで，その負の効果を無視ないし軽視していることである。悪影響は重大である」とコルニーシーらは強調する(212)。

8　バイデン政権と伝統的システムの復活

バイデン大統領は，2021年1月20日，大統領命令13992「特定の連邦規則に関する行政命令の廃止」に署名した。同規則は，「国が直面する緊急の挑戦に効果的に対処するために，……執行省庁は国の優先順位に焦点をあて，しっかりとした規制行為を用いるための柔軟性を備えなければならない。この行政命令は，これらの諸問題に対処する連邦政府の能力に障害をあたえるおそれのある政策と命令を廃止する」（第1条）と宣言し，トランプが布告した大統領命令13771，13777など，6つの行政命令を即刻廃止した（第2条)。

同日，バイデンは「規制審査の現代化」と題する大統領覚書を布告した(213)。この覚書は，クリントン大統領命令12866とオバマ大統領

(212)　Cary Coglianese et al., Deregulatory Deceptions: Reviewing the Trump Administration's Claims About Regulatory Reform, at summary (2020), Faculty Scholarship at Penn Law. 2229, https://scholarship.law.upenn.edu/faculty_scholarship/2229 (last visited Feb. 10, 2021).

(213)　Presidential Memorandum of January 20, 2021: Modernizing Regulatory Review, 86 Fed. Reg. 7223 (Jan. 26, 2021).

命令13563を「規制審査プロセスの現代化をめざした重要なステップ」と位置づけ，「適切に運用すれば，この規制審査プロセスは，アメリカ人の生活を改善する規制政策を推進するのに役立つ」としたうえで，OMB長官に対し，規制審査を改善し，現代化するための一連の勧告を作成するプロセスの開始を命じたものである。

これらの手順は，オバマ大統領の2009年1月30日の覚書の手順（本書204頁）にならったものである。しかし，バイデン大統領覚書には，つぎのような特徴がある。

第1は，バイデン覚書は，オバマ覚書に比べ，さらに具体的に，規制審査プロセスにおいて，公衆の健康と安全，経済成長，人種的正義，環境スチュワードシップ，人間の尊厳，公正性および将来世代の利益が確保されるための具体的提言を求めていることである。

第2に，覚書は，審査基準となる費用便益分析を最新のものにするとともに，規制分析において，最新の科学的・経済的知見が反映され，定量化が困難または不可能な規制の便益が十分に考慮され，および政策が有害な反規制的・規制緩和的影響を有しないことが確保されるよう求めている。

第3に，覚書は，規則の分配的影響，規制の費用と便益の定量的または定性的な分析，規制イニシアティブがとくに不利益のある，傷つきやすい，および周辺地域の共同体にとって適切な利益があり，不適切な負担とならないよう考慮するための手続の提案を求めている。

バイデン政権は，結局，カーター，クリントンおよびオバマ各民主党政権が作りあげた大統領府規制審査システム（OMB/OIRA審査）を引き継いだ。しかし，上記覚書の指示は，オバマ覚書が「費用便益分析の役割に関する提言，分配に対する配慮・公正性・将来世代の利益への関わりの役割の検討」と簡単に項目を列挙していたのに比べ，はるかに詳細かつ具体的で，社会的弱者配慮や費用便益分析の見直しにかけるバイデン政権の本気度がうかがわれる。

OIRAに未来はあるのか

ブルッキング研究所のゲイヤーらは，「規制プロセスは，二大政党の大統領が広く合意し，何十年にもわたり，お互いに努力を傾けてきた希な政策領域である」という(214)。しかし，大統領と議会多数派との衝突が繰り返され，さらに膠着状態におちいた議会がなにも決められない状態が続くなかで，規制改革の中心的役割を担ってきたのは大統領であり，さらには，OMBに設置されたOIRAという小規模な部局であった。「行政規則制定の集権的審査は，規制費用を縮小するためにレーガン時代に生まれ，そして誕生以来根本的な再検討がなされないままに，おそらく規制国家のもっとも重要な制度となった」(215)のである。

OIRAの功罪については，設置当初より，法学者，政治学者，行政学者などによって膨大かつさまざまな議論がされてきた。すでに取り上げたように，スタインツオー，ハインツァリング，パーシヴォルなどの進歩的法学者は，OIRAによる集権的審査の廃止を主張している。しかし，「OIRAはこれまで両政党の6人の大統領のもとで規制審査機能をになってきたのであり，バイデン政権のもとでその規制審査業務が消滅するだろうと期待するのは非現実的」(216)である。

レヴェースがいうように，「バイデンは，40年間の相対的に安定した規制審査アプローチ，および実際にはそれに従わない〔トランプ政権の〕口先だけのアプローチを受け継ぎ，規制審査のコアな構造を温

(214)　Ted Gayer, Robert Litan & Philip Wallach, Evaluating the Trump Administration's Regulatory Reform Program 3, https://www.brookings.edu/wpcontent/uploads/2017/10/ (last visited Mar. 8, 2021).

(215)　Bagley & Revesz, supra note 44, at 1260.

(216)　Rebecca Beitsch, Progressives See Red Flags in Regulatory Official on Biden Transition Team, https://thehill.com/homenews/administration/527471f (last visited Mar. 20, 2021). See also Cecot & Livermore, supra note 211, at 15.

存した」。しかし，ここでは「バイデン覚書が，重要な改革の戸を開いた」ことに光明を見いだすべきであろうか[217]。そのために，バイデン政権には，これまでOIRAが果たしてきた役割・機能の冷静な分析にくわえ，それを公正で民主主義的な仕組みに改善するための強い政治的意思が求められている。

〔追記〕バイデン大統領は，タンデン（Neera Tanden）を新OMB局長に指名したが，上院の承認がえられず，2021年11月になって，局長代行ヤング（Shalanda Young）を局長に指名し直した。また，バイデンはOIRA室長をいまだに指名せず，ブロック（Sharon Block）が室長を代行している。大統領覚書（本書215-216頁）を実現する大統領命令の制定も宙にういたままである。OIRA審査の早急な改革を求める声は強いが，逆にこれを，バイデンの集権的規制審査そのものに対する消極的姿勢のあらわれであると評する意見もある。

(217)　Richard L. Revesz, A New Era for Regulatory Review, https://www.theregreview.org/2021/02/16/（last visited Mar. 20, 2021).

レヴェースは，「長期間なやましい問題と認識され，扱いにくいことが証明済み」な問題として，規制分析への分配的影響の組み入れ，OIRAの適切な役割の設計，および費用便益分析における割引率の更新をあげる（Id.)。なお，レヴェースとバグリーの主張は，OMB/OIRA審査廃止論者とは異なり，OIRAは不完全な機関ではあるが，政府の重要な機能を調整するうえでもっとも適した位置にあり，連邦省庁は自己利益を追求するあまり過剰な規制に陥りがちである，あるいは省庁は利害関係者の利害に取り込まれているという古典的で誤った前提に基づき，OMB審査を規制（とくに環境規制）への対抗措置として用いるべきではなく，それを政治的説明責任，省庁間調整，合理的な優先順位設定，それに費用対効果のある規則制定を推進する手段に復帰させるべきであるというものである（Bagley & Revesz, supra note 44, at 1261-63, 1329)。杉野・前掲（注3）156-160頁参照。

第3章　規制改革理論の変遷

1　厳格規制立法の功罪

(1)　1970年代環境法の特徴

「1964年から1980年の期間は環境立法の“黄金時代”であり，議会は，汚染を抑制し，私有地・公有地および生物を管理する22の主要な法律を成立させた」[(1)]。「この10年間における新しい連邦立法の増加は真に刮目すべきもの」[(2)]であり，「大気清浄法にはじまる1970年代初頭の環境法規は，劇的で，圧倒的で，非妥協的なものであった」[(3)]。

上記の表現にみられるように，1970年代に制定された法律の特徴は，それらが野心的な目的を掲げ，かつ，きわめて複雑で包括的な規制システムからなっていたことである。大気清浄法（CAA）を例に概要を説明しよう[(4)]。

第1に，この時期の環境法規の特徴は，連邦政府に大幅な規制権限を付与したことである。「超党派の強い支持と，大部分の抵抗を凌駕する立法的熱意の波にのり，これらの法律は，台頭する諸価値と新し

---

(1)　Christopher McGrory Klyza & David J. Sousa, American Environmental Policy: Beyond Gridlock 1（updated & expanded ed. 2013).

(2)　Michael E. Kraft & Norman J. Vig, U.S. Environmental Policy, in Environmental Policy: New Directions for the Twenty-First Century 16 (Norman J. Vig & Michael E. Kraft eds., 10th ed. 2018).

(3)　Richard J. Lazarus, The Making of Environmental Law 69（2004). ラザレスは，1970年代を「法における革命」の時代と評している。なお，本書14頁注29のサンスティーンの主張も参照。

(4)　なおCAAは頻繁に改正されており，とくに1977年と1990年に大きな改正がなされた。以下の説明は，最終期限（デッドライン）の部分を除き，基本的に現行制度のあらましを述べたものである。

い強力な諸利益に奉仕する政府の権限の著しい拡大に拍車をかけた。汚染規制法は，大気質および水質を保護する中心的な役割を連邦政府にあたえることにより，新境地を開いた」[(5)]。

CAA の規制対象は，移動または固定発生源から排出される大気汚染物質，有害大気汚染物質，自動車から排出される軽度汚染物質，自動車燃料および燃料添加物，酸性雨原因物質など広範囲におよぶが，ここではもっとも一般的な固定発生源から排出される大気汚染物質を取り上げる。

まず，EPA 長官は（州および地方自治体と協議し）大気汚染防止対策を講じる地域を大気質抑制地域に指定しなければならない。つぎにEPA 長官は，(1)「多数のまたは多様な移動もしくは固定発生源から生じて大気中に存在し」，「公衆の健康または福祉を危険にさらすことが合理的に予想される大気汚染を引きおこし，または寄与する排出物」を大気汚染物質としてリストアップし，(2)各汚染物質について大気質判定条件（クライテリア）と大気汚染防止技術情報を発布する。大気質判定条件は，「公衆の健康または環境に対するすべての同定可能な影響の種類と範囲を示すのに役立つ最新の科学的知見を正確に反映」しなければならない。さらに，(3)EPA 長官は，大気質判定条件に基づき，全国大気環境基準（NAAQS）を定める。しかし，NAAQSの決定および改訂には，きわめて議論の多い，かつ政治的にも難しい判断が必要で，長期の期間と労力が必要である。

NAAQS は，現在，一酸化炭素，鉛，二酸化窒素，オゾン，粒子状物質（PM2.5，PM10），二酸化硫黄の６つについて設定されており，

---

(5)　Klyza & Sousa, supra note 1, at 1.「1970 年代初頭，議会の強固な多数派は，この新しい行政機関（EPA）に新たな圧倒的な権限をあたえた」（Richard N.L. Andrews, The EPA at 40: An Historical Perspective, 21 Duke Envtl. L. & Pol'y F. 223, 224 (2011)）。

これらは基準汚染物質（criteria pollutant）とよばれる[(6)]。NAAQSが全国的・一律的基準とされたのは，基準設定・モニター・法執行が容易こと，地方政治の圧力を回避できること，科学的不確実性を包摂し高めに設定できること，州による規制引下げ競争を阻止できることなどが理由である[(7)]。

NAAQSが定められると，州は大気質抑制地域においてNAAQSを達成するために，州の実施計画（SIP）を作成し，EPAの承認をうけなければならない。SIPは，理論上は州の事情を顧慮しつつもNAAQSを満足させるものでなければならず，そのためにEAPは詳細なガイドラインを設けている。しかし今日，SIPは州の規制システムの大綱を示すものと解されており，実際にどの発生源をどの程度に規制するのかは基本的に州の選択にまかされている。すなわち,「1990年改正で新しい連邦許可プログラムが採用されて以降，SIPは，より一般的な計画策定文書となることが期待された」のである[(8)]。

EPAがSIPを承認すると，州はSIPに基づき州内の発生源を規制

---

(6)　NAAQSは５年毎に審査され，新しいデータに基づく検証がなされる。鉛は，NRDC v. Train, 545 F. 2d 320（2d Cir. 1976）をうけ，1978年10月５日にNAAQS規則が公示された（43 Fed. Reg. 46246)。1983年に炭化水素が削除され，1979年に光化学オキシダントがオゾンに変更された。1987年，粒子状物質の指標がPM10に変更され，1997年にPM2.5が指標に追加された。

(7)　James Salzman & Barton H. Thompson, Environmental Law and Policy 93 (3d ed. 2010).

(8)　Frederick R. Anderson et al., Environmental Protection: Law and Policy 382（3d ed. 1999)）。ただし，すべての排出物質の規制基準設定権限が州に移譲されたわけではなく，新規発生源大気汚染物質の性能基準（new source performance standards: NSPS)，有害大気汚染物質の全国排出基準（national emissions standard for hazardous air pollutants: NESHAP)，および自動車排出ガスに含まれる炭化水素，一酸化炭素，二酸化窒素，自動車燃料添加物などについては，EPAが具体的な規制基準を定める権限を有しており，実際は連邦政府が手放したかにみえる権限の多くを取り戻しているとされる。Salzman & Thompson, supra note 7, at 94.

し，これを遵守しない事業者に対して法執行手続をとることになる。もし不十分なまたは不完全なSIPがEPAに提出されたときは，EPAがSIPの全部または一部について連邦の実施計画（federal implementation plan: FIP）を作成し，規制要件を定める権限を有している。しかしEPAの権限や人員・予算が限られていることから，1970年代のロサンゼルスを除きFIPが実施されたことはほとんどなく，FIPは張り子のトラにすぎないと評されている(9)。

損害ベースアプローチ

第2に，国民の健康と生活環境を最優先項目として保護するという観点から，損害ベースアプローチまたは健康ベースアプローチが採用され，非常に高い達成目標が掲げられている(10)。たとえば，NAAQSは第1次基準（健康項目）と第2次基準（生活環境項目）からなっており，とくに第1次基準は，「公衆の健康を保護するために必要な条件（クライテリア）に基づき，および十分な安全領域（adequate margin of safety）をもって達成され，維持される」ことが必要条件とされており（42 U.S.C.§7409(b)(1),(2)），この目標を達成するにあたり，技術的，金銭的な実行可能性（feasibility）は考慮するべきではない，というのが議会の暗黙の了解であったとされる(11)(12)。

---

(9)　Salzman & Thompson, supra note 7, at 95.

(10)　マーシャル裁判官（法廷意見）によれば，1970年CAA改正法の厳格な要件は，「当時の大気汚染プログラムの進捗に対しする議会の不満と，特定の大気質基準の迅速な達成と維持を確保するために，“州を非難する”という決定を反映したもの」であり，SIPは「改正法の核心」である（Union Electric Co. v. EPA, 427 U.S. 246, 249（1976））。なお，損害ベースアプローチと健康ベースアプローチは，基本的に同義に用いられる。D. Bruce La Pierre, Technology-Forcing and Federal Environmental Protection Statutes, 62 Iowa L. Rev. 771, 776（1976-1977）.

(11)　La Pierre, supra note 10, at 776, 779, 795. このNAAQSの必要条件は，伝統的な手法である健康ベースまたは損害ベースの規制手法を踏襲したものである（Id. at 771-773）。See also Bruce M. Kramer, The 1977 Clean Air

技術強制アプローチ

しかしCAA（およびCWA）は，一方で非常に高い達成目標を掲げつつも，固定発生源から排出される基準汚染物質に実際に適用される（州が定める）規制基準については，現在ある（しばしば最善の）公害防止技術を用いれば適合可能な規制基準を示すことによって技術の改善を促し，それによってNAAQSの達成をめざすという方法を一般にとっている。これが技術（開発）強制アプローチ（technology forcing approach）と称されるものである(13)。

Act Amendments: A Tactical Retreat from the Technology-Forcing Strategy?, 15 Urban L. Ann.103, 103, 105, 109（1978）.

(12)　さらに有害大気汚染物質の排出基準については，EPA長官が「公衆の健康を保護するために十分な余裕のある安全領域（ample margin of safety）を備えていると判断した水準」でなければならないと定めており，損害ベースアプローチが一層徹底されている。議会の意図は，この水準を達成できない施設は，排出を全面禁止（施設を閉鎖）するというものであった（La Pierre, supra note 10, at 793-794; Kramer, supra note 11, at 105 n. 8, 156;『入門1』56-57頁）。

(13)　La Pierre, supra note 10, at 805; Richard B. Stewart, Regulation, Innovation, and Administrative Law: A Conceptual Framework, 69 Cal. L. Rev. 1256, 1267（1981）. これは達成水準から逆算して規制基準を定めるのではなく，利用可能な技術を基準に規制基準を定めるもので，損害ベース基準の欠点を是正したものとされる（北村喜宣『環境管理の制度と実態――アメリカ水環境法の実証分析』19-21頁，48頁（弘文堂，1992年），Thomas O. McGarity, Radical Technology-Forcing in Environmental Regulation, 27 Loy. L.A. L. Rev. 943, 944-945（1994））。しかし，技術強制アプローチが，健康ベースアプローチに比較し，より現実的で効果的な方法かどうかについては議論がある。ラピエールは，CAAは基本的に健康ベース基準をとっているが，EPAや裁判所は議会の意思を無視し，それを技術強制基準に作り替えてしまった，しかし技術強制基準が，より効果的に技術革新を促すとは限らず，1970年代後半の石油危機や景気後退のなかで，いずれの基準（アプローチ）も，技術改良による汚染の削減という効果を発揮することができなかったという（La Pierre, supra note 10, at 792-793, 796, 857-858. See also McGarity, supra, at 955-958）。

技術強制アプローチをもっとも広く採用しているがCWAであり，その代表格が，経済的に達成できる利用可能な最善の技術（BAT）である。そのため技術強制基準は，しばしばBAT基準と称される(14)。

しかし，CAAはBAT基準ではなく，合理的な費用で利用可能な抑制技術（RACT），利用可能な最善の抑制技術（BACT），達成可能な最も少ない排出率（LAER）などの基準を採用しており，施設の種類，地域などの違いにより，これらの規制基準を細かく使い分けている。BAT基準にもっとも近いのがBACT基準であり，BACTは「エネルギー的・環境的・経済的影響，およびその他の費用を考慮に入れた，……規制に服する各個の汚染物質を最大限に削減する排出基準」(42 U.S.C. &7479(3)）と定義されている。BACTはBATよりは厳しい基準とされているが（NRDC v. EPA, 822 F. 2d. 104, 110（D.C. Cir. 1987)），両者の実際上の違いは（いろいろ調査したが）判然としない。

最終期限（デッドライン）

第3に，1970年代以降の環境法規は，行政機関による適切な法執行を促すため，個々のステップごとに，法律の施行日や目標達成の最終期限（デッドライン）を詳細に定めている。ここでは1970年CAA改正法のもっとも初期の規定を紹介する。

1970年CAA改正法によると，EPA長官は法律制定（enactment）の日（1970年12月31日）から90日以内に大気質抑制地域を指定しなければならない。つぎにEPA長官は，制定日から30日以内に大気汚染物質リストを作成し，その後12か月以内に大気質判断条件と大気汚染防止技術情報を発布しなければならない。

さらにEPA長官はCAA制定日から30日以内にNAAQS規則案

(14) Bruce A. Ackerman & Richard B. Stewart, Reforming Environmental Law, 37 Stan. L. Rev. 1333, 1335（1985); Oliver A. Houck, Of Bats, Birds, and B-A-T: The Convergent Evolution of Environmental Law, 63 Miss. L. J. 403, 420-421（1994).

を公表し，90日の意見公募期間を経て最終規則を公示しなければならない。実際，法律が定めるとおり，1971年1月30日には5つの物質についてNAAQS規則案が公示され，4月30日に最終規則が公示された[(15)]。

NAAQSが公示されると，州は9か月（現在は3年）以内にSIPを作成しEPAに提出しなければならず，EPAは4か月（現在は12か月）以内にSIPを承認するか不承認とするかを判断しなければならない。州はSIPが承認された日から3年以内に第1次基準を達成しなければならない。ただし，一酸化炭素と光化学オキシダントについては2年の延長が認められる。第2次基準は，「合理的な時期」までに達成すればよいとされる（Pub. L. No. 91-604, §4(a), 84 Stat. 1676, 1678-83（1970））。

さらに有害大気汚染物質について，1970年改正法は，より厳しい最終期限を定めた。EPAは，法律制定日から90日以内に排出基準を定める予定の有害大気汚染物質リストを作成し，その日から180日以内に排出基準規則案を公示し，さらに公示から180日後に最終排出規則を定めなければならない（同法112条(b)(1)）[(16)]。

---

(15)　若干補足しよう。法律制定時には，すでに，(旧）保健・教育・厚生省によって，二酸化硫黄，全浮遊粒子状物質，一酸化炭素，炭化水素，光化学オキシダントに関する大気質判定条件が公示されており（35 Fed. Reg. 4768-69（Mar. 19, 1970）)，1971年1月25日には二酸化窒素の判定条件が追加された。これらの判定条件をもとに，1月30日および3月26日に，5つの汚染物質のNAAQS規則案が公示され（36 Fed. Reg. 1520, 5867），さらに4月30日に最終規則が公示された（36 Fed. Reg. 8187）。なお，黒川哲志『環境行政の法理と手法』28頁以下，とくに38-39頁（成文堂，2004年）の指摘参照。同書はCAAその他の連邦環境法のデッドライン条項をめぐる判決を詳細に検討している。

(16)　Robert L. Rabin, Federal Regulation in Historical Perspective, 38 Stan. L. Rev. 1189, 1289-1290（1986); Dwyer, infra note 28, at 237-239. なお，この規定は後注19に記したように，1990年CAA改正法により大幅に改正された。

議会が環境法規に多数の最終期限（デッドライン）を明記したのは，議会が行政機関の法執行能力や意欲を信用していなかった証である。しかし，議会の強力なプッシュにもかかわらず，法律の仕組みの複雑さ，科学的知見の不足，石油危機や景気後退，規制される側の産業界の抵抗，環境団体による訴訟の頻発などに災いされ，SIP 規制は進捗せず，大多数の州で当初想定した 1977 年までに NAAQS 第 1 次基準を達成することが困難になった(17)。

そこで 1977 年 CAA 改正法は，上記期限を 1982 年 12 月 31 日にまで延期し，一酸化炭素とオゾンについては「可能でない」という州の証明がある場合には，さらに 1987 年 12 月 31 日まで再延期を認めた(18)。さらに，1990 年 CAA 改正法は SIP 全体に関する最終期限を廃止し，それぞれの基準汚染物質ごとに汚染地域の区分に応じて細かな期限を個別に定めた(19)。

ウォーカー・ストーパーは，「法律の定めた期間内に第 1 次基準に適合するのに失敗した原因は，満足できる SIP を得るのに失敗した政府（EPA）と，最終的に提出された計画を首尾よく執行するのに失

---

(17) SIP の大多数は，法定期限ぎりぎりの 1972 年に EPA の承認を得た。そのため，NAAQS 第 1 次基準達成の最終期限は 3 年後の 1975 年中頃となったが，大都市の所在する 16 州にはさらに 2 年間の延長がほぼ自動的に認められた。そのため，NAAQS 第 1 次基準達成の実際の最終期限は 1977 年となった。

(18) Wlliam H. Rodgers, Jr., Environmental Law 210 (2d ed. 1994). See als Giovinazzo, infra note 33, at 116. NAAQS 未達成地域についてはさらに規制が緩和され，達成期限を定めずに「合理的で一層の進展」を目標とすることに改められた。Zygmunt J. B. Plater et al., Environmental Law and Policy: Nature, Law, and Society 555 (3d ed. 2010); La Pierre, supra note 10, at 777; Kramer, supra note 11, at 121-125.

(19) 1990 年 CAA 改正法は，NAAQS 達成がとくに困難なオゾンについて，NAAQS 未達成地域を，汚染度が軽い（marginal）から最悪（extreme）の 6 段階に分け，基準達成期限を 3 年後～20 年後に改正した。東京海上火災保険(株)編『環境リスクと環境法（米国編）』81-83 頁（有斐閣，1992 年）。

敗した州の両方にある」という(20)。しかし，実際に失敗の責任をより強く責められたのはEPAであった。ラザレスは，EPAがおかれた困難な立場をつぎのように説明する。

> 「科学は，立法の命令より，はるかに遅れていた。初期の科学的知見の成果は，ほとんどが望まれる環境の向上に対する明確な解答や方針を提供するよりは，私たちがいかにそれを理解していないかを強調するものであった」。「法律の命令は容赦ないものであり，公衆はその成果を期待した。しかし，認識できる変化の早急な実現は困難なことが次第に判明した」。「1970年代に，国の環境政策全体およびとくにEPAを巻き込んだ病的サイクルが生じた。EPAが法律上の最終期限に適合するのに失敗し，あるいは規制される団体との調整に失敗すると，議会とくに関連の法律を起草した委員会の議員と環境団体は，EPAを激しく責め立てた。他方で，EPAが厳しい法令遵守を命じると，規制される団体，州政府のメンバー，それに議会（とくに経済問題により敏感な歳出委員会）のメンバーが，同じようにEPAを猛然と批判した」。「かくして，EPAはジレンマに直面した」(21)。

第4に，法令を遵守させるための法執行システムにも，独自の方式が導入された。ここでは1990年CAA改正法以後の現状を簡単に紹介する。

まず，事業者がSIP，法令，行政機関の発した命令，許認可や遵守計画承認の要件（以下，「法令等」という）に違反した場合，EPAや州の行政機関は，報告書の提出，立入検査などの手続を経て，指導・勧告，改善命令などを発し，さらに違法行為が是正されないときは，法的強制措置をとる。強制措置は，(1)行政罰，(2)民事罰，(3)刑事罰の3つからなっており，CAA113条(b)～(d)（42 U.S.C. §7413(b)～

(20)　Richard Walker & Michael Storper, Erosion of the Clean Air Act of 1970: A Study in the Failure of Government Regulation and Planning, 7 B.C. Envtl. Aff. L. Rev. 189, 204 (1978).

(21)　Lazarus, supra note 3, at 87-89.

(d)）その他に細かな規定がある。

(1)行政罰は，法令等に違反した者に対し，EPA 長官が違反1日当たり最高 25000 ドル（現在インフレ調整により 27500 ドル），総額 20 万ドルまでの支払命令を発するものであり，(2)民事罰は，EPA 長官が法令等に違反して固定発生源施設を所有または操業する者，その他の違反行為者に対して民事差止め救済を求める訴えおよび・または違反1件につき1日当たり最高 25000 ドル（現在インフレ調整で 27500 ドル）の民事課徴金の賦課を求める訴えを連邦地方裁判所に提起するものである。ただし，EPA（および司法省）は出訴前に事件を和解によって解決するために「合理的な努力」をつくさなければならない。

(3)刑事罰は，法令等の「要件または禁止事項に故意に違反したすべての者」に罰金刑または通常5年を超えない懲役刑（併科あり）を科すもので，違反行為の種類に応じて，罰則の内容が細かく定められている。罰金刑の上限は，個人の場合は 25 万ドルまたは違反によって得た金銭的総利得の2倍，組織体の場合は 50 万ドルまたは違反によって得た金銭的総利得の2倍である。また，法令等の違反に関し，有罪判決または私法上・行政上のペナルティに結び付く情報もしくは役務を提供したすべての者（公務にたずさわる政府職員を除く）には，最高1万ドルの報償金を付与する権限が行政機関にあたえられている（113 条(f)）[22]。

一般的に環境犯罪は，1990 年以前は軽罪と解されていたために，司法省の関心もいまひとつであったが，1990 年改正によってこれが重罪に改められ，違反行為に対する強制執行が強化されたとされる[23]。

---

(22) Arnold W. Reitze, Air Pollution Control Law: Compliance and Enforcement chs. 18, 19 (2001) 参照。また，Roy S. Belden, Clean Air Act 133-138 (2001) などの解説も参照。

(23) Nancy K. Kubasek & Gary S. Silverman, Environmental Law 187 (8th

市民訴訟

今日，行政機関の法執行を促すもっとも強力な法的手段とされているのが，市民訴訟（citizen suit）である[24]。市民訴訟とは，公益保護を目的に訴訟を提起する適格を市民一般に認めるもので，すでに1899年の河川港湾法にその起源がある。当初は政府が被った経済的利益の回復が目的であったが，司法審査訴訟における環境原告の範囲を拡大する一連の判決に刺激され，環境法規への市民訴訟条項の導入がすすんだ。その嚆矢が1970年CAA改正法である。「議会は，連邦行政機関が環境事案に関して長い無責任の歴史をもつことを認識し，法を適切に執行し，強制するのを確保する任務に市民を徴募することを探究した。これは，1970年CAA改正法（42 U.S.C.§7604）に最初に組み入れられた重要なイノベーションである市民訴訟を授権することにより実行された」のである[25]。

CAAのもとで，いかなる者（any person）も，排出基準に違反し，または排出基準違反に関連しEPAもしくは州が発した命令に違反したすべての者（EPAを含む）に対し市民訴訟を提起することができる。また，いかなる者も，EPAもしくは州規制機関により提起された訴

ed. 2013).

(24)　合衆国環境法における市民訴訟については，畠山武道『アメリカの環境訴訟』第7章（北海道大学出版会，2008年）の参照をお願いしたい。また，Reitze, supra note 22, at 599-604にまとまった説明がある。邦語文献では，常岡孝好「アメリカ合衆国環境諸法の市民訴訟（Citizen Suit）制度」明治学院論叢［法学研究］417号1頁（1988年）が包括的な研究である。

(25)　Robert V. Percival et al., Environmental Regulation: Law, Science, and Policy 122（7th ed. 2013). See also Matthew Burrows, The Clean Air Act: Citizen Suits, Attorneys' Fees, and the Separate Public Interest Requirement, 36 B.C. Envtl. Aff. L. Rev. 103, 106-107 (2009). ニクソン大統領と司法省はこれに反対したが，議会が反対を押し切った。Reitze, supra note 22, at 600. なお，CAA市民訴訟条項の立法史はNatural Resources Defense Council, Inc. v. Train, 510 F. 2d 692, 699-702（D.C.Cir. 1974）に詳しい。

訟に参加し，さらにEPAがCAAのもとにおける義務の履行を怠ったかどでEPAに対する訴訟も提起することができる（Id. §§7604(a)(1)～(3)，(b)(1)(B)）。

(2) 野心的な法律の功罪

「現代環境法運動は，一部は汚染の恐怖から，一部は公衆の不信，すなわち企業への不信および政府の取組みと安心の保証への不信から生まれた。1970年代初期の立法は，広範で野心的な目標によってそれに応えたが，それは環境法に帰着するコストをともなった。環境保護の法領域は，守られない約束と，当事者対抗主義・分裂・不信により支配されたカルチャーの増大によって占拠されるに至った」(26)。

この1970年代の一連の環境立法を「野心的立法」と表現し，「野心的命令の効果には本来的な限界がある」と主張したのがヘンダーソン・ピアソンである。彼らは，現在の環境規制を構成する野心的な命令システム自体には反対しないが，それに過度に依存すること，すなわち野心的命令を厳しい法的処罰の脅威によって強制することは，不公正で場当たり的な法執行によって法の尊厳を失わせ，環境政策に対する冷笑を生み出し，法律の意図に反する結果をもたらすと主張したのである(27)。

---

(26) Lazarus, supra note 3, at 87. ほとんど前例のない新たな環境政策アジェンダの登場は，「環境破壊を防止するためのより強力で，包括的な連邦の行動に対する公衆の要求」に広く基づくものであった。政策決定者は，「全体的効果やコストが未知であっても，強力な新しい措置を熱烈に支持した」（Kraft & Vig, supra note 2, at 11, 15）。

(27) James A. Henderson Jr. & Richard N. Pearson, Implementing Federal Environment Policies: The Limits of Aspirational Commands, 78 Colum. L. Rev. 1429, 1429-30 (1978). ショーンブロッドは，ヘンダーソン・ピアソンらの論稿を念頭に，ルール法律とゴール法律という概念を用い，一般に，ゴール法律の方が技術的で複雑な問題である大気汚染規制に適しているようにみえるが，むしろルール法律の方が大気汚染を論じるためのより優れたモデル

ドワイヤーの「シンボリックな立法」モデル

しかし，その趣旨は同じながら，1970年代環境法を「シンボリックな立法」ととらえ，その問題点をより強く主張したのが，ドワイヤーである。

「大部分の規制立法は，基準の設定において競合する重要事項のバランスをとることを行政機関に指示している。しかしいくつかの法律は，他の要素を除外して単独の優先事項に取り組むことを意図し，短期の最終期限や厳しい規制設定条件を課している」。「これらの法律は，文字通りに解すると，リスクのない環境を約束しているが，受け入れることができるリスクを定める際の困難な問題を，規制行政機関または裁判所に押し付けているのである」。「しかし，シンボリックな立法のもっとも大きな問題は，行政の遅延ではなく，規制プロセスで生じたゆがみである。……守れない約束をし，それを適応させるための妥協点を残さないことによって，立法者は機能する規制プログラムを生み出す政治的妥協をより困難にした」[(28)]。

とくに批判の俎上にあげられたのが，有害大気汚染物質の規制を定めたCAA112条である。

「CAA112条はシンボリックな立法である。理由は，その命令が（制定時もその後も）文言どおりに実施されることを意図した立法者がほとんどいないからである。健康ベース基準を執行することは物理的に不可能ではないが，行政機関が他の社会的結果を考慮することなく基準を設定することはありえない。大多数の規制立法とは異なり，112条は，規制行政機関ではなく，利益集団や公衆一般に目を向けている。

を提供できるという（David Schoenbrod, Goals Statutes or Rules Statutes: The Case of the Clean Air Act, 30 UCLA L. Rev. 740, 754（1982-1983））。しかし，大気汚染以外の環境問題についてはゴール法律が適切であると述べるなど（Id. at 754, 819-824, 826），立論の趣旨が理解しにくい。

(28)　John P. Dwyer, The Pathology of Symbolic Legislation, 17 Ecology L. Q. 233, 233, 234（1990）.

またメッセージは文字通りに受けとめられることを意図していない。ばかばかしいほど短い最終期限と過度に厳格な排出条件は，立法府は，有害大気汚染物質は，怖ろしい潜在的に深刻な公衆健康問題であり，EPA はこれらの危険を抑制するために特別の努力をすべきことを認識した，という一般的メッセージを伝えるものである」[29]。「議会はこの条項を，かれこれ 20 年前に制定し，継続しているが，それは健康の保護を唱える立法を費用にかかわらず支持するという政治的利益と，健康便益をより低い規制コストの生け贄にするやにみられる大きな政治的コストのためである」[30]。

しかし，1970 年代の環境立法は，ドワイヤーらがいうように，1970 年前後に沸騰した世論と，それに迎合した議会の無責任な受けねらいの産物であり，「文言どおりに実施されることを意図した立法者はほとんどいない」と断言できるものだろうか。

ファーバーは，1992 年の論稿で，1970 年代の環境立法を「マストに縛り付けろ（備えを急げ）」や「鉄は冷たいうちに打て」というモデルで括ることはできないという。その理由は，(1)環境法の命令はすぐに忘れられる単発的なものではなく，議会はさらに 1977 年および 1990 年に，CAA 改正を施している，(2)環境法は一般により長期的な効能を有しており，立法に関与した者は，とくに法の執行が環境を向上させることを認識している，(3)多くの環境法規はシンボルであ

(29) Id. at 250.「112 条のもとで，議会は EPA に対して有害大気汚染物質について“健康ベース”の排出基準を設定することを要求したが，“安全”または“受け入れることができる”排出基準の設定にあたり執行費用や技術的実行可能性の証拠を考量することを禁止した。EPA は，健康ベース基準は大部分の工業施設を閉鎖しなければ適合できず，非現実的なほどに厳格であると主張している」(Id. at 234-235)。

(30) Id. at 235, 247.「1970 年 CAA の厳格な条文は，“政策のエスカレーション”の産物である」(Id. at 244)。ドワイヤーが「政策のエスカレーション」を招いたと名指しするのが，マスキー上院議員である。マスキーは，ネーダーらによって「ミスター汚染コントロール」に祭り上げられ，その漸進的アプローチを放棄したのである（Id. at 242-244)。

る以上に細かな業務を規定しており，1990年CAA改正法はEPAが有害大気汚染物質を迅速に規制しない場合に備え，細かなデフォルト条項を定めている(31)，また環境法規には当初の立法的合意が行政過程において消散するのを防止するための手続（聴聞権，出訴権）が含まれていることである。そこでファーバーは，「環境法は，シンボリックな立法モデルのもとで大げさにいわれるよりは強い耐久性があり，"効果がある"（bite)」という(32)。

ジョヴィナーゾも，議会は（費用便益を無視した）象徴的な目標をあえて行政や企業に提示することによって環境政策の推進を意図したのであって，議会の意図は否定されるべきではないという(33)。

> 「CAAを文字通りに執行することは不可能であるという批判は正当であるが，CAA象徴主義は機能不全であると結論付けるのは誤りである。CAAはあえて象徴的に設計されており，象徴主義は法律の成功に必要不可欠であることが証明された道具的目標に貢献する。CAA象徴主義は，無知や過度に熱狂的な議会の偶然の産物ではなかった。むしろ象徴主義は，議会がより力強い大気汚染抑制をめざし，自分に有利になるように意図的に用いた手段（thumb on the scale）である。言い換えると，CAAの象徴的命令は，EPAと企業が大気汚染に迅速に取り組むことを事前に促し，議会が十分にかつ正当に期待した法執行

---

(31)　1990年CAA改正法によって改正されたCAA112条は，EPAによる有害大気汚染物質の規制基準設定が超スローペースなことに業を煮やし，189の物質を法律に明記し，最長10年以内に発生源を特定し，規制基準を作成することをEPAに命じた。EPAが迅速に行動しないときは，法律に明記されたより厳しい規制が発効する（42 U.S.C.§§7412(e)）。『入門1』61-62頁参照。

(32)　Daniel A. Farber, Politics and Procedure in Environmental Law, 8 J. L. Econ. & Org. 59, 68-69（1992).

(33)　Christopher T. Giovinazzo, Defending Overstatement: The Symbolic Clean Air Act and Carbon Dioxide, 30 Harv. Envtl. L. Rev. 99, 107, 114（2006).

に対する広範な抵抗をかわすための議会の企てである」[34]。

ファーバーやジョヴィナーゾが指摘するように，議会は1970年CAA改正法を単なる象徴的法律にとどめず，より実効的な法律にするために，その後改正を試みた。まず議会は1977年にCAAを改正し，大幅悪化の未然防止プログラム（Prevention of Significant Deterioration: PSD）の法制度化，NAAQS未達成地域における固定発生源および自動車の検査・維持要件の強化などを図った。マスキー上院議員によると，「議会は，CAA109条〔NAAQS第1次基準〕の命令がシンボルとしての性質を有することを承知しつつ，あえて閾値を証明する明確な根拠がないということを根拠に，109条を一層強化した」のである[35]。

2 厳格規制に対する批判の台頭

「20世紀末期の規制改革運動は，ニューディールおよび戦後期に生じた経済規制および社会規制の拡大のそれぞれに対応していた。規制改革は，航空輸送や陸上運送のように政府によって厳しく統制されている市場の規制を緩和し，社会規制，とくに健康・安全・環境（HSE）の分野における規制の影響を，疑わしい規制分析に従わせることによって鈍らせることを追求した。規制改革の起源は戦後の規制に対する経済学的批判にまで遡ることができるが，その動きは，事業に課された面倒な負担に対する国のお粗末な経済的成果に連動し，1970年代

(34) Id. at 100. See also id. at 162-163. ジョヴィナーゾは，NAAQSの設定にあたり健康以外の事項，とくに費用の考慮を禁止したアメリカ貨物自動車協会事件最高裁判所判決（『入門2』60頁）を取り上げ，(1)象徴主義は，汚染抑制に対する（規制反対派の）教条的な訴訟を阻止するのに有利に働き，(2)EPAによるプラグマティックな法執行を容認し，CAAが機能不全になることを防止することなどを論拠に，「逆説的ではあるが，裁判所は，より明白な意見によってそれを支持するよりは，象徴主義を黙って受けとめることにより，CAA象徴主義をより強力に支持した」と主張する（Id.）。

(35) Id. at 113.

に勢いと政治的注目を集めるようになった」[36]。

(1) 国家規制批判の先駆者たち

一般に，アメリカ合衆国における政府規制は，1887年の州際通商委員会（Interstate Commerce Commission: ICC）による鉄道料金規制にはじまるとされる[37]。その後，政府の経済・社会生活への介入が増加するが，それが急速にかつ極端に拡大したのが1930年代のニューディール期である[38]。

第2次大戦終結後，アメリカが政治的にも経済的にも安定し，国際的な覇権（パックス・アメリカーナ）をにぎると，ニューディール型統制経済とそれを支えるケインズ経済理論を社会主義・全体主義イデオロギーになぞらえ，市場経済とアメリカ自由主義を極端に礼賛する議論が噴出した。その先導役が，スティグラー，ブキャナン，フリード

---

(36)　Jodi L. Short, The Paranoid Style in Regulatory Reform, 63 Hastings L. J. 633, 639（2012）. 規制改革は，いろいろな意味で用いられるが，同稿では概ね1970年代から2000年頃までに生じた規制緩和とそれに関連した規制緩和の試みをさしている（Id. at 639 n. 14）。

(37)　Rabin, supra note 16, at 1189, 1206-07; Binyamin Appelbaum, The Economists' Hour: How the False Prophets of Free Markets Fractured Our Society 162（2019）. 1868年の銀行規制を政府規制の始まりとする説もある（Marianne K. Smythe, An Irreverent Look at Regulatory Reform, 38 Admin. L. Rev. 451, 454 n.12（1986））。なお，ブライヤーやスマイズは，ICCの設立と同時に規制改革論議が始まったことを指摘する（Stephen G. Breyer, The Lessons of Airline Deregulation, in Reforming Regulation 93（Timothy B. Clark, Marvin H. Kosters & James C. Miller III eds., 1980）; Smythe, supra, at 454-455）。

(38)　Rabin, supra note 16, at 1192-93, 1243-53. 行政法学的に重要なのは，この政府規制の拡大に対する激しい批判が，1946年連邦行政手続法の制定に結びついたことである（Id. at 1265-66）。See also Thomas O. McGarity, Regulatory Reform and the Positive State: An Historical Overview, 38 Admin. L. Rev. 399, 404-407（1986）; Short, supra note 36, at 647-648; Smythe, supra note 37, at 455.

マンなどの経済学者たちである。

1970・80年代にかけて，まず批判のターゲットとなったのが，陸上貨物運送事業，航空事業，通信・電話事業などの経済規制分野であった。その眼目は，政府規制によって新規参入が妨害され，料金が高止まりし，利用者の利益が侵害されているというものであり，国家規制批判者にとっては，まずは過大な規制を縮小し，最終的には撤廃すべきであるという規制緩和が，ほとんど唯一の解決策であった(39)。

オーストリア生まれの経済学者ハイエクは，極端な市場礼賛と国家規制の廃止を主張したが(40)，その思想をアメリカ経済学に持ち込む先

---

(39) Short, supra note 36, at 652-656; Appelbaum, supra note 37, at 165-180; Smythe, supra note 37, at 459.

(40) ハイエクは，現実の社会を統治するルールや慣習に関する人の認知能力には限界があり，したがって中央政府には法や政策に関わる敏感な決定に必要な知見を取得し，統合する能力がないという基本認識から出発し，個人に基礎を置く市場こそが，価格というシグナルによって人びとを平和的に結びつけ，経済主体を最適な行為へと誘導し，全体として動的な秩序を達成できると主張した（ハイエク思想についてはおびただしい数の解説がある。ここでは，橋本努「フリードリッヒ・A・ハイエク 社会の自生的秩序化作用の利用」大田一廣ほか編『新版 経済思想史 社会認識の諸類型』274-287頁（名古屋大学出版会，2006年）の説明を利用した）。

しかし，ハイエクの主張の根底にあるのは，市場への信頼というよりは，社会・共産主義体制への反撥である。代表作であるF・A・ハイエク（西山千明訳）『隷属への道・ハイエク全集I-別巻』（春秋社，新装版2008年）には，経済統制，国家計画，官僚国家への怒りと批判が満ちあふれているが，とくに第4章「計画の“不可避性”」のなかの「政治による特権こそが独占を生み出した」，第7章「経済統制と全体主義」のなかの「経済を統制する権力は無制限の権力となる」，「経済的自由なしにどのような自由も存在しない」（同前55, 117, 126頁）などの表現に，ハイエク思想の要諦が示されている。

しかしこの主張は，どうみても大袈裟すぎる。「ハイエックは，社会主義は悪であり，経済を管理するという政府の役割の拡大は，社会主義で終わる破滅への道であると主張した。……〔しかし〕彼の破滅への道テーゼは，人騒がせの欠陥品であった。ハイエックは政府機能のいくつかを認めていたが，

導役となったのが，シカゴ大学の同僚にしてライバル関係にあったスティグラーとフリードマンであった。

スティグラーは，「国家統制には，自由と両立する範囲を超えて拡大する傾向があることを知るもっとも手近な方法は，ハイエク『隷属への道』を読むことである」とハイエクを賛美し，同書の目的は，(1)政治による経済生活の包括的統制は個人的自由（経済的，および政治的，知的自由）を悲劇的なほど低い水準に減少させるというテーマ，(2)イギリス，アメリカなどの西欧民主主義国家ですすめられてきた経済生活の統制の拡大が，今後も十分長期にまた広範囲にわたって続くと，究極的にはナチス・ドイツやファッシスト・イタリアの全体主義体制にたどりつくであろうというテーマ，の2つを説明することにあるという[41]。

スティグラーによると，「経済規制の理論」の中心命題は，「規制は企業によって獲得され，第一義的に企業の利益のために設計され，運用されている」という常套の「規制の虜」理論である。国家は，強制の権限，課税により金銭を徴する権限，資源の物理的移動や家計と企業の経済的意思決定を一方的に定める権限を有しており，「これらの権限が，自己の利益を増進させるために国家を利用する可能性を企業に提供する」のである[42]。

彼が由とする介入の形式と社会主義に至る介入の形式との境界をほとんど説明しなかった。ケインズは，市場と管理との間の均衡をとることが可能であるだけでなく，社会にとって必要であると考えたのである」(Appelbaum, supra note 37, at 28)。なお，『隷属への道』に対するアメリカ経済学会の反応は，吉野裕介「アメリカにおけるハイエクの『隷属への道』」経済学史研究55巻1号43-45頁（2013年）に詳しい。

(41)　George J. Stigler, The Citizen and the State: Essays on Regulation 17 (1975).「全体主義体制は，民主的“福祉”国家とは異なる類型なのではなく，その究極の形態である」(Id.)。

(42)　George J. Stigler, The Theory of Economic Regulation, 2 Bell J. Econ. & Mgmt. Sci. 3, 3, 4 (1971). スティグラーは，この命題を証明するために，航

ブキャナン・タークロックも，私的・個人的な効用最大化のための選択の寄せ集めと区別される集合的行動や集合善なるものは存在せず，規制国家は，規制される団体が公共利益を求め競争するフォーラムであるという「公共選択理論」を提唱した。企業は，より大きな公共利益を提供するその他のもっと効率的な規制手段よりは命令タイプの規制制度を選択するが，その理由は，規制が企業の商品価格と利潤を引き上げる割当て効果があるからである(43)。

フリードマンはシカゴ学派の巨頭であり，市場の役割を高く評価し，市場が長期的には均衡し，資源の効率的配分を達成すると主張するする，いわゆる経済的新自由主義の中心的存在である(44)。しかしフリードマンは，それ以上に，経済学者としての政策提言の内容よりも，徹底した自由主義思想（今日にいうリバタリアン）で知られているといった方がよいだろう(45)。

空輸送，銀行，貯蓄貸付会社，トラック運送業，石油精製会社などが，政府の補助金，参入規制，保護関税，価格統制などからいかに利益を得てきたのかを明らかにする（Id. at 5-17）。

(43)　Short, supra note 36, at 652-653 の要約による。See James M. Buchanan & Gordon Tullock, Polluters' Profits and Political Response: Direct Controls Versus Taxes, 65 Am. Econ. Rev. 139, 141-143 (1975). 公共選択論は，立法者，行政官および私的当事者を自己利益のための交渉者とみなし，規制上の選択を単に特定の私的利益が他の利益を上回る取引の結果と解する。Frank I. Michelman, Political Markets and Community Self-Determination: Competing Judicial Models of Local Government Legitimacy, 53 Ind. L. J. 145, 148-50 (1977-1978).

(44)　ローレンス・サマーズ（ハーバード大学教授）は，フリードマンを，若きサマーズにとって「悪魔のような人物」と評しつつ，「今日世界中で実施された経済政策に対し，他のいかなる者よりも大きな影響をあたえた」と賞賛する。同じくアンドレ・シュライファー（ハーバード大学）は，1980 年から 2005 年の期間は「ミルトン・フリードマンの時代」であったという（Appelbaum, supra note 37, at 24）。

(45)　渡辺教授は，リバタリアン（自由至上主義者）を「自由を至上価値とする論拠」に基づき，「自然権」論，「帰結」論，「契約」論の 3 つに大別する。

フリードマンは，企業に対する政府規制や電波割当ての撤廃，郵政民営化を強く支持し，農業補助金，住宅補助金，関税，最低賃金，公的年金，職業免許，平時の徴兵制，国立公園，有料道路の撤廃を主張し，さらにドラッグや売春の自由化に賛意を示す。他方で，教育バウチャーや一律課税の導入には積極的である(46)。

また環境保護については，「環境を保全し不当な汚染を回避することは重要な問題だ。これらは政府が重要な役割を果たすことができる問題である」と述べ，市場よりは政府の方がしばしば問題をうまく解決できるという留保付きで，政府の介入を肯定するなど，ハイエクに比べると相当に現実的である(47)。

(2) 社会規制改革のロードマップ

経済規制緩和が大きな成功をおさめると，つぎに問題視されたのが，

「帰結」論は，自由を追求することが幸福に至るもっとも合理的な選択であるとするもので，古くはアダム・スミス，現代ではオーストリア学派のミーゼスやハイエク，シカゴ学派のミルトン・フリードマン（と息子のデヴィッド）など経済学者に多い。「契約」論は，より政治学に近く，多数決に基づく民主主義のもつさまざまな問題点（たとえば，政治家や官僚は公正無私ではなく自己利益を追求するなど）を指摘し，1989年にノーベル経済学賞を受賞したヴァージニア学派（公共選択学派）のブキャナンに代表される。渡辺靖『リバタリアニズム　アメリカを揺るがす自由至上主義』86頁（中央公論社，2019年）。

(46)　ミルトン・フリードマン（村井章子訳）『資本主義と自由』169-206頁，255-316頁，359頁（日経BP社，2008年）。

(47)　M & R・フリードマン（西山千明訳）『選択の自由──自立社会への挑戦』339頁（東洋経済新報社，1980年）。ただし，「脅威のひとつはあからさまで明白なもので，われわれを葬ることを誓ったクレムリンの邪悪な人間から発せられる外部的な脅威である。もうひとつの脅威は，はるかに狡猾なもので，われわれを改変することを望む善意の意図と意思をもった人間から発せられる内部的な脅威である」（フリードマン（村井訳）・前掲（注46）365頁。原著をもとに訳文を変更）というように，国家規制に対するフリードマンの嫌悪感はハイエク譲りである。

1970年代頃に登場し，事業者に煩雑な法令遵守義務や報告義務を課すことになった新しいタイプの“社会規制”であり，その中心にあったのが，HSEを保護するための規制（環境規制）である。

しかし，環境規制は，経済分野における競争規制（新規参入規制や料金規制）とは異なり，厚生経済学が説く「市場の失敗」に起因するものであり，市場経済の仕組みを補完するために，むしろ必要なものである。そこで，環境規制の緩和や撤廃を新古典派経済学の立場から理論付けるのは難しい。この隘路を突破する救世主として登場し，市場が環境問題を効率的に解決できることを主張したのが，スティグラーの長年の同僚コースである。

【コラム】コースの定理

コース（Ronald Coase）というと，「外部性の発生者と被害者のどちらに権利があるのかさえ決まっていれば，両者の間で自発的な交渉がおこわれ，結果として政府が介入しなくて資源配分上効率的な生産量が実現する」というコースの定義が思い浮かぶ(48)。これを発展させたのが，市場の失敗の結果である環境問題（外部不経済）は，環境に対する権利を設定し，それを市場の自由取引に委ねることで解決できるという排出権取引システムの主張である。

しかし，コースは必ずしも政府の直接規制よりも排出権取引の方が

(48)　竹内憲司「経済的インセンティブ」中西準子ほか編集『環境リスクマネジメントハンドブック』471頁（朝倉書店，2003年）。なお，コースの定理をどう定義するかについては，さまざまな考えがあるが，ここでは立ち入らない。コース理論については，たとえば最近の，スティーブン・G・メデマ（新田功ほか訳）『ロナルド・H・コースの経済学』とくに第4章（124-143頁），第5章（白桃書房，2020年），栗山浩一・馬奈木俊介著『環境経済学をつかむ（第4版）』89-98頁（有斐閣，2020年），T・バトラー＝ボードン（大間知知子訳）『世界の経済学50の名著』427-438頁（ディスカヴァー・トゥエンティワン，2018年）のほかに，環境経済・政策学会編『環境経済・政策学の基礎知識』62-63頁〔常木純執筆〕（有斐閣，2006年），経済学史学会編『経済思想史辞典』135-136頁〔依田高典執筆〕（丸善，2000年）など，多数の論稿・解説がある。

優れていると考えたわけではない。「民間組織よりも少ない費用で，政府があることに取り組むことができる力をもつのは明らかである。しかし政府の行政機構は，それ自身の費用がないわけではない。その費用は，実際のところ，時折極端に高額になる」(49)。そこで，「これらを考慮すると，問題を市場や企業による解決に委ねるよりも，政府の直接規制の方が必ずしもよい結果をもたらすとはいえない。しかし同様に，なぜ，ときに政府の行政規制が経済的効率性の向上をもたらすべきではないのかの理由も存在しない。とりわけ，ばい煙ニューサンスの事例が一般にそうであるように，多数の人びとが巻き込まれ，そのため市場または企業を通した問題処理費用が高額になりうる場合は，とくにそうなる可能性がある」(50)。

コースの主張の真意は「問題は，有害影響を扱うための適切な社会的配置を選択することにある。すべての解決策にはコストがあり，単に問題が市場や企業によってうまく処理できないというだけの理由で政府規制が要求されると考えるのは合理的でない。政策に関する満足できる見解は，市場，企業および政府が，有害影響の問題を実際にどのように処理するのかについての忍耐強い研究からのみ得ることができる」(51)と述べる箇所にあり，さらに「取引費用がゼロ」という世界を想定することで，「取引費用」という概念の重要性を主張することにあったとされる(52)。

「もし達成された唯一の行動が，失われたものよりは獲得されたものが大きい行動であれば，それは明らかに望ましい。しかし，どの個別決定がなされるかという文脈のなかで社会的配置を選択する場合には，ある決定の改善をもたらすような現在のシステムの変更は，他のものをより悪くする可能性があることを思い知る必要がある。さらに，新

(49)　Ronald H. Coase, The Problem of Social Cost, 3 J. L. & Econ. 1, 17-18 (1960). 同論文の翻訳として，R・H・コース（宮沢健一ほか訳）「社会的費用の問題」『企業・市場・法』第5章（筑摩書房，ちくま学芸文庫，2020年）があるが，ここでは原典から直接訳出した。

(50)　Coase, supra note 49, at 18.

(51)　Id.

(52)　コース（宮沢ほか訳）・前掲（注49）30-34頁，竹内・前掲（注48）471頁，環境経済・政策学会編・前掲（注48）197頁〔寺西俊一執筆〕。

しいシステムへの移行に含まれる費用だけではなく，（それが市場の活動か政府部門の活動かにかかわらず）さまざまな社会的配置の運営に含まれる費用を考慮する必要がある。社会的配置を考案し，選択するにあたり，私たちはトータルな効果（影響）を考えるべきである。何よりもこれが，私の提唱するアプローチの変更である」(53)。

コースの取引費用概念に基づく政府規制批判は，すべてを自由市場に委ねればうまくいくと主張したものではなく，社会目標を達成するための手段としての国家の役割を完全に拒否したのでもない。そうではなく，国家のメリットを，新制度への移行費用と制度の運営費用を考慮してアレンジされるべき多数の問題解決制度のひとつとして再定義すること，これが（当面の）目的であったのである(54)。

しかし彼自身の注意深さとは別に，コース理論は，つぎの2つの主張に決定的な論拠をあたえることになった。第1は，環境問題を市場や民間企業の活動を通して解決することが可能であるという主張であり，第2は，国が直接に環境規制に取り組むべきか，市場の判断に委ねるべきかは，それに要する費用を比較し判断すべきであるという主張である(55)。

3　効率的規制論の台頭

厳格な環境規制に対する不満は，1970年代初頭より（自動車産業を中心に）企業の間に根強く存在したが，国民の健康や財産を守るという世論に押され，議会が法制度の見直しや緩和に向かうことはなかった。しかし，1970年代後半にさしかかると，環境規制自体に対する表だった反対こそなかったものの，経済界や保守的議員の間には，厳しい法令遵守義務への不満や，それが（代わり映えのしない）経済にあたえる影響への懸念が高まってきた。

---

(53)　Coase, supra note 49, at 44.

(54)　コース（宮沢ほか訳）・前掲（注49）183-193頁，Short, supra note 36, at 650-651.

(55)　Short, supra note 36, at 650-651.

この動きは，環境法の制定や運用を慎重に見まもっていた環境法学者にも広がり，彼らは一斉に，多様な企業に対する一律規制や，連邦政府によるトップダウン規制への批判を開始した。かくして「1980年頃には，好意的な批判者さえ，“1970年代の法律革命を賞賛するのをやめ”，国の環境法と制度をより柔軟で効率的で最終的には効果的なものに改善するための緊急の作業に取りかかるときであると主張した」のである(56)。そして「好意的批判者」という立場から環境法規の構造や執行の不備を分析し，規制改革を理論的にバックアップしたのが，アーカマン，スチュワート，ブライヤー，サンスティーンなどであった(57)。

(1) 批判の口火を切ったアーカマン

アーカマンらは，まず1974年の共著で，デラウェア川流域水質浄化計画を取り上げ，多額の経費を費やして汚水排出量とその生態系への影響が調査されたが，科学分析には多数の非現実的な仮説が含まれるなど，計画の基礎となった科学的調査に不備があると主張する(58)。そのうえでアーカマンらは，より複雑で包括的な評価を実施する必要があり，行政機関は，汚染制御の代替レベルの便益を判定するために，

---

(56) James Morton Turner & Andrew C. Isenberg, The Republican Reversal: Conservatives and the Environment from Nixon to Trump 100 (2018).

(57) ショートによると，環境規制改革に関連してもっとも論稿の引用回数が多いのは，スチュワート，ついでアーカマン，サンスティーンである。Short, supra note 36, at 659, 685 n. 273. なお，以下の記述は（サンスティーンを除き）Howard A. Latin, Ideal versus Real Regulatory Efficiency: Implementation of Uniform Standards and “Fine-Tuning” Regulatory Reforms, 37 Stan. L. Rev. 1267, 1275-92（1985）を参照している。

(58) Bruce Ackerman et al., The Uncertain Search for Environmental Quality 11-14, 28-29, 37-39, 42-46, 51-53, 137-138, 209-210, 231-243（1974）; Latin supra note 57, at 1275-84.

すべての汚染物質，すべての重要な生態的相互依存性，自然諸条件のダイナミックな変化，それに汚染物質排出量の総体的影響を評価すべきであるという[(59)]。

またアーカマンらは，厳格な，しかし一律の規制が高度汚染地域で目にみえる成果をあげなかったことを理由に，デラウェア流域全体について一律規制基準を執行するという決定の誤りを非難（嘲笑）する[(60)]。アーカマンらによると，空虚な改善を追及して何百万ドルを無駄にするよりは，地域ごとに環境に見合った費用便益衡量アプローチを採用すべきであり，厳格な汚染規制は高度な質の環境を備えた小規模の地区にのみ適用されるべきなのである[(61)]。

さらにアーカマンは，ハースラーとの共著で，非常に影響力のある著書『きれいな石炭・汚れた空気』を刊行した。同書は石炭火力発電所から排出される硫黄酸化物に関する全国一律の新規固定発生源性能基準（1979年）を取り上げ，EPAは法律の目的を厳格かつ一律に定めるのではなく，目的により柔軟性をもたせることで，CAAをより実効的なものにすることができると主張し，CAAの健康上の目標を，すべての人の（大気汚染からの）完全な保護から，救済する者の数を設定した，より相対的な保護に変更することによって，法律を洗練されたものにすべきであると主張する[(62)]。

---

(59)　Ackerman et al., supra note 58, at 27, 29-30, 54-66, 69-73, 98-100. 汚染抑制の代替レベルの費用と便益の洗練された衡量は，効果的な規制意思決定の本質的構成要素である（Id. at 123, 211-213, 217-218, 317-318）。

(60)　Id. at 28-30, 109-123, 136-145.

(61)　Id. at 29-30, 142-145, 326-327. アーカマンらが広域水質汚染対策の代替的手法として掲げるのが，譲渡可能な許可枠システムである。それは，区域毎に特定の数の排出枠を割り当て，隣接する区域の排出枠を購入した者は，同区域まで排水管を延長し汚水を排出できるので，施設移転の負担を回避できるというものである（Id. at 260-275）。

(62)　Bruce A. Ackerman & William T. Hassler, Clean Coal/Dirty Air 1-4, 10-12, 73-78, 111（1981）; Latin supra note 57, at 1276-79.

ラーテンによると，アーカマンの2つの著書に共通するのは，「意思決定者は，“効率的な”規制システムを考案するため，すべての環境上の条件，すべての経済的状況，すべての可能な抑制戦略を考慮すべき」であるという考えである。しかしアーカマンの主張には，環境問題の技術的解決を発展させるための行政機関の能力には，予算上・時間上の制約という深刻な制限が課されていることを認めようとはせず，他方で自身の排出権取引などの代替的戦略の提示にあたっては，提案を裏付ける十分な科学的知見があることを立証せず，包括的科学分析をした場合の累積的な意思決定コストや時期遅延のコストについてもなんら検討していないという不公平がある，とラーテンは批判するのである(63)。

「アーカマンおよびその他の技術専門家的意思決定の提唱者は，“効率的”な規制手段を特定するにあたり，これら〔行政機関に課された予算上・時間上〕の制約を常に過小評価している。本来的に複雑で論争的な環境問題の考察においては，たとえ穏健で効果的な抑制戦略の開発でさえ簡単にはすすまない。アーカマンやその他の多くの論者は，規制者は，環境の複雑性や不確実性，予算の制約および切迫した日程表に直面したときであっても，包括的分析を試みるべきであると主張し続けている」。「一律規制基準を批判する者は，“微調整”による規制がより“効率的”であることを主張する前に，〔微調整に必要な〕個々の知見の入手が実際に可能であることを証明しなければならないが，それは，非常にしばしば不可能である」。「規制アプローチの実用性は，望ましい社会目的を達成する能力の尺度で評価されなければならない。主要な環境法規は，多くのある程度対立する目的を内包している。コマンド＆コントロール批判者は，彼らの提案が広範な立法目的にあたえる影響を評価することなく，“微調整”戦略がより“効率的”であるとしばしば主張してきた。規制目的のゆがんだ描写は，競合する規制戦略の相対的有効性のゆがんだ分析をもたらす」(64)。

(63)　Latin, supra note 57, at 1279-81.
(64)　Id. at 1281-82, 1284.

(2) 環境規制改革論の伝道師スチュワート

つぎにスチュワートの一連の論稿を取り上げよう。スチュワートは，彼の名声を不動にした論文「アメリカ行政法の変革」では，「環境保護や食品医薬品規制のような民間市場への類似性がより少ない分野では，分配問題と選好形成問題が一層重要であり，経済分析の限界がさらに明らかである」と明言していた(65)。

しかしスチュワートは，クライアとの共編になるコースブック『環境法と環境政策』（第2版，1978年）(66)では，方向を180度転換し，当時の環境法学者としては異例なほどに「法と経済」アプローチに傾注した。

まず，同書は「環境法・政策の分析枠組み」として，パレート最適を含む経済的観点の説明に20頁を，コースの定理および取引費用の説明に30頁を割り当てる。さらに規制的手法の欠点を簡単に説明したのち，「規制に代わる措置」として排出課徴金と排出許可証取引の説明に計32頁を費やしている(67)。しかも，「環境法」のコースブックと称しながら，大部分がCAAの検討に費やされており，その他の主

(65) Richard B. Stewart, The Reformation of American Administrative Law, 88 Harv. L. Rev. 1669, 1710 (1975).「大気および水質汚染問題は，理論的には裁判所が監督する私法上の責任原則によって処理することができるが，この仕組みの執行に含まれる問題点と欠点は，〔ジャッフェのような〕責任ある学識者をして，環境劣化問題を扱ううえで不可欠な要素である中央集権化され，専門化された行政的監督を支持させるに至った」(Id. at 1691)。

(66) Richard B. Stewart & James E. Krier, Environmental Law and Policy : Readings, Materials, and Notes (2d ed. 1978). 同書第1版（1971年）はクライアが編纂したが，第2版は，スチュワートが分析枠組みはほぼそのままに，分量を大幅に拡充し，再構成し，アップデートした。

(67) CAAやCWAが定める伝統的な規制的手法は，基準の施行日がいく度も延期さたことで法律の目標が達成されておらず，厳格で一律の規制は，新しい施設や製品への投資，健全で効果的な対応の開発を妨げている。そのため，経済的手法（課税や排出権取引）の導入が必要である（Id. at 432-436, 501-505, 532-535)。

要環境法規の説明は省略されている。

全国的環境団体EDFのグラフは,「このケースブックの最大の強みは体系化に向けた試みであり，最大の弱点は，その体系の構築のためにほとんどもっぱら経済学者のアプローチを用いることであって，両者は実は切り離せない」と評する(68)。読者が同書の記述・構成を素直に受け取ると，環境問題の大部分は大気汚染問題であり,「規制か市場（経済的手法）か」の選択ができれば，環境問題は解決できるという印象を抱きかねないからである(69)。

スチュワートは，クライアとの共著論文（1980年）では，さらに歩をすすめ，判例法，制定法，規則の集積物であって日々急速に変化する環境法・環境政策の分析には，問題を整理するための理論枠組みが必要であるとしたうえで,「経済分析は，とくに環境問題に適用するには大きな限界があるが，現在利用できるもっとも一般的で，強力で,首尾一貫した組織化のための枠組みを提供する」,「私たちは，コマンド＆コントロール規制に対する系統だった経済学的批判の発展と,経済的アプローチから引き出される，そして静的・動的文脈の両面で伝統的な規制的統制にまさる代替案（とくに排出課徴金，排出許可証取引，および“混合”システム）の検討をすすめている」(70)と確言する。同論文は，コマンド＆コントロールの内容や特徴をとくに説明していないが，おそらく「コマンド＆コントロール」という名称を用いたもっとも初期の法律論文であろう。

スチュワートの初期の主張を集大成した大作が「規制，イノベーションおよび行政法：その概念枠組み」である。スチュワートは，冒

(68)　Thomas J. Graff, Book Review, 93 Harv. L. Rev. 282, 289 (1979).
(69)　Id. at 284.
(70)　James E. Krier & Richard B. Stewart, Using Economic Analysis in Teaching Environmental Law: The Example of Common Law Rules, 1 UCLA J. Envtl. L. & Pol'y 13, 15-16 (1980).

頭で「連邦健康・安全・環境（HSE）規制の大幅拡大と1970年代のアメリカの生産性向上の低下が符合している」という主張は，規制の悪影響をひどく誇張しているが，「にもかかわらず，規制が新しい設備や製品に対する投資に悪影響をあたえることに疑問の余地はない。この事実は，規制イニシアティブと急激な生産性の低下との明白な関係と相まって，政府は規制プログラムを緩和すべきであるという要求を引きおこす」という[71]。しかし，環境規制の拡大とアメリカ産業の急激な生産性低下との間に，本当に「明白な関係」があるのだろうか。

ただし，単なる規制の緩和は，彼の意図するところではない。スチュワートは，「コマンド＆コントロール規制の際だった特徴は，規制に従う個々人に要求される詳細な行動の命令と，より劣った成果を許さないペナルティによる命令の執行であり，より優れた成果のためのインセンティブを提供せず，しばしば法令不遵守の程度に応じたサンクションが調整されていないことである」と述べ，つぎのようにいう。

> 「コマンド＆コントロールアプローチが，HSE問題に対処するための“第1世代”戦略であるというのはもっともだ。それは社会的成果を増進するという要求に対する高視度な対応であり，……成果を増進することが知られた利用可能な措置の採用を確約する。しかし，（法執行によって現在の技術を広めるという）第1世代“執行＆普及”戦略には，より長い目でみると重大な制約がある。それには高い法令遵守費用と市場イノベーションに対すると重大な障壁がある。さらに対抗的意思決定手続に関わる遅延，不確実性および費用は，国内の強力な反規制モードに少なからず寄与している。現在のシステムは，イノベーションへの影響を改善するために変更されるべきである。さもないと，社会は単なる（規制の）厳しさを軽減することにより，規制が

(71) Richard B. Stewart, Regulation, Innovation, and Administrative Law: A Conceptual Framework, 69 Cal. L. Rev. 1256, 1259-60 (1981). See also id. at 1290-94.

これまで築いた社会的成果を失う可能性がある」(72)。

スチュワートのコマンド＆コントロール批判

スチュワートは，まず「現在の行政改善システムは，そのほとんどがもっぱら企業の特定の行為を要求または禁止する“コマンド＆コントロール”措置に依拠している」とし，その内容を「コマンドは命令，差止め，民事課徴金および罰金を通して執行され，規制される企業は，一般に法令不適合の程度に比例した罰金を支払っても，あらかじめ特定された行為からはずれることが認められない」という(73)。

スチュワートのコマンド＆コントロール批判は多岐にわたるが，ここでは，「目標の移動」問題と「回転」問題を取り上げよう。

まず，スチュワートによると，現在のような短期の基準達成期限の設定と頻繁な基準改正は，革新的技術の創造に必要な投資と安定した市場の発展を阻害するという「標的の移動」問題を発生させている。そこで，それを解決するには，議会や行政機関がさらに早い時期に規制基準を定め，基準達成のためのより長期の時間を企業に認めるべきであり，そのために行政機関による達成要件の設定に，より大きな柔軟性を認めることが必要である(74)。

つぎに，技術イノベーションには投資と技術の転換の強化が不可欠である。しかし現在のCAAやCWAの規制システムは，既存施設よりは新規施設により厳しい規制基準を適用することによって，既存施設の継続的使用よりは新規施設の建設や新製品の開発に高いコストを課し，市場イノベーションと社会イノベーションのための資金の回転を弱めている。これが「回転」問題である。これを解決するために，

(72)　Id. at 1326, 1367-68. See also id. at 1282-83.

(73)　Id. at 1264. なお以下の記述は，Latin, supra note 57, at 1288-1290を参照している。

(74)　Stewart, supra note 71, at 1271-72, 1283, 1311, 1316-17.

新規施設の達成基準を定めるときに，既存施設と新規施設の排出負担額のバランス，および資本投資の回転と社会イノベーションにあたえる影響を考量するようEPAに明確に命じることなどが必要である[(75)]。

これらの具体的提言をふまえ，スチュワートは，「コマンド＆コントロール措置とは対照的に，排出課徴金，排出許可証取引などの市場ベース代替策は，理論的上は社会的成果を発展させるための継続的な経済的インセンティブを提供し，他方でこれらのインセンティブに対応するための柔軟性を企業に認める」，したがって，「市場と社会のイノベーションを推進するうえでもっとも有望なのは，課徴金や排出許可証取引などの分散化された誘引システムである」，これらの採用には執行や確実性に多くの問題があり，不確実さやイノベーションに対するその他の負担を除去することもできないが，「にもかかわらず，これらの代替案には強力な利点があり，制約を最小限にする」と述べ，そのメリットを縷々説明するのである[(76)]。

交渉による規則制定

もうひとつ，スチュワートが1981年論文で力説したのが，規則制定手続の柔軟化である。スチュワートによると「定形化された」規制基準設定手続は，規制プロセスに過大なコストと不確実性を付加している。そこで彼は，通常の告知・聴聞手続に代わる「交渉による規則制定」を主張する。彼によると，交渉による規則制定は，時間と訴訟のリスクをともなう通常の規則制定手続を回避し，企業に技術革新のための柔軟性とインセンティブを提供する[(77)]。

---

(75)　Id. at 1269-71, 1285, 1311, 1323, 1370-71.

(76)　Id. at 1264, 1373-74. なお，Richard B. Stewart, Economics, Environment, and the Limits of Legal Control, 9 Harv. Envtl. L. Rev. 1（1985）は，同旨をさらに詳しく述べたものである。

(77)　Stewart, supra note 71, at 1273-75, 1328-30, 1333-37, 1340-41, 1344-53, 1373.

交渉による規則制定（negotiated rulemaking: Reg-Neg）は，ダンロップ（フォード政権の労働長官，ハーバード大学教授）が1975年に主張したもので，スチュワートもその後の議論に関与している[(78)]。スチュワートは，これを労使の対立が激しい労働関係規則制定とのアナロジーで，環境規制分野にも拡大すべきことを主張したのである。

1982年，交渉による規則制定の先導的提唱者であるハーターの報告書が公表され，それをもとに合衆国行政会議は，連邦行政機関の規則制定に関する交渉に用いるための技術基準とその運営のための非拘束的指針をセットで勧告した。ついで1983年には連邦航空庁で，1985年にはEPAで実際に交渉による規則制定が実施された。「1990年交渉による規則制定法」によって，この手続は法定の制度となり，さらに「1996年行政紛争解決法」による再授権によって恒久法となった[(79)]。

コルニーシーは，交渉による規則制定は多くの者により認知されたとし，つぎのようにいう。

(78)　John Dunlop, The Limits of Legal Compulsion, reprinted in 1975 O.S.H.Rep.（BNA）884, 886（Nov. 12, 1975）; Phillip J. Harter, Negotiating Regulations: A Cure for Malaise, 71 Geo. L. J. 1, 28（1982）. See also Note, Rethinking Regulation: Negotiation as an Alternative to Traditional Rulemaking, 94 Harv. L. Rev. 1871, 1871 nn. 2-4（1981）. また，杉野綾子『アメリカ大統領の権限強化と新たな政策手段――温室効果ガス排出規制政策を事例に――』67-69頁（日本評論社，2017年）の指摘も有益である。

(79)　Richard B. Stewart, A New Generation of Environmental Regulation?, 29 Cap. U. L. Rev. 21, 87-89, 89 & n. 275（2001）; William H. Funk, Bargaining toward the New Millennium, 46 Duke L. J. 1351, 1353-55（1997）; Harter, supra note 78, at 114; 杉野・前掲（注78）65-71頁。なお，交渉による規則制定をめぐる各種の議論については，Stewart, supra, at 89-94; 常岡孝好『パブリック・コメントと参加権』第9章，第10章（弘文堂，2006年），澤田知樹「インフォーマルな行政手法の適法化・正当化」阪大法学53巻2号415-422頁（2003年）などに，適切な説明がある。

「かつては行政法学者間の議論に限られていた手続が，ここ10年の間に，首都のいたるところで政策決定者の目を引きつけた。議会は1990年の交渉による規則制定法において，規制のための交渉を公式に是認し，1996年には同法を恒久的に再授権した。ここ数年にわたり，執行府は，クリントン政権の連邦政府業務審査（NPR）および行政機関の長に対する大統領指令を通して，規制のための交渉を明確に支持した。また議会も特定の規則の作成にあたり，当該の行政機関が交渉による規則制定を用いるよう命令しはじめた。これらの取組みの結果，連邦行政機関は，交渉による規則制定として知られる合意ベースのプロセスの利用を開始したのである」(80)。

しかし，その後の交渉による規則制定の展開が，スチュワートの期待したような実績と効果をもたらしたかどうかには疑問が残る。交渉による規則制定について，ハーターらの推進論者が掲げた目標は，(1)正規の告知・聴聞手続に比べ，規則制定に要する期間を短縮できる，(2)規則の受容性を高めることにより，その後に予想される訴訟を回避・削減できるの2点である。しかし，この主張を批判したコルニーシーの詳細な実証研究によると，第1に，多数当事者間の交渉によって合意が成立し，最終的に制定された連邦行政規則はきわめて少数である。1991年から1996年の間に，20190の最終規則が制定されたが，交渉によるものは24（0.1%）にすぎず，ピーク時の1996年においても，同年に制定された連邦規則3762のうち，法定の交渉手続によって制定されたものは7であった。第2に，交渉による規則制定は，規則案作成に費やされた時間をなんら短縮せず，（伝統的な告知・聴聞手続に比べ）その後に続く訴訟の数をむしろ増加させたとされる(81)。

---

(80)　Cary Coglianese, Assessing Consensus: The Promise and Performance of Negotiated Rulemaking, 46 Duke L. J. 1255, 1255-56（1997）.

(81)　Id. at 1258, 1271-77, 1278-85, 1298-1301, 1309-10, 1335. 交渉による規則制定をもっとも多く利用したのはEPAで（Id. at 1273），EPAは交渉を規則

サイデンフェルドも，コルニーシー論文に依拠しつつ，「交渉による規則制定は，告知・聴聞手続パラダイムの替わりとしてほとんど役立たない。交渉による規則制定は，規則制定のための時間と司法的挑戦の可能性を劇的に減少させなかったようにみえる。より重要なのは，交渉による規則制定は行政機関と民間交渉参加者による資源の集中的投入を要求する集約的プロセスであ〔り〕」，「告知・聴聞に代替する候補にはなりえず，融通の利かない規則や硬直化した規則制定プロセスの万能薬とはなりえない」という(82)。

なるほど，交渉による規則制定は，交渉に参加した当事者をある程度満足させたようである。しかし，それが真に規則制定に必要な資源を節約し，公益（政策）の質を高めるのに寄与したかどうかは，さらに検証する必要がある。

制定プロセスの手法として組織ぐるみで推進するために，特別の部署を設置した（Funk, supra note 79, at 1354）。しかし交渉による規則制定は，EPAと参加者の双方に重い負担を課すことになった（Klyza & Sousa, supra note 1, at 357 n. 73）。そのため，EPA は正式の交渉による規則制定手続よりは非正式の（インフォーマルな）規則制定手続をむしろ選択した（Jeffrey Lubbers, Achieving Policymaking Consensus: The（Unfortinated）Waning of Negotiated Rulemaking, 49 S. Tex. L. Rev. 987, 996-1002（2008））。したがって，「交渉による規則制定は，次世代規則制定への転換について重要な役割を果たすことがなかった」（Klyza & Sousa, supra, at 309）のである。なお，杉野・前掲（注78）73-75頁，80-85頁は，コルニーシー論文を詳しく紹介し，さらに独自の分析を試みている。

(82)　Mark Seidenfeld, Empowering Stakeholders: Limits on Collaboration as the Basis for Flexible Regulation, 41 Wm. & Mary L. Rev. 411, 448-450, 456-458（2000）. See also Klyza & Sousa, supra note 1, at 198-199; Stewart, supra note 79, at 92-94. ファンクは，交渉による規則制定は，これまで築き上げ，遵守されてきたアメリカ行政法の基本原則（行政機関は法および合理的意思決定を通して公益を追求する）を巧妙に崩壊させる「羊の衣をまとった狼」になると警告する（Funk, supra note 79, at 1356, 1387-88）。なお，杉野・前掲（注78）75-78頁は，フリーマン・ラングバイン，バーラ，カルダート・アーシュフォード，ファンクの所見を検討しており，有意義である。

(3) その他の効率的規制論者(クーリー, ブライヤー)

クーリーも, 1970年代中葉から80年代初頭にかけ, CAAの規制枠組みや個別の条文を批判する多数の論稿を公表している。それぞれがCAAの個々の規定の解釈適用に関わる実務上の問題を取り上げたものなので, ここでは詳述をさけるが, 全体的な論旨は, CAAは内国歳入法典(連邦税法典)にも匹敵する複雑かつ難解な法律であり, 企業が負担するコストや地域格差を無視し, 異常な程に厳しく一律にNAAQSや最終期限(デッドライン)を定めており, 1977年CAA改正法による適用緩和措置も不十分であるというものである[(83)]。

当時気鋭の行政法学者であったブライヤーも, 1980・90年代にかけ, 規制の目的と規制の手法がミスマッチであるという観点から, 規制緩和や経済的手法の活用に向けて, きわめて影響力の強い議論を展開した。その先駆けとなったのが,「規制の失敗の分析:ミスマッチ, より規制的でない代替案および改革」である。ただし, この論稿は, 自動車安全規制などに若干ふれてはいるが, メインは経済規制にあり,「規制のない市場が規範であり, 政府の介入を提唱する者は, それが, 規制のない市場が提供できない重要な公的目的を達成するために必要なことを証明しなければならない」, および「特定の規制プログラムについて最終決定に達する前に, 規制または規制緩和のすべての便益と損失, およびそれを正当化する根拠を詳細に検討することが必要である」という基準を設定したうえで, 電気・通信, 航空輸送などの規制のあり方を議論したものであった。

その結論は,「"不完全な"自由市場は"完全な"政府規制の導入を求めているという単純な見解は放棄されるべき」であり, 規制目標ご

---

(83) David P. Currie, Relaxation of Implementation Plans Under the 1977 Clean Air Act Amendments, 78 Mich. L. Rev. 155, 155-158 (1979); David P. Currie, Direct Federal Regulation of Stationary Sources Under the Clean Air Act, 128 U. Pa. L. Rev. 1389 (1980) など。See id. at 1390-91 n. 6.

とに，新規参入規制，基準設定による規制，個別免許制，原価主義による料金規制，税・排出許可証取引，規制緩和，自主的交渉，情報公開などを，個別的かつ柔軟に組み合わせるべきであるというものであった[84]。

その３年後，ブライヤーは彼の名を不動のものにした著書『規制とその改革』を刊行したが，同書も前出の論稿と同様，航空輸送，陸上貨物輸送，天然ガス料金，電信電話通信などの経済規制分野を中心に，これに環境汚染規制をくわえ，規制目的（根拠）と手段のミスマッチ，およびその改善策を詳細に議論したものであった。

ブライヤーによると，環境汚染，とくにスピルオーバー問題（ここでは，市場価格には反映されない外部費用の発生をさす）解決のための最善の策が，規制基準設定システムに代わる税と排出権取引からなる「インセンティブベースシステム」である。ブライヤーは，排出権取引には，法令違反の有無の発見が難しい，排出権を割り当てた後の修正が難しい（柔軟性の欠如）などの問題があることを認めつつ，「基準設定に比べると理論的長所に恵まれており，汚染をストップするうえで，ほぼ間違いなく（likely）より効率的・効果的であり，改良が容易であり，より柔軟でもありうる」という。

ただし，ブライヤーの排出権取引に関する議論は，今日読み返すと，いかにも中途半端である。第１は，彼が税と排出権を（時折その違いに言及はするが）同一に議論していることである。しかし，アメリカでは，その後も環境規制のための連邦賦課金（課徴金，税）には反撥が強く（州・自治体では相当数の実績がある），彼の議論はそれだけ魅力を欠いたといえる。第２は，ブライヤーは，「より実務的な比較」と称し，排出権取引に対するいくつかの重要な批判に答えている。し

---

(84)　Stephen G. Breyer, Analyzing Regulatory Failure: Mismatches, Less Restrictive Alternatives, and Reform, 92 Harv. L. Rev. 547, 551, 552, 609 (1979).

かし，内容は一般的・抽象的で，具体例も外国の実例の引用にとどまっていることである。「汚染のような複雑なスピルオーバー問題を取り扱うにあたり，古典的基準設定からインセンティブ制度への依存の増加は“かなり確実に”（probably）望ましい」（強調原文）が，より細かな実務上の問題をどう克服するのかという論点を含め，「重要な改善が現実に可能かどうかを知るために，一層の究明が求められる」というのが，彼のとりあえずの結論となっている(85)。

やや時期を遅くし，1990年になって環境規制改革論議に参戦したのがサンスティーンである。サンスティーンの主張は，本書277頁で，まとめて議論しよう。

(4) 効率的規制論者からみたレーガン政権の規制緩和

1981年1月にレーガン政権が発足すると，ストックマン，ミラー，トージ，デミューズなどの強力な指揮のもとで規制改革がはじまった。しかし。その内実は，スチュワートやアーカマンらが期待した緻密で技術的な規制制度改革ではなく，EPAの予算と人員をカットし，必要と思われる規制まで廃止し，法律の執行を緩和する（企業の自主的法執行，または州の執行に委ねる）という乱暴なものであった（本書20頁）。それもあってか，環境法・行政法学者のなかで，レーガン流の規制緩和を正面から支持する者はほとんど見当たらない。

---

(85) Stephen G. Breyer, Regulation and Its Reform 171-174, 274-275, 284 (1982). ブライヤーは，1974-75年，上院司法委員会の特別顧問として，エドワード・ケネディ議員が主宰する航空料金規制緩和のための公聴会の運営に手腕を発揮し，規制改革論者として広く知られるようになった（See Breyer, supra note 37)。しかし，1977年カーター大統領が当時の民間航空委員会（別名：安売りチケット監視役）を解体するために同委員長に選んだのは，ブライヤーではなくカーン（Alfred Kahn）であった（Appelbaum, supra note 37, at 168-169, 171)。その埋め合わせか，カーターは大統領選挙敗北後の1980年11月13日，ブライヤーを第1巡回区連邦控訴裁判所裁判官に任命した。

たとえばスチュワートは,「この国に蔓延する最近の反規制ムードは,より野心的な制度の変更を生み出すことができる。しかしこのエネルギーは,現在のコマンド＆コントロール規制の仕組みを単に取り除くことに向けられているという徴候がある。この対応は,制度の基本的変更によって見込まれる市場的および社会的利益を実現することはなく,社会的成果を犠牲にするだろう」と述べ,レーガン政権の規制改革に疑念をなげかける(86)。

マガリティも,「レーガン政権が最初にめざしたのは,規制をより効率的,効果的にするための規制の練り直しではなく,単に規制を撤廃することであった」とレーガン政権の規制改革を批判し,「その取組みは,経済規制の領域では大部分が成功をおさめたが,それは政治的配慮と利害関係集団との相互作用が社会規制の領域で生じたような抵抗を生じさせなかったからである」という(87)。

その他,1980年代には,規制改革,規制緩和を論じた多数の著書・

---

(86)　Stewart, supra note 71, at 1377. スチュワートの主張は,コマンド＆コントロールアプローチが達成した成果を否定するものではなく,「現在のコマンド＆コントロール規制手段は,市場イノベーションに対する悪影響を軽減し,社会イノベーションの誘因措置を提供するために,変更され,または代替的な手段に置き換えられなければならない」(Id. at 1261, 1312) というものである。「レーガン政権は生産性に対する規制の影響に関心を示しているが,現在の規制システムを縮小し,新しいアプローチを開発するよりは,単に (規制の) 厳しさを軽減することを,より意図しているようにみえる」(Id. at 1312)。

(87)　Thomas O. McGarity, Regulatory Reform in Reagan Era, 45 Md. L. Rev. 253, 255, 261 (1986). マガリティによると,レーガン規制緩和の失敗は,環境規制の緩和などは望んでいない世論を読み違えたことにある。「規制改革運動が初期の社会立法の制定をもたらした運動のような強い社会運動であるとは思えない。むしろそれは,これら初期の運動に対する反作用であり,行政機関に対する,やりすぎるなという合図である。公衆は規制の軽減ではなく,より理知的な規制を,つまり規制緩和ではなく規制改革を望んでい〔た〕」(Id. at 271) からである。

論文が公刊されたが，ほとんどが，経済学者，行政学者，政策学者の手になるもので，法学者の論文としては，ガーランドの論稿が目につく程度である[88]。

(5) 効率的規制論に対するラーテンの批判

こうしたなか，議会では1980年代半ばより環境規制緩和に対する揺り戻しがはじまり，連邦議会は，逆に超党派で従来の環境法規を一層強化する方針をとった（本書31頁）。この動きと平仄をあわせたわけではないが，この頃の法学者の議論には，規制改革よりは伝統的な環境規制システムの優位性を主張したものが目をひく。

効率的規制改革論に対する批判の先鞭を付けたのが，ラーテンの「規制の効率性の理念と現実：一律基準の執行と“微調整”規制改革」である。ラーテンは，技術強制基準であるBATなどの一律規制基準を中心に構成されたCAAやCWAの規制システムを全面的に擁護し，スチュワートらの規制改革論に厳しい批判をくわえた。

ラーテンは，生態系の複雑さと知見の不足，科学的知見や（汚染防止）技術の不確実さ，法律に込められた（単独ではない）複数の政策目的の達成など，環境規制行政にはさまざまな制約があることを指摘し，「“規制改革”に関する学術論文は，理論上の効率性に過度に執着し，現実の意思決定コストや執行上の制約を不十分にしか強調していない。いかなる環境規制システムにも，大きな不確実性，高い意思決定コストがあり，私的・公的利害の衝突から生じる巧妙な戦略的行動が必要であるが，にもかかわらず作動しなければならない。これらの制約のもとで，一律規制基準が非効率的だという事実には争いがないが，それは，他のすべてのアプローチが必然的によりよい成果を達成

(88) Merrick B. Garland, Deregulation and Judicial Review, 98 Harv. L. Rev. 505-591 (1985). 内容は，表題が示すように，政府が進める規制緩和に対して司法審査はいかにあるべきかを議論したものである。

するということを証明しない」という。

さらに，より個別化された柔軟な規制戦略（彼はこれを「“微調整”による規制改革」と名付ける）と一律基準を比較すると，情報収集・評価コストの縮減，結果の一貫性と予測可能性，意思決定へのアクセス（公衆による審査と参加），強まる司法審査に対する耐久性，政治的・官僚的圧力に対応する行政機関の巧みな行動，被規制者による妨害行為の減少，被規制企業の移転機会の減少などの点で，一律基準が“微調整”を上回っており，実際の執行を考えると，“微調整”は多くの環境上の文脈において実行不可能であり，「環境規制の実効性は，むしろ最近企まれている“微調整”の程度を減らすことによってしばしば改善される」と強調するのである[(89)]。

> 「理論上“効率的”な多くの戦略は，実際には，しばしばもっとも効率的でない。多数の提唱者は，すでに試され，不満足であることが分かっているさまざまなアプローチを支持している。……大部分の“微調整”提案は，現在の環境上の知見と規制上の能力の現実的評価よりは，希望的思考の反映である。コマンド＆コントロールは不完全ではあるが，禁止的ではないことが証明された社会的コストによって，環境の質の実質的改善を促した。それ故，一律規制基準の批判者は，現在の規制システムを“改革”するよりも前に，“微調整”アプローチが確実に執行可能であり，より良い成果を実際に達成するであろうことを，合理的な確約により証明することを求められるべきである」[(90)]。

アーカマン・スチュワートの過剰な反論

素朴なユートピア理論というレッテルを貼られたアーカマン・スチュワートは，ラーテンを楽観主義的（panglossian）現状肯定論者と決めつけ，(1)現在のシステムはうまく機能しておらず，経済発展と変化および環境問題に関する知見が発展するにつれ，ソビエト型の中

(89)　Latin, supra note 57, at 1270, 1271.
(90)　Id. at 1273.

央集権計画のごとき機能不全が一層深刻になるだろう，(2)経済的インセンティブシステムは，中央集権的規制命令に対する抜本的代替案(fundamental alternative) であって，規制方式の“微調整”ではない，しかも経済的インセンティブシステムは実行可能あり，効果的であることは経験が証明している，(3)ラーテンは，彼ら（アーカマン・スチュワート）の提案がもたらす短期的・長期的な環境政策に関する知的で民主的で説明可能な対話という大きな社会的便益を無視している，と激しく批判した(91)。

しかし，冷静に考えてみよう。(1)は学術論文の則を超えたイデオロギー的な非難であり，(3)は論証も反証も難しいだろう。アーカマン・スチュワートの反批判の主眼は(2)にあり，ラーテンから非現実的な理想と批判された排出許可証取引システムを擁護することにあったといえるだろう。彼らは排出許可証取引システムが「統制負担コストの配分をもっとも少なくし，毎年何十億ドルを節約する」と主張し，BAT 基準に対する排出許可証取引システムの優位性を 11 頁にわたり縷々説明する。しかし，排出許可証取引システムの実行可能性や効果は，アーカマン・スチュワートがいうほどに，すでに証明済みといえるのだろうか(92)。この問題は，さらに検討する必要である。

---

(91) Ackerman & Stewart, supra note 14, at 1334. Bruce A. Ackerman & Richard B. Stewart, Reforming Environmental Law: The Democratic Case for Market Incentives, 13 Colum. J. Envtl. L. 171 (1988) も，論調は同じままに排出枠取引システムが環境法を民主的で説明可能なものにし，官僚制度を効率的なものにすることを強調したものである (Id. at 188-199)。

(92) Ackerman & Stewart, supra note 14, at 1341-1351. たとえば，「伝統的規制アプローチに対する代替案として排出枠取引が潜在的に重要であるにもかかわらず，このプログラムの影響を評価する努力がほとんどなされないのは，驚くべきことである」と述べるのは，他ならぬ排出枠取引の守護神ハーン（後注 103）である。Robert W. Hahn & Gordon L. Hester, Where Did All the Markets Go? An Analysis of EPA's Emissions Trading Program, 6 Yale J. on Reg. 109, 109 (1989).

最後に，アーカマン・スチュワートも，1960-70年代の環境立法が大きな成果をあげたことを評価し，少数の汚染問題を短期間で解決するための手法としてあまねくBATの適用を試みたことは合理的であったともいえるとする。そのうえで，「私たちの不満は1970年代初頭の法律起草者に対してではなく，これらの初期の立法を歴史的視野におこうとしない1980年代の法律家に対してである」と述べ，環境法の変革に向けた議論に法学者が参加することを呼びかける(93)。

とはいえ，排出許可証取引や「交渉による規則制定」に批判的な論者を，改革に踏み出そうとしない楽観的現状肯定論者と決めつけるのは，いかがなものか。ラーテンのいうように，「非現実的な“微調整”戦略と一体になったコマンド＆コントロール基準に対する度を超した学術的批判は，より良い規制ではなく，より少ない規制を達成するために仕組まれた政治的主唱に，理論的信頼性のオーラをあたえ

---

(93)　Ackerman & Stewart, supra note 14, at 1364-65. 彼らは，「ラーテンは私たちを非現実的であると批難するが，私たちの改革はこの基本的許可システムを放棄するのではなく，そのうえに構築される。実のところ，私たちは現行の許可制度に対し，広範囲ではあるが，わずか2つに反対するにすぎない」(Id. at 1341)。第1は，現在の許可が無価値（ゼロ価値）であり，第2はそれが譲渡不可能なことである（Id.）と付け加える。

アーカマン・スチュワートは，「経済的インセンティブシステムは，中央集権的規制命令に対する抜本的代替案である」(Id. at 1334）といいつつ，現在の規制許可システムが環境政策の基盤となることを認めているようである。しかし，そうであれば現在の許可システムを「ソビエト型中央集権計画」と嘲る必要があったのか。コール・グロスマンは，「ソビエトスタイル」という侮蔑的表現を強く批判し（Daniel H. Cole & Peter Z. Grossman, When Is Command-and-Control Efficient? Institutions, Technology, and the Comparative Efficiency of Alternative Regulatory Regimes for Environmental Protection, 1999 Wis. L. Rev. 887, 888 n.2（1999）），ワーグナーは，これを「いささか支離滅裂」(schizophrenic）であると評する（Wendy E. Wagner, The Triumph of Technology-Based Standards, 2000 U. Ill. L. Rev. 83, 84 n. 5（2000））。

る」[94]という批判に，おそらくより多くの理があるからである。

厳しい規制は技術革新を阻害しない

さらに，アーシュフォードらは，コマンド＆コントロール規制が企業の技術革新を妨げるというスチュワートらの主張を検証すべく，連邦環境法規が，PCB，フロン（CFCs），鉛，塩化ビニル，綿粉塵，アスベストの使用に課している規制の類型・強度と，企業の対応の類型・反応の内容（抜本的技術革新，すでに進行中の技術革新の加速，特定技術の単純適用，既存技術の拡大）との関連を実証的に検討した。

その結果は，規制基準設定による規制は，製品の生産と工程の双方において多様な技術革新と厳しい規則の遵守をもたらし，「厳しすぎる規制は技術革新を妨げるという広く支持されている信念とは反対に，アスベストの事例では，十分な厳格さの欠如した基準が〔かえって〕技術革新を妨げ」，新製品の開発ではなく，たとえば換気装置の設置のような既存技術の拡散をもたらしたにすぎないというものであった。そこでアーシュフォードらは，規制システムをより合理的で思慮深く設計することによって，「規制は，HSE目的のための技術改善を促し，生産工程の望ましい再構築をもたらすために用いることが可能である」という[95]。

---

(94) Latin, supra note 57, at 1272. そもそも，軍事や人事管理に由来する「コマンド＆コントロール」という語彙が，環境法の学術用語にふさわしいかどうかを議論すべきであろう（Short, supra note 36, at 660-662)。「“コマンド＆コントロール”という術語は，すべての規制が，選択されるべき個々の行動を命令してはいないにもかかわらず，すべての形式の規制を悪くいう（disparage）ためのきわめて効果的なレトリック手段であった」(George B. Wyeth, “Standard” and “Alternative” Environmental Protection: The Changing Role of Environmental Agencies, 31 Wm. & Mary Envtl. L. & Pol'y Rev. 5, 10 n.32 (2006)）という指摘は正当である。なお，後注270のドリーセンの指摘も参照。

(95) Nicholas A. Ashford et al., Using Regulation to Change the Market, 9 Harv. Envtl. L. Rev. 419, 431, 463-466 (1985). ファーバーも，「伝統的規制テ

結局，1980年代になされたアーカマン・スチュワートらの改革提案は，議会の注目するところとはならず，広く法学者の支持を得ることもできなかった。スマイズによると，正統派改革者とは，公衆の健康・安全の保護のためには，ある種の規制的制約が必要なことを承認するが，「過重な規制」を問題視し，「規制は少ないほどベターであり，はるかに少ないのがベストである。そして規制のためのコマンド&コントロール拘束服は，可能な限り廃止するか，経済的インセンティブ制度に取り替えるべきである」と主張する者をいう。しかし，「正統派改革者は，健康・安全規制の実体的改革，すなわちこれらの規制制度を市場の空気にさらし，浄化するための改革にはさほど成功しなかった」のである[96]。

4　排出枠（排出許可証）取引をめぐる議論

(1) 市場ベース規制論者の願いがかなう

しかし1988年，H・W・ブッシュが長年の懸案であったCAAの改正を大統領選挙の公約に掲げたことから，規制改革論議がふたたび活気を取り戻した。改革論議の中心は，レーザーが指摘するように，ずばり排出枠取引であった。

「おそらくもっとも重要なのは，大統領候補H・W・ブッシュがCAA再授権を彼の選挙運動の目玉にしたことである」。「政権が発足す

クニックへの攻撃は，あまりに安易なものであった」としたうえで，「伝統的規制は煩雑で難解なことが判明しているが，このような問題は必ずしも生来的なものではない。規制プロセスの改善は可能と思われる」と改革論者を牽制する（Daniel A. Farber, Revitalizing Regulation, 91 Mich. L. Rev. 1278, 1290 (1993)）。なお，やや時期を下るので，ここでは紹介を略するが，伝統的規制手法を擁護し，厳しい規制こそがより技術革新を促すことを強く主張するのが，Wagner, supra note 93; Cole & Grossman, supra note 93などである。後述348-350頁参照。

(96)　Smythe, supra note 37, at 459, 461-462.

ると，ブッシュは早速，1990年CAA改正法となった大統領府バージョンを起草するために，助言チームを発足させた。ブッシュのチームはその時間の大部分をCAA再授権法のなかの酸性雨の細部の検討に費やし，これらの条項が大統領提案のもっとも革新的な部分であることが判明した。グループは SO_2 総量に課された全国規模のキャップと一体になった許容量（allowance）取引システムを選択したが，これはもっぱらEDFのダン・デューデック（Dan Dudek）により設計されたもので，2000年までに SO_2 排出量を1000万トンにまで削減することを意図していた」[97]。

ブッシュはこの許容量取引の導入に熱心であった。というのは，このシステムは，命令的規制よりも市場ベース規制を好むブッシュの意向に適合し，規制による負担増に不満をもつ中西部州の電力会社や選出議員を沈黙させ，かつ許容量取引の当初の提唱者がEDFであったことから，環境団体の支持も期待できるので，政治的に得策であるとブッシュは考えたからである[98]。

ところで，環境政策における市場ベース規制の検討においては，排出課徴金構想（ピグー税，ボーモル・オーツ税）が先行し，排出枠取引に関する議論は，1970年代後半以降にようやく本格化した。先に記したように，アーカマン，クライア，スチュワート，ブライヤーなどの法学者は，伝統的規制手法に代わる経済的インセンティブ手法の優位を早くから主張していたが，それらは理念的，構想的なもので，具体的な制度設計を前提にした実践的理論とまではいえなかった。

しかし1980年代に入ると，コース理論を突破口に，排出枠取引の導入を提唱する経済学者の論文がつぎつぎと登場した[99]。ここでは，

---

(97) Judith A. Layzer & Sara R. Rinfret, The Environmental Case: Translating Values Into Policy 146 (5th ed. 2019).

(98) Id. at 147.

(99) Susan Rose-Ackerman, Market Models for Water Pollution Control: Their Strengths and Weaknesses, 25 Pub. Pol'y 383, 404-406 (1977); Ackerman & Stewart, supra note 91, at 175 n.9. なお，もっとも初期に排出

とくに重要と思われるティーテンバーグの著書を取り上げる。

まずティーテンバーグは，コマンド＆コントロールアプローチの根本的問題は，汚染コントロールに必要な情報を所有する者と汚染削減のインセンティブを所有する者のミスマッチにあるという問題を提起し，それを解決するのが，排出枠取引であるという。

「汚染抑制（コントロール）責任を費用対効果的に配分するインセンティブを有する者（規制権限者）は，この目的を達成するために利用できる情報をほとんど有しない。費用対効果的な選択について最善の情報を有する者（施設管理者）は，自発的に彼らの費用対効果的責任を引き受け，または規制権限者が費用対効果的任務を実行できるように，彼らに公正な費用に関する情報を伝達するインセンティブを有しない。〔逆に〕施設管理者は，彼らの競争上の地位を維持・強化するために，できるだけ少ない抑制責任を引き受けるインセンティブを有する。この政策的環境のもとで，コマンド＆コントロールによる責任の配分が費用対効果的ではなく，かつ費用対効果的たりえないことは驚くべきことではない」。「排出枠取引は，コマンド＆コントロール規制によって生じた情報とインセンティブの問題を，参加者がその役割のために最善をつくすのを認めることで解決する。規制者は，規制目標に適合する者に対する譲渡可能枠を制限することにより，発生源が適切なインセンティブを持つことを確実にする。個々の発生源は，規制権限者が定めた範囲内で，排出枠取引に備わった柔軟性を自身の費用

枠取引モデルの可能性を主張し，そのアプローチの普及に貢献したとされるのが，カナダの経済学者ディルスの著書（J.H. Dales, Pollution, Property, and Price; An Essay in Policy-Making and Economics（1968））である。See James E. Krier, The Tragedy of the Commons, Part Two, 15 Harv. J. L. & Pub. Pol'y 325, 325-326（1992）; 杉野・前掲（注78）24-25頁，Rose-Ackerman, supra, at 384 n.2. ローズ・アーカマンの論稿は，排水課徴金と排出権取引プログラムを比較し，後者の優位を主張したものであるが，同時に，市場メカニズムのイノベーション効果が過大評価されていること，また緊急かつ局所的な汚染などに対処するために，特定の浄化命令の法的執行によって法令遵守を確保するための非市場的規制計画が必要なことを明記する（Id. at 384, 399-402）。

を引き下げるために活用することで，集合した発生源全体から生じる総費用を削減できる。この場合，私利私欲が費用対効果性と合致するのである」(100)。

ティーテンバーグの功績は，排出枠取引システムの論点を簡潔に整理し（ただし，それ自体は独創的ではない），その根拠となる基礎理論を，汚染物質の性質ごとに数式を用いて詳細に明らかにし，さらに従来のEPAの排出枠取引プログラムの実践例（オフセット，バブル，ネッティングおよびバンキング）をもとに，規制費用削減の効果，点在する汚染源を排出枠取引に組み入れる方法，取引システム維持費用の分配，市場支配力におよぼす影響，法令の強制執行費用などを推計し，制度設計上および，実際の執行上の論点を明らかにしたことである。

しかし，ティーテンバーグの結論は，排出枠取引を手放しで礼賛するものではなく，「このプログラムが起動しうるかどうかに関する私たちの知見は完全にはほど遠く，一層の研究がとくに必要な多くの領域をカバーしていない」と認め，小規模地域汚染源，継続的モニタリングのための高額ではない正確な手段，新規汚染源バイアス影響の記録と定量化，汚染物質規制のための長期費用と短期費用の区分などの検討課題を掲げるものである(101)。この慎重な留保にもかかわらず，同書は出版と同時に大きな反響をよび，排出枠取引論議のバイブルとなり，その後の政策形成に大きな影響をあたえることになった。

ティーテンバーグの著書，EPA内部における経験の蓄積，さらにCAA改正に向けた政権内部や議会の動きに動機付けられ，1991年前後には排出枠取引に関するローレビュー論文が急増することになっ

(100) Thomas H. Tietenberg, Emissions Trading: An Exercise in Reforming Pollution Policy 15-16 (1985). なお，ティーテンバーグが，大気汚染対策として排出権取引を主張したのは，1974年である。Thomas H. Tietenberg, Design of Property Rights for Air Pollution Control, 22 Pub. Pol'y 275(1974).

(101) Tietenberg, Emissions Trading, supra note 100, at 212-213.

た[102]。ここでは，その代表的論客として，ハーンを取り上げよう。彼の論稿は多数にのぼるが，おそらく法学者にとってもっとも分かりやすく，かつ興味深いのが，1990年CAA改正法の成立直後に公刊されたステーブンズとの共著論文[103]であろう。

ハーン・ステーブンズは，経済的判定基準が，(1)環境政策の目標および基準の設定，ならびに(2)目標達成のための手段の選択において重要な役割を果たすべきであるという。まず(1)の目標設定については，汚染抑制費用に対する汚染削減便益を測定し，純社会便益（総便益と総費用の差額）が最大になるような汚染削減水準を選択するのが経済学的パラダイムであり，そのために，汚染物質は，抑制の限界便益が抑制の限界費用と同じになる水準に抑制される必要がある[104]。

つぎに(2)の手段の選択については，伝統的コマンド＆コントロール規制メカニズムとインセンティブベース政策の2つがあるが，前者の一律技術ベース・達成基準は，確立された環境目標および基準を達

(102)　Hahn & Hester, supra note 92 at 374 table 2; Brennan Van Dyke, Note, Emissions Trading to Reduce Acid Deposition, 100 Yale L. J. 2707-09 nn.1-11（1991）に列挙された文献参照。その他，Jody Freeman & Charles D. Kolstad eds., Moving to Market in Environmental Regulation: Lessons from Twenty Years of Experience 40-47, 90-94（2007）には，当時から2000年前後までの（経済学者を含む）多数の論稿が網羅されている。

(103)　Robert W. Hahn & Robert N. Stavins, Incentive-Based Environmental Regulation: A New Era from an Old Idea?, 18 Ecology L. Q. 1（1991）. ハーンはカーネギ・メロン大学教授で政府規制の専門家。H・W・ブッシュ政権の経済諮問委員会上級スタッフなどを務め，1990年CAA改正法の起草にも関与した。ステーヴンズは，環境経済学，気候変動政策学研究のリーダーのひとり。合衆国平和部隊ボランティアとして中東で灌漑開発，西アフリカで農業拡張に携わった。帰国後はEDFの専従エコノミストとして活動し，1988年ハーバード大学助教授となった。

(104)　Hahn & Stavins, supra note 103, at 4-5. ここで彼らが引用するのが，Thomas H. Tietenberg, Environmental and Natural Resource Economics 21-32, 33-34, 45-46（2d ed. 1988）である。なお，大塚直『環境法〔第4版〕』90, 107頁（2020年）も参照されたい。

成するのには効果的かもしれないが，社会的費用は高額となり，企業は不当に高額で非効率な汚染抑制手段の使用を強いられる。理由は単純で，汚染抑制費用は，企業間および企業内でさえ大きく異なるからである。政府は理論上は，なんらかの手段によってすべての発生源を同一の限界抑制費用によって統制できれば，発生源の間に汚染抑制負担を費用対効果的に配分できるが，そのためには個々の企業や発生源の機能に関する詳細な情報が必要であり，その情報の収集には膨大な費用が必要である。

それに対して「経済的インセンティブシステムに基づく政策メカニズムは，企業が，すべての抑制負担の費用対効果的配分をもたらすであろう方法および程度で汚染抑制努力を“自動的に”引き受けることを保証し」，さらに「一般によりクリーンでより安い生産技術を発見するインセンティブを企業に提供する」(105)。そこで著者は，EPA が従来取り組んできた3つのインセンティブベース政策（汚染課徴金，排出許可証取引システム，デポジット・還付システム，市場障害除去）の成果を検証するのである。

しかし意外なことに，ハーン・ステーブンズの結論は，以下のように，むしろ控え目ともいえるものである。

> 「市場主導政策はすべての問題には適合しないが，たとえばインセンティブベース政策は，事柄が大気圏内の総汚染レベルに限られる酸性雨のような問題には，ほとんどぴったりである。この場合，経済的インセンティブメカニズムは企業全体にわたり汚染抑制負担を配分し，所与の総抑制レベルのための支出全体を最小にする。しかし，コマン

(105)　Hahn & Stavins, supra note 103, at 6, 7. なお，著者が強調するように，本論文は，もっぱら目標達成手段の選択に焦点をあて，政策決定者は特定の環境目標をより経済的な方法で達成することを重要視すべしという最近の動向を反映したものであり，「したがって，政策決定者の目標設定任務を強調する従来の提案とは異なる」（Id. at 5）ことに注意する必要がある。See also id. at 29–30.

ド＆コントロール政策は，地域的で閾値のある影響を示すような環境問題には好ましいだろう。この場合は，個々の発生源から排出された汚染物質のレベルが問題となる」。「単独のアプローチで，すべての問題にとって理想的なものはない。真の挑戦は，個々の特有の状況にとって正しい政策を決定することである。政策の最善の組合せは，一般に，市場とより伝統的な規制プロセスのミックスである。進歩した政策の設計と執行に向け，政策決定者には，現在のプログラムを放棄するのではなく，順応させることが求められる」(106)。

(2) 排出枠取引の導入に対する抵抗勢力

「排出枠取引の広範な採用は，排出者の無関心だけではなく，官僚的惰性と内部抗争，環境主義者による教条的反対，議会の敵意により妨げられてきた」(107)。これは，排出枠取引システムの立法化に邁進し，その熱中ぶりから「自由市場マニア」(108)と評されたEDFデューデッ

(106)　Id. at 14, 15. See also Robert N. Stavins, Market-Based Environmental Policies 33, BCSIA Discussion Paper 98-02, Kennedy School of Gov. (Feb., 1998). なお，ハーン・ヘースターは，それより以前の論稿で，排出枠取引システムがうまく機能するためには，細かな制度設計だけではなく，取引活動や取引費用に影響をあたえる行政規制の緩和，現行の複雑な規制プログラムがもつ負担の軽減，環境団体・事業者・規制者間の綿密な協議などの条件が必要なことを示唆しており (Hahn & Hester, supra note 92, at 404-405), ボーモル・オーツも，「理想的な政策パッケージは，……それぞれの状況下で，環境上の損害の発生源を規制するために用いられる税，許可証取引，それに直接規制などの手法の混合物を含むものである」と明言している (William J. Baumol & Wallace E. Oates, The Theory of Environmntal Policy 190 (2d ed. 1988))。

(107)　Daniel D. Dudek & John Palmisano, Emissions Trading: Why is this Thoroughbred Hobbled ?, 13 Colum. J. Envtl. L. 217, 218 (1988). ハーン・ステーヴンズも，インセンティブベースアプローチの導入を妨げるのは，既存の規制システム権益にしがみ付くEPA官僚や専門技術者，それに一般公衆の誤解・無理解であるという批判を繰り返す (Hahn & Stavins, supra note 103, at 14, 16, 21; Stavins, supra note 106, at 27-28)。

(108)　Peter Passell, Sale of Air Pollution Permits is Part of Bush Acid-Rain Plan, N.Y. Times, May 17, 1989, at Al, col. 1.

クらの主張である。

第1に抵抗勢力に名指しされたのが，EPAの官僚や専門技術者である。しかし，事情はやや複雑である。というのは，EPA内部にあっては，大気局と政策・計画・評価局が伝統的に不仲であり，前者が伝統的規制アプローチを擁護したのに対し，後者はより緩やかな規制基準や市場ベースインセンティブを強く主張するなど，以前から両者の立場の違いが鮮明であったからである。

1990年のCAA改正の際にも対立が表面化し，ライリーが予定した民主党員デーヴィス（元プリンストン大学）の政策・計画・評価局長就任が（民主党の反対で）宙に浮き，政治的混乱をおそれたライリーは，結局デービスの局長任命を断念した。そのため，その後の法案審議で政策・計画・評価局は蚊帳の外におかれ，立法に必要な分析やデータの大部分は（伝統的な規制手法を主張する）大気局が準備するというねじれが生じた(109)。

ミチェル，ワックスマンらの議会指導者も，排出枠取引には興味を示さなかった。「EPA大気局と議会の指導者は（排出枠取引）計画に疑問をもっていた。しかしブッシュがこれについて取引しないと宣言したので，彼らは黙って従った」(110)。

第2の抵抗勢力が，「グループ10プラス」と称される全米規模の環境団体である。彼らは総じて環境規制の経済分析や経済的インセン

(109) Marc K. Landy, Marc J. Roberts & Stephen R. Thomas, The Environmental Protection Agency: Asking the Wrong Questions From Nixon to Clinton 288 (expanded ed. 1994). ライリーは政策・計画・評価局内に経済的インセンティブ・タスクフォースを立ち上げ，市場誘導政策の適用可能性の調査を命じたが，その最終報告書「経済的インセンティブ：環境保護のための選択肢」が公表されたのは，法案成立後の1991年3月であった（Hahn & Stavins, supra note 103, at 2 n. 8)。なお，杉野・前掲（注78）27-30頁の指摘参照。

(110) Landy et al., supra note 109, at 289.

ティブ方式には否定的かつ冷ややかで，伝統的な厳格規制の擁護者という旗印を掲げてきた。その禁を破ったのがEDFである(111)。EDFの執行理事クラップは，1986年，ウォールストリートジャーナルに投稿し，正当な社会的ニーズを最低限の生態的損害で推進するための新しい手段の形成に向け，政府や企業との提携を重視した新たな環境活動アプローチが出現したと述べている(112)。

EDFの上席エコノミストとして活動したのがステーブンズやデューデックであった(113)。彼らは,「プロジェクト88」の作成に深く関わり，合衆国・カナダ間の長期の懸案である酸性雨対策として，二酸化硫黄の排出枠取引を連邦レベルで制度化すべきことを強く主張した。これに直ちに賛同したのが，議会調査局やアメリカ石油協会の報

---

(111)「環境団体は（EDFを例外として），“コマンド＆コントロール”アプローチを使い続け，環境問題に取り組む市場ベースアプローチに反対している 」(Robert W. Hahn, United States Environmental Policy: Past, Present and Future, 34 Nat. Resources J. 305, 332 (1994))。「EDFは，汚染を抑制するために環境市場の支持を表明したが，NRDCは，環境改善のための原則的方法である“コマンド＆コントロール”アプローチをいまだに支持している」(Id. at 325)。EDFは，1967年，著名な環境弁護士ヤナコーンやニューヨーク州立大学の科学者ビュルスターがニューヨークで立ち上げた（フィリップ・シャベコフ（さいとう・けいじ＋しみず・めぐみ訳）『環境主義ー未来の暮らしのプログラム』119頁（どうぶつ社，1998年））。法律と科学を結合した専門性の高い団体で，おもに大気汚染対策を標的にした法律家専門集団であるNRDCに性格が類似する。

(112) Hahn & Stavins, supra note 103, at 2 n. 5. なお，Judith A. Layzer, Open for Business: Conservatives' Opposition to Environmental Regulation 138-139 (2012); シャベコフ（さいとう＋しみず訳）・前掲（注111）302-305頁は，これら環境団体の新たな動き（第3の波）の背景を説明している。

(113) Hahn & Stavins, supra note 103, at 2 n. 7. 大統領府案の作成にあたり大統領府要人との調整を担ったのは，EDFの上席エコノミスト・デューデック（Daniel Dudek）である（Id. at 24 n. 145)。レーザーは，硫黄排出枠取引システムは「主としてデューデックにより立案された」と明言する（Layzer & Rinfret, supra note 97, at 146)。なお，前注97および同108が付された本文参照。

告書である。これらの働きかけが功を奏し，二酸化硫黄の排出枠取引がブッシュ大統領のCAA改正提案に盛り込まれることになった[114]。

原生自然協会（Wilderness Society）や全米野生生物連盟（National Wildlife Federation）などの経済スタッフを抱える環境団体は（EDFほど熱狂的ではなかったが）これを支持し，全米オーデュボン協会，シエラクラブおよびNRDCは，経済的インセンティブメカニズムが自然保護分野に限って有益なことを認めた。とくに大気汚染問題のリーダー格であるNRDCが，条件付きながら賛成に転じたことが重要であるとされている[115]。

かくして，1990年CAA改正法に排出枠取引が規定された。それは中西部州の石炭火力発電所の硫黄酸化物のみを取引の対象としたものにすぎず，従来の大気汚染規制システムに取って代わるものとは到底いえなかったが，排出枠取引提唱者にとっては一応満足のいくもの

---

(114)　Robert N. Stavins ed., Project 88 – Harnessing Market Forces to Protect Our Environment: Initiatives for the New President (1988), available at https://scholar.harvard.edu/files/stavins/files/project_88-1.pdf. (last visited Sep. 4, 2019). 同報告書について，櫻井泰典「アメリカの1990年改正大気浄化法と排出権取引――州・連邦関係と政策形成過程――」社會科學研究60巻2号110頁（2009年）参照。なお，杉野・前掲（注78）32-33頁は，政権内部における改正提案検討の様子を詳しく伝えている。

(115)　Hahn & Stavins, supra note 103, at 24-25.「EDFの自由市場おたく達（enthusiasts）は，大気汚染問題に関する環境団体の連合組織である大気清浄連盟を支配することはできなかったが，連盟内のNRDC伝統主義者に対する対抗勢力として役立った」(Passell, supra note 108)。なお，櫻井・前掲（注114）110頁注16も，排出枠取引の導入に際しEDFが果たした役割を非常に高く評価する。しかし，EDFの酸性雨問題広報官ホーキンス（David Hawkins）は，「自分は市場ベース立法を支持しないが，なんらかの信頼できる手段により硫黄酸化物の実質的削減を確かにする法案がブッシュ政権によって上程されたなら，EDFはそれに反対しない。反対は大気清浄連盟を分裂させるリスクがあり，この年の酸性雨立法の機会を難しくする」(Passell, id.) と述べている。排出枠取引システムを酸性雨対策の切り札とすることについては，EDF内部にもさまざまな意見があったことがうかがえる。

であった。というのは，排出枠取引の法制度化によって同システムの是非をめぐる国内の議論は一段落し，あとはその実績・効果を検証しつつ，排出枠取引の範囲を拡大することが期待できたからである(116)(117)。

5　息を吹き返した費用便益分析

(1) モラールの規制点数表

時間を1980年代に戻そう。環境規制における費用便益分析の利用をめぐっては，フォード政権時以来の長い論争の歴史があり，レーガン政権が費用便益分析を規制影響分析の根幹にすえたことは，すでにふれた（本書139頁）。しかし，OMBが実施した費用便益分析は，OMBがあらかじめ選択した規制緩和という政策目標に実体法規の内容を適合させることが目的であって，省庁の分析官が作成した規制分析文書が真面目に考慮されることはなく，したがって，規制影響分析の水準も高いとはいえなかった(118)。

---

(116)「酸性降下物抑制への挑戦は，汚染制御のための市場スキームの実験について素晴らしい機会を提供し，改正法の執行は，市場システムの確立に関する経験を提供するだろう。政府は，他の形式の汚染の制御のためのより優れた取引システムを考案するためにも，その長所・短所を研究すべきである」(Dyke, supra note 102, at 2726)。

(117)　排出枠取引の実施状況とその評価は，別途議論しよう。ここでは，とりあえず Layzer & Rinfret, supra note 97, at 152-154; Orts, infra note 173, at 1245，杉野・前掲（注78）34-36頁を参照。

(118)　Thomas O. McGarity, Reinventing Rationality: The Role of Regulatory Analysis in the Federal Bureaucracy 286 (1991).「規制分析は非常に不正確な手法なので，実体的目標に合わせ操作できる。たとえば，OMBは審査する規則の実体的内容に影響をあたえるために，規制分析審査の役割を利用してきた。よくあることだが，優れた分析でもOMBの気に入らない実体的結果を支持するものはOMB内で悪い点を付けられる，と省庁の政策分析官は信じている。そこに，より高いレベルの意思決定を実際に真面目に支援できる客観的分析をしようというインセンティブはほとんどない」(McGarity,

費用便益分析が，政治的利用によって信頼を失うなかで，費用便益分析（当初は費用対効果論争）にふたたび注目が集まることになった。その火付け役となったのが，OIRAの経済学者モラールが1986年に公表した「1人の命を救うために要する各種のリスク軽減規制のコスト」である(119)。

これは，モラールが「政府が規制のために選んだリスクの種類とこれらの介入手段の効果を示す体系的情報はほとんどない」という認識に基づき，早死リスクの軽減を意図した44の連邦規制手段を選択し，それぞれについて連邦政府が死亡者を1人減らすために費やしたコストを推計し，それを一覧表にしたものである。その表によると，最小はNHTSA（全国幹線道路交通安全局）によるステアリングコラム（自動車のハンドルとギアをつなぐ軸）対策の1人当たり10万ドル，最大はOSHAによるホルムアルデヒド規制の1人当たり720億ドルであった。また，44の規制手段のうち3分の1は，1人の命を救うのに1億ドル以上を費やしていた。

この点数表は大きな反響をよび，その後はこれを模した調査研究がしばらく続く。なかでも有名なのが，テングスらが1995年，グラハム監修のもとで公表した点数表である。これは，1人の命を救うための政府の規制的介入のコストにはゼロ（貯金）から1兆ドルまで大きな違いがあり，もっとも費用対効果が低いのは毒素の規制であったというものである(120)。

---

supra note 87, at 272. 初期の未発達な費用便益分析の多くが，規制緩和を正当化するために用いられたことも，政治的批判を助長した（Richard L. Revesz & Michael A. Livermore, Retaking Rationality: How Cost-Benefit Analysis Can Better Protect the Environment 27-29 (2008)）。

(119) John F. Morrall III, A Review of the Record, 10 Regulation 25, 30 (1986). See also Sidney A. Shapiro & Robert L. Glicksman, Risk Regulation at Risk: Restoring a Pragmatic Approach 80-87 (2003).

(120)(121) いずれも，Richard W. Parker, Grading the Government, 70 U.

グラハムとテングスは翌1996年第2版を公表したが，それは前年の調査で検証したいくつかの費用を再配分することで救われる命の数を計算したもので，結論は，より費用対効果のある介入措置の代わりに対策費用の高い小さなリスクに金銭が使われることによって，6万人の追加的生命が失われているというものであった。この研究は，その詳細な内容よりは，「不合理な政府規制が，毎年6万人を殺している」というキャッチコピーで一躍有名になった(121)。

最後にもっとも厳密で権威があるとされたのが，ハーンの1996年および2000年（改訂版）の研究である。これは100の主要な規制を対象にした「連邦規制活動の経済にあたえる影響に関するもっとも包括的な評価」とハーンが自賛するもので，規制は社会全体に純便益をもたらしたが，「中立的な経済学者の便益対費用テストに合格した規則は，半分にみたなかった」という結論であった(122)。

これらの点数表については後に批判が続出するが，しばらくの間は各種の規制改革論を根拠付けるもっとも分かりやすいデータとして，ブライヤー，ヴィスクーシー，サンスティーンなどの規制改革論者や，OMB年次報告書，議会の公聴会，ジャーナリズム，ロースクール（の教材）などの間で引っ張りだこであった(123)。

モラール論文から12年後の1998年，批判の口火を切ったのがハインツァリングである(124)。その後，モラール，テングス，カーンらの

Chi. L. Rev. 1345, 1349-52（2003）; Frank Ackerman & Lisa Heinzerling, Priceless: On Knowing the Price of Everything and the Value of Nothing 44-50（2004）: Shapiro & Glicksman, supra note 119, at 87-89の要約による。個々の報告書のタイトルおよび出典の（長い）表示は，同所をみられたい。

(122)　Parker, supra note 120, at 1350, 1352-53.

(123)　Id. at 1350-51; Lisa Heinzerling, Regulatory Costs of Mythic Proportions, 107 Yale L. J. 1981, 1983, 1993-98（1998）.

(124)　Lisa Heinzerling, Reductionist Regulatory Reform, 8 Fordham Envtl. L. Rev. 459（1998）. See also Heinzerling, supra note 123.

点数表支持者とハインツァリング，アーカマン，マガリティ・ラッテンバーグ，パーカーらの批判者との間で，激しい論争が展開されることになった(125)。論争の細部に立ち入る余裕はないので，ここでは，ハインツァリング・アーカマンによるモラール批判のさわりを紹介する。

ハインツァリング・アーカマンの批判は，(1)モラールらの点数表は，実際には採用されず，計画すらされたことがない架空の規制を多数含んでおり（とくに1人の命あたりのコストが100万ドルとされた規制の半数以上は実行されていない），環境規制のコストを不当に高額に見せている，(2)規制が人命や死についてもたらす便益のみに着目し，規制が（死に至らない）健康や生態系にもたらす便益を無視している，(3)高齢者や将来発がんする者の命を，現在値に比べ不当に低く評価しているの3つである(126)。

1993年，クリントン大統領が大統領命令12866に署名したことにより，費用便益分析は黄金時代を迎える。この命令は，基本的に1981年のレーガン大統領命令12291の大部分を継承し，それをさらに洗練されたものにしたからである。さらにクリントン政権時の第103・104議会には，費用便益分析法案，リスク評価法案と称する多

(125) John F. Morrall III, Saving Lives: A Review of the Record, 27 J. Risk & Uncertainty 221, 211-212, 235-237 (2003); Parker, supra note 120, at 1352-53 nn.25-30 に論争に関与した研究者の論稿が列挙されている。

(126) Ackerman & Heinzerling, supra note 120, at 47-60. See also Heinzerling, supra note 124, at 463-465; Shapiro & Glicksman, supra note 119, at 82-84. マガリティ・ラッテンバーグは，Heinzerling, supra note 123 の主張を一部訂正し，(1)規則制定にあたりなされる法令遵守費用の事前予測は，それが事業者の情報に依拠していることから，実際の費用に比較し数桁の大きさで異なることがある，(2)企業が特定の規制措置を遵守するために用いた資源を事後的に正確に評価するのは著しく困難またはしばしば不可能である，(3)したがって信頼される事後評価のために経験的作業の蓄積と評価能力の向上が必要であるという（Thomas O. McGarity & Ruth Ruttenberg, Counting the Cost of Health, Safety, and Environmental Regulation, 80 Tex. L. Rev. 1997, 1998-99 (2002)）。

数の法案が提出された（本書64頁）。

これらの動きに歩調をあわせ，法学者の間でも費用便益分析をめぐる議論に拍車がかかった。法学界における論争のリーダーは，いうまでもなくサンスティーンである。

(2) 費用便益分析マニア・サンスティーン

サンスティーンは，スチュワート，アーカマンらから10年程遅れ，1990年代になって環境規制改革論議に本格参入した。

サンスティーンは，政府規制に関する最初の著作である『権利革命の後に』のまえがきで，ニューディールから1960・70年代にかけ，議会および大統領によってさまざまな権利（清浄な大気や水，消費者製品や職場の安全，社会のセーフティネットなどに対する権利）が創造されたプロセスを「権利革命」と名付ける。

サンスティーンによると，権利革命の進行は連邦規制プログラムの拡大と表裏一体であり，その結果，政府の実体と構造が大きく変化した。さらに権利革命は，重要な点でその目的達成に失敗し，重要な憲法的価値を毀損し，利己的なプライベート集団の力に感応し，市場の効果を無視し，不必要な非効率を作り出し，「伝統的な権利」を社会的リスクの管理として取り扱う際の困難の大きさを過小評価した。そこで，これらの問題を回避しながら，立法プログラムと立憲政府の目的を推進するような改革と原則が必要である，というのがサンスティーンの議論の出発点である[127]。

しかし，サンスティーンが手放しの規制緩和論者と異なるのは，彼が国の社会・経済規制の必要を正面から是認するところにある。同書でサンスティーンは，「社会・経済規制は一般に不成功であり，不確実な，または不存在な利得のために莫大な費用を課していると主張す

(127)　Cass R. Sunstein, After the Rights Revolution: Reconceiving the Regulatory State v-vi (1990).

るのが最近の流行である。かかる結論はあまりに粗雑である。規制国家は失敗ではなかった。逆に，規制立法は，環境，エネルギー保全，自動車の安全，絶滅危惧種，それに人種や性による差別などのさまざまな領域で重大な改善をもたらしてきた」と規制立法の成果を賞賛する。しかし同時に，サンスティーンは「いくつかの法律は，その便益が費用によって縮小され，予期しない逆副作用を引きおこし，その提唱者が期待したよりもはるかに不成功である」，「規制プロセスが常によい結果を生み出したわけではない。法律はしばしば稚拙に設計され，解決をめざした問題そのものを悪化させ，……便益をこえる費用を課している」ともいう(128)。

さらにサンスティーンは，翌1991年の論稿で，つぎのように明言している。

> 「あるきわめて著名な論者〔エプスタイン，ポズナーなど・畠山注〕によると，この領域における政府規制は弁護の余地がない。それはプライベートな事柄への不当なパターナリズムまたは公的お節介にひとしく，案の定，ある場合には，ことをよくするよりは悪くするが故に，実際に我慢ならないものである。しかし，この見解は近視眼的である。信頼できる多数の主張が規制を正当化しており，これらの議論は決してパターナリスティックではない。さらに，社会規制はいつも失敗したわけではない。それは絶滅危惧種を保護し，差別を減らし，大気や水を浄化し，何万もの命を救った。確かにいくらかの失敗はあり，そ

(128)　Id. at 74, 81. See id. at 77-82. しかし，サンスティーンの規制立法批判は次第にエスカレートし，別稿では，その欠点を (a)長期間放置されてきた問題について緊急かつ大々的に対処する必要性に重点がおかれている，(b)厳格な排出規制または技術基準を用いたコマンド＆コントロール形式による攻撃的な連邦規制がなされている，(c)問題の大きさよりは問題の存在が強調され，その結果，優先順位の設定という全体的な問題に十分な注意が払われていない，(d)規制目標達成のためのコストについて無関心または十分な議論がされていない，と批判している（Cass R. Sunstein, Risk and Reason: Safety, Law, and the Environment 17-18 (2002)）。

のいくつかはとりわけ重大である。しかし，失敗は特定できる形で発生し，将来はそれを回避することができる。失敗に由来する教訓は，規制者に新しい方向を指示している。それはプライベートな市場への排他的依存やレッセフェールへの狂信ではなく，望ましくない影響を最小限にし，規制の費用を引き下げながら，市場についての理解を組み入れ，現代政府の民主的性格を増進し，国際競争力を強化する方向である」(129)。

上記の視点から，サンスティーンは，政府規制の必要性（根拠），政府規制の成功例と失敗例，失敗の原因，対応策としての市場ベース規制などを議論する。しかし，「規制のパラドックス」(130)と称しするお気に入りの箇所を除くと，サンスティーンの分析にさほどの独自性は認められず，コマンド＆コントロール批判の主要部分も，アーカマン・スチュワート論文からの引用である(131)。

(129)　Cass R. Sunstein, Administrative Substance, 1991 Duke L. J. 607, 609-610（1991).「ある者は，規制は失敗したという一般的な感覚をもち，他の者は，市場は不十分であり，規制による統制が通常の解決策であるという考えをもっている」,「重要な点で，この二分法は極度にミスリーディングである。市場自体がその存在のために法的ルールに依存しており，これらのルールは必然的に規制的である」(Id. at 608 & n.5)。

(130)　Sunstein, supra note 127, at 106-107; Sunstein, supra note 129, at 629-630; Cass R. Sunsten, Paradoxes of the Regulatory State, 57 U. Chi. L. Rev. 407, 412-429（1990). なお，Sunstein, supra note 129を主たる対象に，サンスティーンの「規制のパラドックス」論に反論したのが，Sidney A. Shapiro & Thomas O. McGarity, Not So Paradoxical: The Rationale for Technology-Based Regulation, 1991 Duke L. J. 729（1991）である。内容は，随時紹介する。

(131)　Sunstein, supra note 127, at 87-89, 257 n. 37; Sunstein, supra note 129, at 627-629. ただし，サンスティーンの議論は屈折しており，簡単に要約することが難しい。マガリティは，サンスティーンを「現代的独自論者・一匹狼」(modern mugwumps）と名付け，市民共和制，熟議による意思決定，合理性分析，富の不均衡の認容，機会の平等，市場規準の限定的承認，政府介入のための費用便益分析，官僚システムへの依存などの特徴を列挙するが（Thomas O. McGarity, The Expanded Debate over the Future of the

さらにサンスティーンは，排出枠取引の仕組みを簡単に説明し，批判論者の主張を要約したうえで，「しかし一般に，批判の大部分は説得力がなく，知識が不十分だ。たとえば排出枠取引システムは汚染レベルを増加させない。もし，最終目標が汚染を急激に削減することにあるのなら，われわれは単に許可証をほとんど発行すべきでない。排出枠取引システムには，どの抑制技術が“最善”か，または“利用可能”かというしばしばよく分からない疑問に関心を集中するのではなく，汚染水準を決定する権限を一般市民の手に取り戻すという大きな長所がある。公的組織は，現行法が作り出した混乱した間接的にのみ重要な問題ではなく，究極的なもっとも重要な環境政策問題を決定するだろう」という(132)。しかし，サンスティーンの説明は型どおりで，そこに排出枠取引を熱烈に主張する正統派規制改革論者（スチュワート，アーカマン，ハーン，ステーブンズなど）のような熱意は感じられない(133)。

代わりにサンスティーンがもっぱら強調するのが，費用便益分析の

Regulatory State, 63 U. Chi. L. Rev. 1463, 1498-1506（1996)），これらの特徴自体が相互に矛盾し対立するものを含んでいる。

(132) Sunstein, supra note 129, at 634-637, 636. サンスティーンは，排出枠取引は，複雑で技術的な情報を費用（コスト）という分かりやすい情報に置き換え，一部の利害関係集団の関与の機会を狭めるので，民主的政府の推進に役立つとも主張する（Cass R. Sunstein, Democratizing America through Law, 25 Suffolk U. L. Rev. 949, 966-968（1991)）。はたしてそうだろうか。

(133) たとえば，汚染が集中する（相対的に低所得者の多い）地域の住民は，排出枠取引システムからどのような情報や参加の利益を得るのか。この重要な問題に対するサンスティーンの答は，「同じ地域内に取引を通して排出枠を取得する多数の汚染者が立地し，危険な“ホットスポット”，すなわち有害物質の環境上破滅的な集中を作りださないよう確保するために，プログラムの執行には注意深い設計と管理が要求される」，「この問題その他にとくに役立つ議論については，ブライヤー『規制とその改革』271-84 頁をみよ」（Sunstein, supra note 129, at 636 & n. 115）というものである。しかし同書 271-284 頁に，ホットスポット問題に関する記述は見当たらない。

役割である。すなわち，規制の費用と便益を測定する試みには，非常に重大な方法論上の問題があり，さらに価値と事実の双方について先鋭な論争を引きおこす。また費用の評価，とくに便益の評価は難しい問題を引きおこし，多くの場合その因果関係を明確に示すことは困難である。「しかし，これらの拒否反応にもかかわらず，規制後の現況と，規制がまったく導入されなかった状況を一般的に比較することは可能である。さらに費用と便益の一律の測定は，どのようにして多様な規制プログラムを相互に比較するかの感覚を引き出すだろう」(134)と彼はいうのである。

サンスティーンが費用便益分析を本格的に議論した最初の論稿は，1995年のピルデスとの共著論文であろう。この論稿は共著ということもあってか，費用便益分析や費用対効果分析を用いた政策の優先順位付けの必要を主張する一方で，費用便益分析に対する批判（規制便益の過小評価，費用と便益の分配問題，科学的不確実性）や，公衆と専門家のリスク認知の違いなどを考慮し，それを克服するために，規制政策意思決定プロセスへの公衆参加，情報提供の必要性を説くなど，後のマニアックな論稿に比較すると，全体的に穏便なものである(135)。ただし，公衆のリスク認知に潜むバイアスや公衆の確率無視を強調するなど，サンスティーンの論法はすでに健在である(136)。

---

(134)　Sunstein, supra note 127, at 75-76.

(135)　Richard H. Pildes & Cass R. Sunstein, Reinventing the Regulatory State, 62 U. Chi. L. Rev. 1, 43-89（1995）. ここでは，「規制は総費用と便益の観点からだけではなく，質的に異なるリスクの間の定性的差異に関する民主的判断を反映した観点からも評価されるべきである。定性的差異とは，リスクが自発的に発生したのか，特別に恐れられるものか，平等に分配されるか，回復不可能または大惨事となりうるか，将来世代におよぶか，または集団内の別々のグループにより引き起こされたか，などの理解を含めることを意味する」（Id. at 9）という重要な指摘を記憶しておきたい。

(136)　Id. at 48-63.

費用便益国家論の成立

翌1996年，サンスティーンは，シカゴ大学ロースクール・法と経済研修コースのために，「費用便益国家」および「健康と健康のトレードオフ」と題する2つの論稿を執筆した(137)。

「費用便益国家」と名付けた論文の冒頭で，サンスティーンは，「ゆっくりと，そして時どき思い出したように，アメリカ政府は費用便益国家になってきた。その意味は，政府規制が，規制の便益が規制の費用を正当化するかどうかを問うことで，次第次第に評価されつつあるということである」と述べ，大統領，議会，裁判所が費用便益分析に傾倒してきた経過を説明する。

それから6年後，サンスティーンは，「費用便益国家」を単行本化したが，そのまえがきで，「すべての政府部門で，費用便益分析が望ましいかどうかという“第1世代”の論争は終わったという結論にゆっくりと近づきつつある。論争は，費用便益分析支持者の見解に有利な推定（とくにクリントン大統領の命令による費用便益分析の実質的支持という合図）という形で，支持者の全面的勝利に終わったようである。“第2世代”論争は，いかに費用便益分析に関わるか（関わるか否かではない），いかに生命や健康を評価するのか，いかに将来世代の利益を扱うのか……などの難しい問題を引きおこす」と宣言する(138)。

サンスティーンは，費用便益分析が適切な政策評価手段かどうかという論争は，クリントン政権がこれを支持したことで終結し，あとは費用便益分析を実行するための技術的問題が残るだけだというのであ

---

(137) Cass R. Sunstein, The Cost-Benefit State（Coase-Sandor Institute for Law & Economics Working Paper No. 39, 1996); Cass R. Sunstein, Health-Health Tradeoffs（id. No. 42, 1996）。後者は，Cass R. Sunstein, Health-Health Tradeoffs, 63 U. Chi. L. Rev. 1533（1996）として公刊された。

(138) Cass R. Sunstein, The Cost-Benefit State: The Future of Regulatory Protection xi（ABA 2002).

る。実際この頃より，環境規制に対する費用便益分析の適用をふたたび支持する“第2世代”の論文や出版物が法学界にあふれることになる。ブライヤー，ポズナー，ハーンなどを費用便益分析の“第1世代”支持者とすると，第2世代支持者の代表格は，サンスティーンを別格として，アドラー，エリック・ポズナー，レヴェース，リーバモア，ウィーナーなどであろう(139)。

費用便益分析の批判者たち

他方で，費用便益分析に対する批判も早くからなされてきた。“第1世代”批判者の代表といえるのが，ケネディやマガリティである。ケネディの（相当に難解な）批判は，要約すると，規制の費用および便益の両方の計算の基礎となっている仮説は，リスクをいかに評価し，重み付けをするのかについて主観的な政策判断を要求しており，したがって費用便益分析は経済的効率性には結び付かず，資源の誤った配分をもたらすというもので(140)，評価に内在する政策判断の主観性と不確定性は，配分的効率性に関する費用便益分析の理論的主張の信頼性を損なう，というその後の主張の端緒を開いたものである。

また，マガリティは，「規制プログラムは費用便益基準によって測定されるべきである，というサンスティーン教授の“費用便益国家”の根底にある基本的前提について合意は存在しない」としたうえで，サンスティーンは費用便益分析に簡単に組み入れることができない定性的要素を重視すべきことを提唱するが，「たとえ定性的要素を組み

(139)　John Bronsteen, Christopher Buccafusco, & Jonathan S. Masur, Well-Being Analysis vs. Cost-Benefit Analysis, 62 Duke L. J. 1603, 1606-07 (2013).

(140)　Duncan Kennedy, Cost-Benefit Analysis of Entitlement Problems: A Critique, 33 Stan. L. Rev. 387, 387-389 (1981). See Karl S. Coplan, The Missing Element of Environmental Cost-Benefit Analysis: Compensation for the Loss of Regulatory Benefits, 30 Geo. Envtl. L. Rev. 281, 292 (2018).

入れるために，“ソフトな”費用便益分析を注意深く精巧に作ることが可能であるとしても，それはサンスティーン教授のように敏感で公平な行政官が居溢れる最善（first-best）の世界でのみ可能であろう。しかし，行き着くところ，彼の力強い説得的な主張が，力のある利益集団によって，費用便益分析が議会が人の健康と環境を保護するために制定した規制の壁を浸食するために利己的に使用されるような次善（second-best）の世界を作り出すのを助けることを，サンスティーン教授が目にするであろうことを，私はおそれる」[141]という辛辣な批判をサンスティーンにあびせる。そしてこれらの批判は，ハインツァリング，ワーグナー，フランク・アーカマン（エコノミスト），ドリーセン，シンデン，ファーバー，カイザーなどの“第2世代”の費用便益分析批判者に引き継がれる。

6　次世代改革提案の興隆

(1) 次世代改革提案の背景

ケースは，「1970年代に議会が最初の法律を制定したのとほぼ同じ頃から，伝統的環境規制に対する批判が，多数の制度改革要求を生み出してきた。とくに1990年代中期以後，非常に多くの改革志向の論評者が，コマンド＆コントロールアプローチは旧式で時代遅れであると主張し」，「新たな問題を真剣に論じ合うために，第1世代”環境規制アプローチは，“次世代”または“第2世代”の選択肢に道をゆずるべきであると主張している」という[142]。

では，なぜこの時期に次世代環境法が登場したのか。ケースは続け

(141)　Thomas O. McGarity, A Cost -Benefit State, 50 Admin. L. Rev. 7, 11 n. 6, 12 (1998).

(142)　David W. Case, The Lost Generation: Environmental Regulatory Reform in the Era of Congressional Abdication, 25 Duke Envtl. L. & Pol'y F. 49, 65-66 (2014).

る。

「1995年，クリントン政権は“環境規制の再構築”報告書を公表したが，それは連邦環境規制システムを改革し，伝統的アプローチに対する否定的な批判に対応するための多数の提案を含んでいた」，「重要なのは，“第1世代”環境規制システムの命運をめぐる1990年代中葉の敵対的党派的な議会の抗争が，“次世代”環境規制オルタナティブへの移行を提唱する重要で同時発生的な政策報告書を呼び起こしたことである」。「多数の環境法政策学者が規制改革の提唱に参加した」(143)。

ケースは，環境規制改革をめぐる党派的な議会抗争と議論の停滞が多くの研究機関や研究者の危機感を高め，さらにクリントン政権の多様な改革イニシアティブに刺激され，「次世代」あるいは「第2世代」環境規制改革を提唱する政策報告書や著書が，1995年から2000年頃にかけて百花繚乱のごとく刊行されたというのである(144)。

そのなかで，とくに注目を集めたのが，Enterprise for the Environment（E4E）(1997年，1998年)，イエール環境法政策センター（1997年)，全米行政アカデミー（NAPA：1995年，1997年)，アスペン研究所（1996年)，全米環境政策研究所（NEPI：1995年，1996年)，および大統領府持続的発展諮問委員会（1996年）などの改革報告書である(145)。ここでは，数多くの規制改革提案のなかから，単行本化され

(143)　Id. at 67, 68.

(144)　David W. Case, The EPA's Environmental Stewardship Initiative: Attempting to Revitalize a Floundering Regulatory Reform Agenda, 50 Emory L. J. 1, 35 (2001).

(145)　Daniel C. Esty & Marian R. Chertow, Thinking Ecologically: An Introduction, in Thinking Ecologically: The Next Generation of Environmental Policy 15 n.6 (Marian R. Chertow & Daniel C. Esty eds., 1997); Case, supra note 144, at 35に，当時公表された多数の報告書等が列挙されている。本文に記したのは，そのごく一部である。なお，Dennis A. Rondinelli, A New Generation of Environmental Policy: Government-Business Collaboration in Environmental Management, 41 Envtl. L. Rep.

たイエール環境法政策センター・次世代プロジェクトを取り上げてみよう。

(2) イエール大学次世代プロジェクト

同書序章は「1970・80年代の法律要件と法的テスト訴訟は多くの点で改善をもたらしたが，この環境主義アプローチは，いまや明白な限界を有している」と評し，「本書は，対決的ではなく協調的な，細分化されずより包括的な，硬直的ではなく状況の変化に適合できるように仕組まれた次世代の政策を主張する。私たちは，厳格な分析の上に築かれた政策，学際的関心，および問題の文脈の正しい理解に向けた“システム”アプローチの必要性を予見する。私たちは，すべての生命システムの本来的な相互依存を基本的に承認するエコロジー主義を追求する」(146)という。

そこで同書が提唱するのが「産業エコロジー」(industrial ecology)である。産業エコロジーとは「環境に対するシステムアプローチ」であって，「経済システムは，それをとりまくシステムから孤立しているのではなく，それらと結び付いている」と考え，「1970・80年代の法律や政策のように，場所，生産物，毒物のカテゴリーに基づき，汚染を多数の個別の問題に分割するのではなく，環境保護のためのより包括的な視点」を主張するものである(147)。

産業エコロジーは，イエール大学森林大学院・環境学コースのグレーデルが1995年に提唱したもので，ライフサイクル・アセスメントを基本的手法とするもののようである(148)。エコロジーの観点から

(Envtl. Law Inst.) 10891, 10891 (2001) に，それぞれの報告書の簡潔な解説がある。

(146) Esty & Chertow, supra note 145, at 4.

(147) Charles W. Powers & Marian R. Chertow, Industrial Ecology, in Chertow & Esty eds., supra note 145, at 19.

(148) T. E. グレーデル・B. R. アレンビー（後藤典弘訳）『産業エコロジー

産業活動を見直すという視点はおそらく重要である。しかし，これを環境政策の基軸にすえるのはおそらく不可能であり，さらに，同書所収の他の論稿や提言がこの見解を共有しているともいえない(149)。収録された個々の論文の均質性や相互の関連性にも疑問があり，残念ながら，同書は個別報告の寄せ集めに大学のブランドを塗したという印象を払拭できていない。

(3) 次世代改革提案の内容

では，次世代環境規制あるいは次世代環境法とは，具体的にどのようなものをいうのか。当時公表された多くの報告書に，その内容を探ってみよう。環境政策報告書の内容や提言は，プロジェクトの構成メンバー，報告書の作成プロセス，研究機関の性格の違いなどを反映し，きわめて広い多様性を示す一方で，多くの共通点を有していた。ケースの要約を引用しよう。

「“次世代”改革提唱者は，一般に，コマンド＆コントロール規制アプローチからより柔軟な代替手段への移行によって，環境保護の目標を設定し，目標を達成するための，より効果的・効率的で公正なシステムが生み出されると主張する。改革提唱者は，決まって伝統的規制を補足しまたは代替するために，市場ベースインセンティブや情報開示のような政策手段がもっと利用されるべきであると主張する。同じく改革者は，環境規制システムは，もっと達成ベース手法に依拠し，政府は達成基準を広めに定めるが，この基準にいかに最善に適合するのかを判断するにあたり，規制される集団に相当の柔軟性と裁量を認

──持続可能な地球社会に向けて』（トッパン，1996年）参照。

(149)　同書の執筆者の大部分はイエール大学および同森林大学院・環境学コースの教員，企業経営者・コンサルタントで占められており，森林学の大御所ジョン・ゴードンも「エコシステムマネジメントと経済成長」と題する章を寄稿している。法律学者は，エリオット（E. Donald Elliott），ローズ（Carol M. Rose）の2名である。スタインツオーは，同書に厳しい評価をくだしている（後述292頁）。

めるべきであると主張する。関連するコンセプトが企業の“自己規制”（self-regulation）である。これは（企業が）しばしば政府規制者および公益団体との協働で立案された代替的法令遵守計画を提案するのと引き換えに，企業は特定のコマンド＆コントロール要件を免除されるというものである」[(150)]。

「次世代」環境法政策とは，端的に，コマンド＆コントロール規制を第1世代システムと位置づけ，それを「失敗した」「欠陥のある」システムと論断したうえで[(151)]，命令システムに代わる（またはそれを補足する）システムとして，費用便益分析による規制影響分析，リスク評価とリスク管理，市場ベース規制（排出課徴金，環境税，排出枠取引），協調的取組み（交渉による規制基準設定，環境協定，EPA主導の33/50・プロジェクトXLなどの自発的イニシアティブ），および自発的取組み（企業・製品情報の自主的開示，PRTR，EMS）などを提言するものであったといえる[(152)]。

【コラム】環境法の時代区分

「新世代環境規制」という名称を広く知らしめたのが，スチュワートの2001年に公刊された大部の論文である[(153)]。スチュワートは，環境規

(150) Case, supra note 144, at 36. See also Case, supra note 142, at 72-85.

(151) デーヴィス・マズレクは，連邦環境規制に大きな影響力をあたえた著書のなかで，「そのすべての功績について，私たちは，汚染抑制規制システムには重大かつ根本的な欠陥があるとの結論をくだす」と揚言する（J. Clarence Davies & Janice Mazurek, Regulating Pollution: Does the U.S. System Work? 2 (1997)）。

(152) 「“次世代”の環境政策形成とは，経済的効率性，実用的な利益のバランス，および政府と規制される利害関係者との協議に，より大きな優先順位をあたえることを追求するものである」(David J. Sousa & Christopher McGrory Klyza, New Directions in Environmental Policy Making: An Emerging Collaborative Regime or Reinventing Interest Group Liberalism?, 47 Nat. Resources J. 377, 378-379 (2007))。

(153) Stewart, supra note 79. なお，同論文については，上智大学環境法研究会（代表：北村喜宣）による書評が，上智法学論集46巻1号1頁（2002年），

制（理論）の発展過程を，第1世代，第2世代，第3世代の3つに区分する。

まず第1世代システムに鎮座するコマンド＆コントロール規制は，「過去の成果を認めつつも，同システムはその本来的限界に達しており，許容しうる社会的費用によって持続可能な環境改善を確保することができない」。そこでスチュワートは，規制の費用と便益の均衡がとれた命令システムへの改善，そのためのリスク分析とリスク管理，市場ベース規制手段の利用，企業・団体による環境規範の内部化のための情報ベースシステムの開発，全国的または生態系レベルの環境計画の策定と管理のための統合的アプローチを順次検討し，「現在のコマンド＆コントロールに代わる，より効果的で効率的な手段の採用を，第2世代環境戦略とみなすことができ」，「これらの“第2世代”戦略の提唱者は，現在の合衆国の環境規制システムを全面的に再構築し，多用された命令的手段を代替措置で置き換えるために，これらを用いている」という。

さらにスチュワートは，オランダ環境管理法，ニュージーランド資源管理法などを例に，第3世代環境法を提唱する。「第3世代戦略は，まず規制目的を決定し，つぎに当該目的を実現するのにもっとも適切かつ全体的な法的・制度的構造を確立し，最後に個々の目的を達成するのにもっとも適切な規制手段を選択することに焦点をあてる」(154)ものをいう。

同じくデルマスも，伝統的なコマンド＆コントロールアプローチを第1世代，市場ベース戦略を第2世代，ボランタリーな環境イニシアティブを第3世代と区分し，それぞれを1970年代，80年代，90年代に対応させる。

「環境汚染への対応および管理における3段階的発展は，伝統的コマンド＆コントロールアプローチからはじまる。これは，もし十分に執

同46巻2号37頁（2003年）に登載されている。

(154)　Stewart, supra note 79, at 21, 152. しかし，スチュワートの主張はやや複雑で，OMBによる規制影響分析，リスク分析・リスク管理，適応的法執行，および環境協定（プロジェクトXL，ブラウンフィールズ再開発，補足的環境プロジェクト，生息地管理計画，湿地ミティゲーション・バンキング）など，コマンド＆コントロールをより効率的かつ円滑に実施するための手法を「1.5世代」戦略に位置づける（Id. at 39）。

行されるなら，高い信頼性と予測可能性という長所を有するが，しばしば柔軟性に欠け，非効率的であることが判明している。1980年代中葉，環境規制は，汚染税，排出許可証取引，デポジット払戻システムなどの市場ベース戦略および手法の使用を強調する第2世代に入った。これらの手法は，市場イニシアティブに依拠することにより，経済的効率性と環境的効果の両方を改善すると信じられている。最後に1990年代，環境規制は自発的（ボランタリー）環境イニシアティブを著しく重視する第3世代に入った。自発的プログラムは，参加者に技術情報と公衆の認知をあたえ，見返りに，参加者に汚染削減技術の変更などのような汚染削減目標への積極的関与を求めることで機能する。自発的イニシアティブは，企業と政府の伝統的対抗関係から，より協調的で，さまざまな程度の政府の関与を含む関係への移行のシグナルである」(155)。

アーノルドの時代区分も，ほぼこれらに一致する。アーノルドによると，第1世代環境法は，コマンド＆コントロール規制，技術ベース規制，ルール・オブ・ローによる司法審査，汚染防止または特定の環境劣化行為の抑制・除去によって特徴付けられ，第2世代は，規制の柔軟性，経済的インセンティブを強調した費用便益分析，交渉による規則制定，環境協定，市場ベースメカニズムが含まれる。第3世代は，協調的・参加的プロセス，結果ベースの手段選択，再帰的法原則，分配的正義への関心，持続的発展原則，および適応的エコシステムマネジメントのより一層の進展を包摂したものである(156)。

これらの論者の意見を整理すると，厳格な汚染規制法制は第1世代環境法に分類され，費用便益分析による規制影響分析，リスク評価・リスク管理，市場ベース規制（排出課徴金，環境税，排出枠取引）などのような，経済的効率性や市場競争力を重視した環境法制は第2世代環境法に分類される(157)。第3世代環境法の内容は論者によって異な

(155) Magali A. Delmas, Barriers and Incentives to the Adoption of ISO14001 by Firms in the United States, 11 Duke Envtl. L. & Pol'y F. 1, 1-2 (2000).

(156) Craig Anthony Arnold, Fourth Generation Environmental Law: Integrationist and Multimodal, 35 Wm. & Mary Envtl. L. & Pol'y Rev. 771, 790-791 (2011).

(157) 「第3世代環境法は，第1世代の規律基盤であるコマンド＆コントロー

り，アーノルドは規制的手法および経済的手法以外のすべての手法をこれに含めるが，デルマスは自発的プログラム（内容はISO14001である）のみを第3世代環境法に含めるようである[158]。

最後に，アーノルドは第4世代環境法を提唱するので，これにもふれておこう。まずアーノルドは，環境法における「マルチモダール」を提唱する。「マルチモダール」は「環境を保護する複数のモード（様式）または方法を用いること」と定義され，「広範な環境問題への対応において，それを横断するような単一の支配的モードは存在しない。マルチモダリティは，複雑な進化システムと複数の方法を用いて，複雑な問題または任務に関わる人間の努力のなかに現れる非常に広範な現象である。モダリティは，単純に“何かの方法.”と表すことができる」との説明がなされる[159]。

そのうえで，アーノルドは，「環境法は法システムの機能や限界だけではなく，社会の複合的力の結果として理解されるべきである」とし，「社会と法の複雑系システムに関する生態的進化論は，変化する条件に対する文脈と適応を強調する。環境法は，環境法の主題である人間的・自然的環境の生物的・化学的・物理的条件とプロセスによって定義される。生態学および地理学は，環境法に対し，他の憲法，反トラスト法および刑法などの法領域以上に影響をあたえる。さらに環境法を作り出した問題，価値および力は，いくつかの重要な点で，他の法領域を作り出したそれとは異なる。さまざまな法領域は，社会のさまざまな機能に仕えるシステムまたはサブシステムとみなすことが可能であり，法の基礎理論や法制度の単なる交換可能な表現とみられるべきではない。それ故，社会と法の進化概念は，ほとんどすべての法領域に適用可能であるが，（おそらく第4世代に移行しつつある）合衆国環境法の明確な特徴は，とくに注目に値する」という意欲的な議論を展開する[160]。

ル規制という特徴から離れるという特徴を有するが，第2世代のように経済的効率や市場ベース手法を重要視しない」（Id. at 792）というアーノルドの説明が，これを裏付ける。

(158)　Id, at 791; Delmas, supra note 155, at 2.

(159)　Arnold, supra note 156, at 792-793.

(160)　Id. at 788. See also id. at 795-796. 上記の主張は複雑系理論を環境法に

(4) スタインツオーの次世代改革論批判

これらバラ色にみえる新世代環境法の提言を，伝統的な規制論者はどのようにとらえたのか。ここでは，スタインツオーの批判的見解を取り上げてみよう。

スタインツオーは，数々の報告書のなかから，(1)Enterprise for the Environment（E4E），(2)イエール環境法政策センター・次世代プロジェクト，(3)NAPAの各報告書を取り上げ，まずそれらの作成過程と成果のとりまとめに問題があったという。すなわち，(1)は，合意に達するために慎重に選ばれた高レベルの利害関係者の代表からなっており，最終報告書が公刊される直前に内容の一部が明らかになった。(2)のイエール大学の後援による成果は，類似したグループ間の会議を招集することでこのような苛立ちを回避しているが，その活動の最終的成果を，学会および民間コンサルタントによって第一義的に権威付けられた自由奔放な論稿の寄せ集めにとどめてしまった。

忠実に当てはめたものといえる。しかし，第1・第2・第3世代環境法が，主として環境政策遂行手段（手法）の違いに着目したのに対し，アーノルドのいう第4世代環境法は，環境問題や環境規制手法の相互作用的理解を強調するという違いがある。さらに複雑系理論は，社会と法の関係に関する理解の仕方を示しはするが，アーノルド自身が認めるように，〔複数モードから構成される〕「マルチモダリティは，複数の環境保護方法を統合する有意味な努力や環境保護のための有用な手段がなければ，単に脈絡のない政策多元主義であり，アドホックな断片にすぎない」(Id. at 796)。個々のモードをどのような基準で評価し選択するのか，全体をどのように組み合わせるのかについて，理論的・具体的な解決策が求められる。そこでアーノルドは「統合マルチモダリティ」や「インテグレーショニスト」を主張する。「統合マルチモダリティ」とは「シングルモードや分離されたモードの関連性のない，または細分化された利用によっては不可能な特定の目標や機能を達成するために，複数のモードを合理的かつ相互関係的に利用すること」を，「インテグレーショニスト」とは「システムの複数の側面を，全体論的な，統合されたまたは調整された方法によって関連付け，または連結することを追求するプロセス」をいう（Id. at 795）。しかし説明はいまだ抽象的であり，それらの具体的内容がさらに問われる必要があるだろう。

(3)は議会が基金を付与し，NAPAにより作成されたが，EPAが長・短期的にいかに行動すべきかに関する勧告を作成するために，少数の政策分析者チームを任命するというより伝統的なモデルに従った(161)。そのうえで，スタインツオーはつぎのような警告を発する。

「これら3つの報告書は，細かな“コマンド＆コントロール”規制を，情報開示，自己規制および市場ベース誘引システムで置き換えるという環境保護に対する劇的に異なるアプローチを含んでおり，重要な変化を促す可能性をひめている。〔しかし〕この“達成ベース”システムが，もしも連邦および州の規制者が利用可能な〔行政〕資源を劇的に拡大せず，また発生源をつきとめ，毒性影響を調査するために汚染発生源に対して挑戦的で新たな要求を突きつけることをせずに，コマンド＆コントロール規制の代わりに実施されるなら，“次世代”規制政策への転換は，その範囲で環境の質の深刻な低下を引きおこすだろう。この悲惨な結果は，もしも資源が限られた連邦および州の規制者が，現在の事業の執行か，または代替的執行方法をもたない達成基準の開発か，のいずれかの選択を余儀なくされるのであれば，間違いなく生じるであろう。報告書に含まれた市場ベース誘引措置は，それだけでは，現在のシステムのもとで抑止方法として機能している責任に比べると，受け入れがたいほどに脆弱である」(162)。

---

(161)　Rena I. Steinzor, Reinventing Environmental Regulation: Back to the Past by Way of the Future, 28 Envtl. L. Rep.（Envtl. Law Inst.）10361, 10361, 10361-62（1998）。スタインツオーは，とくにE4E報告書について，初代EPA長官ラックルスハウスをはじめ，投票メンバーの人選に偏りがあると主張する（Id. at 10361 n.2）。これに対し，レーザーはメンバー構成を好意的に評価し，「E4E報告書は，2年におよぶ，環境主義者，企業リーダー，政策決定者を含む超党派的合意形成過程の産物である」とする（Layzer, supra note 112, at 255）。See also Daniel J. Fiorino, The New Environmental Regulation 127-129（2006）.

(162)　Steinzor, supra note 161, at 10362. See id. at 10363-64. レーザーも，E4E報告書を批判し，「このグループは，政策決定者が最新の科学的情報に基づき政策を採用し調整すること，規制基準ベースのシステムを柔軟な手段を備えたシステムに置き換えること，経済的誘因や情報開示を含む広範な政

スタインツオーの主張は，現在の規制システムが資源（人員・予算）や情報不足によって十分に機能していないという現状を改善せずに，行政資源を強制執行措置をともなわない自発的規制や市場ベース誘引システムの開発に傾注するなら，それは悲劇的な結果をまねくであろうという至極もっともなものである。

7　自己規制の法理論

(1)　自己規制を支持する論文が急増

ショートによると，自己規制（self-regulation）を論じるローレビュー論文は，1996年まではさほど多くなかった。しかしそれ以後急激に増加し，2004年にはとうとう市場ベース規制を議論する論文数を上回ることになった。「法学者が，規制，その問題点および解決方法を概念化する方法に，重大な転換が生じた」とショートはいう(163)。

ところで，自己規制を環境政策手段として最初に位置づけた古典的著作が，エアーズ・ブレィスウェイト『責任ある規制』である。エアーズらは，「強制された自己規制は，ある特定の文脈においては，規制される会社が立法，執行，および司法機能の一部または全部を行使することがより効率的であると想定する。会社は，自己規制の立法

策手段に依拠すること，協働的な問題解決を推進することなどを勧告する。しかし政策学者ケアリー・コルニーシーがいうように，E4Eの総意は極めて曖昧で，細部の合意は破綻している」と述べる（Layzer, supra note 112, at 255)。

(163)　Short, supra note 36, at 672-673. 広義の自己規制の意義や成果を論じた多数の文献が，id. at 666-668, 672-673; Jody Freeman & Daniel A. Farber, Modular Environmental Regulation, 54 Duke L. J. 795, 829-830（2005）の脚注に列挙されている。スチュワートは，環境目的と個々の手段をだれが決定するのかに着目し，「自己規制（self-regulation）とは，ある組織が環境目標に到達する手段を，そしてある程度は目標をも決定することを意味する」と定義する（Stewart, supra note 79, at 131)。

者として自身の規制ルールを定め，自己規制の執行者として自身の法令不遵守をモニターし，そして自己規制の裁判官として法令不遵守の出現を処罰し，是正する」と述べ，自己規制に高い評価をあたえた[(164)]。

では，なぜ自己規制への人気がとくに1996年以後に高まったのか。原因として，1990年前後より盛んになった規制改革論や，クリントン政権がすすめた環境規制改革イニシアティブへの関心の高まりがあげられる。しかし，自己規制への（異常な）関心の高まりを，それだけで説明することはできない。

ショートは，自己規制が支持された理由を，それが「強圧的政府（coercive government）が行政機関と市民との関係にあたえたダメージを修復する方法」と解され[(165)]，「強制と不信よりも協調と連携に基づく規制者と公衆の建設的な新しい関係」[(166)]を築く方法を提供すると解されたからであるという。なるほど，政府規制を強圧的国家（威圧的国家）による私生活への介入と批判し，すべての政府規制に反対するのはハイエックやスティグラー以来の市場主義者の伝統である。しかし，では，なぜ経済学者が主張する市場ベース改革ではなく，市場を回避した自己規制が好まれるのか。

ショートによると，その理由は，「市場と自由については多くの議

(164)　Ian Ayres & John Braithwaite, Responsible Regulation: Transcending the Deregulation 103 (1992). エアーズ・ブレィスウェイトは，自己規制の意義を強調しつつ，同時にその弱点も認める（Id. at 103-106）。そこで彼らは，その弱点を是正するために，無制限の自己規制ではなく，要所で政府が介入する「強制された自己規制モデル」（enforced self-regulation model）を提唱するのである（Id. at 101, 106-108. See also id. at 110-116）。また，北村喜宣『環境法〔第5版〕』168頁（弘文堂，2020年）参照。

(165)　Short, supra note 36, at 674.

(166)　Stepan Wood, Environmental Management Systems and Public Authority in Canada: Rethinking Environmental Governance, 10 Buff. Envtl. L. J. 129, 203-204 (2002-2003).

論があるが，市場ベース改革の現実は，（取引市場管理または規制税賦課と同じく）それが多大な政府の主導権，計画策定および管理を要求し，政府が規制される主体をより一層効果的に操作するのを助けるように仕組まれて」おり，「これを国家的強制という根深い恐怖と融和させるのが困難」だからである(167)。

(2) 自己規制の内容

では，「自己規制」（self-regulation）とは，どのような活動形式をいうのか。先述のように，エアーズ・ブレイスウェイトは，規制される個人や企業が，立法，執行，司法機能の一部または全部を行使するものを「自己規制」と称する。

ショートも，「自己規制は，規制基準の設定，監視および法執行のような政府の伝統的機能を，被規制主体およびより広範な規制の受益者集団に転嫁する」，「言い換えると，政府と被規制主体および規制受益者が，規制の内容を設定し，または規制を執行する（またはその両方の）ために権力を分有する場合，規制は自己規制である」という。ショートは，EPA のパフォーマンストラック，業界団体の自主規制基準設定，自主的な法令遵守監査，法令遵守の内部監査と自主的公表および是正，規制基準策定および法執行に対する市民・利害関係者の関与，それに，消費者・隣人・利害関係者からの圧力によって被規制主体の行動を是正するための情報ベース規制スキームなど，多数のものを「自己規制」にくわえている(168)。

ファーバーは，環境法再構築のありうるシナリオとして，(1)一方

---

(167) Short, supra note 36, at 675. この点は後述 335 頁で再度議論しよう。「規制は強圧政府権力の問題であるというフレームは，非強圧的な統治の方法にとって有望な自己規制的解決方法にこの上なく適合した統治のロジックを作り上げた」（Id. at 636-637）。

(168) Short, supra note 36, at 666, 667, 667-668.

的自己規制モデル，(2)双方的交渉モデル，(3)多面的ガバナンスモデルの3つを示し，「最初のモデルは，企業が自己規制主体で，政府はこの自己規制を推奨し，施行するためにのみ仕える」という(169)。しかし ファーバーは，(1)を説明するなかで，有毒汚染物質排出量削減のための「EPA33/50プログラムは，第1段階で33%，第2段階で50%まで有害化学廃棄物を削減するための自発的（ボランタリー）スキームである」とも述べており，EPAが新たな規制を控えるのと交換に，自発的取組みを強く促したような事例も「一方的自己規制モデル」に含めるようである(170)。

最後にフィオリーノは，「自己規制（self-regulation）プログラム」ではなく「ボランタリープログラム」という項目をたて，「これは通常"法外"なものであり，特別の立法上の権限なくして実行される。そのため，企業その他の参加はボランタリーである」と説明し，EPAのプロジェクトXL，パフォーマンストラックがこれに該当するという(171)。しかし，この説明だけでは，「ボタンタリープログラム」の意義（特徴）や範囲が明確に示されたとはいいがたい(172)。

---

(169)　Daniel A. Farber, Triangulating the Future of Reinvention: Three Emerging Models of Environmental Protection, 2000 U. Ill. L. Rev. 61, 61, 68, 72, 76（2000). 大塚・前掲（注104）99-100頁の説明も参照。

(170)　Id. at 69; Fiorino, supra note 161, at 134-135. なお，スチュワートは「環境協定」という項目をたて，プロジェクトXL，ブラウンフィールド再開発，HCP，湿地ミティゲーションバンクをミクロ契約に，政府と事業者間の契約，交渉による規則制定をマクロ契約に分類している（Stewart, supra note 79, at 60-77, 80-86)。

(171)　Fiorino, supra note 161, at 123-125.

(172)　「ボランタリー」の意味は多義的である。ブッシュ政権時のEPAは「ボランタリー・プログラム」をとくに定義せず，きわめて多数のものをこれに含めていた（本書192頁参照)。

(3) オーツの再帰的環境法論

さて，上記の自己規制手法（ただしこれに限定されない）に「再帰的環境法」(reflexive environmental law) という魅力的な名称を付し，従来の規制的手法を想定した環境法理論にとって代わる新たな環境法モデルを構想したのがオーツである[(173)]。しかし，オーツ論文は110頁余と長大であり，かつ同論文については，すでに曽和教授の的確な紹介がある[(174)]。そこで本書では，オーツ自身による要約版を用いな

---

(173) Eric W. Orts, Reflexive Environmental Law, 89 Nw. U. L. Rev. 1227 (1995) [hereinafter Orts, Reflexive Law]. reflexivityは，再帰性，反省性，自省性，反照性，応答性，リフレキシビティなどと訳されており，今のところ定訳がない。オーツは社会学者ギデンズの定義を引用しているが，ギデンズ翻訳書はそれを「近代社会の内省は，社会的実践が，その実践に関する情報に照らして常に検討され，改善され，その性格を構造的に変容するという事実のうちに存在する」と訳している（アンソニー・ギデンズ（松尾精文・小幡正敏訳）『近代とはいかなる時代か？モダニティーの帰結』55頁（而立書房，1993年））。オーツはトイプナーのreflexive lawにも言及するが，法学者はこれを「自省的法」と訳している（田中茂樹「現代法（or近代法）の変容の3段階ー自省的法の構想について」阪大法学165号763-785頁（1991年））。社会学者は，主体の認識態度を強調するときは反省性，自省性を，社会制度や構造の循環的性格を示すときは再帰性を用い，両方を包摂するときは「再帰性」を用いるようである（中西眞知子「再帰性とアイデンティティの観点からの近代化：ギデンズの再帰的近代化の時間的空間的広がりをめぐって」ソシオロジ47巻3号117頁注①②（2003年））。最近は，「再帰的＝反省社会学」という表記もみられる（矢澤修次郎編著『再帰的＝反省社会学の地平』（東信堂，2016年））。スチュワートは，情報戦略は個人の環境行動に影響をあたえることができるが，「しかしながら，reflexive lawの焦点は組織の行動にある」(Stewart, supra note 79, at 127 n. 426) と明確に述べている。これらすべてを考慮し，本書はやや馴染みがうすいが「再帰性」という表現を用いることにした。

なお，われわれ専門外の者にとっては，「再帰性とは，人や集団あるいは制度などが自らのあり方を振り返り，必要に応じて修正していくことである。近代社会とはこのような振り返りと自己修正の営みによって特徴付けられる」（浅野智彦『「若者」とは誰か：アイデンティティの30年』35頁（河出書房新社，2013年）という説明がもっとも分かりやすい。

(174) 曽和俊文『行政法執行システムの法理論』265-270頁（有斐閣，2011年）。

がら，論文のさわりの部分を紹介するにとどめる。

まずオーツは，コマンド＆コントロール規制モデルと市場ベース規制モデルを「伝統的環境法モデル」と位置づけ，その欠陥を指摘する。

第1に，コマンド＆コントロール規制には，政治的立場が不安定な行政機関に多くを依存している，静態的であって社会や技術の変化に反応できない，法律・規則が複雑かつ非効率的で「法的汚染」をまねいている，厳格で懲罰的であるという問題がある。第2に，課徴金・税，自然環境に対する財産権の拡大，排出許可証取引，誇大広告規制・エコラベル，環境によい製品の普及などの市場ベース規制モデルにも，それぞれ技術的，政治的，社会的な問題がある(175)。

また，上智大学環境法研究会・前掲（注153）38頁も参照。

(175)　それぞれの手法に対するオーツの批判は，以下の通りである。まず，排水課徴金・環境税は汚染削減目標達成のための適正水準を判定するのが難しく，税は政治的に不人気である。自然環境に対する財産権の拡大（ネオ・コースバージョン）は希少野生生物取引には向いているが，大気を取引可能容器に詰めることはできない。さらに「市場ベース規制は，実際はコマンド＆コントロールの変種であり，……単にコマンド＆コントロール許可を単位または“権利”に分割し，取引可能にしたもの」にすぎない（Eric W. Orts, A Reflexive Model of Environmental Regulation, 5 Bus. Ethics Q. 779, 784 (1995)）[hereinafter Orts, Reflexive Model]）。また，「市場ベースの許可証取引はもっとも経済的に効率的な結果を常にもたらすわけではない。直接的コマンド＆コントロール規制または市場ベース許可証取引のどちらが所与の環境問題を解決するうえでベストかを決定するために，代替的アプローチの費用と便益の比較評価が求められる」。許可証取引は，酸性雨プログラムでは参加者が数百程度と比較的少数なので効率的に機能したが，自動車大気汚染のように排出者が数千・数百万に達するような環境問題の場合，政府は他の規制手法に頼らなければならない（Orts, Reflexive Law, supra note 173, at 1244-45）。最後に，誇大広告規制やエコラベルは適切かつ正確な仕組み作りがきわめて難しいなどの欠点がある，とオーツはいう（Orts, Reflexive Law, supra, at 1235-41, 1241-47; Orts, Reflexive Model, supra, at 781-785; 曽和・前掲（注174）267頁）。

そのうえで，オーツは「コマンド＆コントロールの役割は疑いもなく残るが，新しいモデルが必要である。市場ベースモデルは市場の利用を通して規制目的を達成するという柔軟性を提供することでコマンド＆コントロールを改善したが，それも単に経済的合理性に依存した手段である。環境保護は伝統的手段モデルに限定されるべきではない。困難な環境問題の解決には倫理的な関わりと責任が求められる」という(176)。こうした課題に応えるべく，オーツは新たに「再帰的環境規制モデル」を主張する。

> 「再帰的環境法とは，本質的に規制に対する法理論および実際的なアプローチであり，社会組織が自然環境に対してもつ影響を考慮しつつ，当該組織の内部において自己再帰的で自己批判的な過程を強化することを追求する。言い換えると，再帰的環境法は，制度の内部に環境損害を減らし環境便益を増やすための内部的評価手続と意思決定の様式を構築することをめざすものである。この着想は，法を特定の命令や指令を直接的にあたえるために用いるのではなく，法を，組織の活動が環境にいかなる影響をあたえ，また環境上の成果をいかに向上させうるのかを，批判的，創造的および継続的に考えることを組織に促す誘引措置と手続を間接的に構築するために用いる」。「再帰的法は，組織の内部に再帰性または自己規制の質を埋め込む方法を検討する」。「再帰的環境法は，積極的誘引措置を提供することにより，倫理的環境活動を奨励する。ボランタリズム，公衆への情報開示，第三者認証，公的利益集団の参加，および組織的な自省と自己批判のための手続が再帰的モデルの中心的要素である」(177)。

オーツは，教育・慈善・政治・宗教団体などの任意団体も「組織」に含まれるというが，本命はいうまでもなく環境に最大の負荷をかけている企業である。

> 「再帰的環境法は，とくに事業における環境責任の制度化を強化する

(176) Orts, Reflexive Model, supra note 175, at 788.
(177) Id. at 780, 788.

ための規制類型と手続を提供することに目を向ける。事業者が環境に配慮した政策を採用し，それに成功するよう勇気づける環境規制モデルが必要である。同時に，モデルは環境に配慮しない事業者を制止しなければならない」。「再帰的環境法は，環境上健全な管理実務の制度化を支援する規制プロセスの構築を追求する。……再帰的環境法は，事業者が環境上の成果を真面目に達成することに挑戦し，かつ動機付けることをめざす」(178)。

オーツのいう再帰的環境法とは，ひと言でいうと，社会を構成する多様な組織，とくに企業組織が環境倫理を内部化し，自主的に環境負荷の軽減に取り組むことを推進する仕組みを備えた法モデルである。オーツは，現行環境法のなかに生起しつつある「再帰的モデル」として，市場ベース環境規制，NEPAの定める環境影響評価，環境監査文書（記録）の開示，違反行為の自主的是正による刑事罰の軽減，EPA33/50プログラムなどの政府支援ボランタリープログラム，環境マネジメントシステム（EMS）をあげる。そのうえで，とくにEUのEMASを「これまでに提案されたもっとも純粋で自覚的（purest and most consciously）な再帰的環境法である」と高く評価し，アメリカ版EMASを導入するのが最善であるというのである(179)。

しかし，オーツ論文は全体が緻密な論証で貫かれているだけに，再帰的環境法の最高モデルがEUのEMASであるという結論は予想外であった。EUの環境法は，条約や指令および各国ごとの分厚い実定環境法に支えられており，EMASは多様な政策パッケージの重要な一部ではあるが，その基本構造を揺るがすものではない。

---

(178)　Id. at 788, 789.「基本的考えは，環境上の成果に対する制度内部の自己批判的反省を強化することである。再帰的環境法によって用いられる第一義的な規制手法は，それ故に手続的なものである。それは環境影響に関する制度的な自省的思考と学習を強化するプロセスの確立をめざしている」（Orts, Reflexive Law, supra note 173, at 1254）。

(179)　Orts, Reflexive Law, supra note 173, at 1233.

射程が限られる再帰的環境法論

多くの論者は，オーツの再帰的環境法理論にいくらかの長所を認めるが，その発展性には否定的である。たとえばラザレスは，「これらの多くの提案には考慮すべき長所があるが，排出枠取引政策と同じように，予測しうる将来におけるその価値は，コマンド＆コントロールの代替策よりは，有益な補完物にとどまることは明らかなようにみえる」と明言する(180)。

スチュワートも「再帰的法の目標は“エコロジー的自主組織”である。この法概念は，規制がコマンド＆コントロール規制か経済的誘引システムかの形式を問わず，政府による組織行動の直接的規制の限界に対応したもの」であり，「企業や組織的行動者の外部的行為を直接的に統制するのではなく，それらの者による環境規範の内部化を推進するものである」と評価する(181)。

しかしスチュワートは，「再帰的環境法は環境上の責任ある管理実践を引きおこすことを熱望しているが，この概念が現在の合衆国の規制システムに広く適用され，またはその代替のための用いられることはありそうもない。しかし，それはしばしば“自己規制”とよばれる環境問題への新たなアプローチを理解するための構成概念として役にたつ」(182)と述べ，その役割に限定をくわえている。

オーツはそうした批判を想定し，「私は，再帰的環境法が伝統的な

---

(180) Lazarus, supra note 3, at 231.

(181) Stewart, supra note 79, at 127.「これらの手段は，製品内容の表示（ラベリング）や排出量報告のような情報開示，内部的な環境監査，および環境管理システムを含む。それらは，組織の行動と社会的必要および価値との提携における法の役割について発展しつつある再帰的法理論の適用と理解される」(Id.)。スチュワート自身は，再帰的法の実例として，商品内容表示（エコラベル），認証表示（ISO），排出量公開などを考えているようである（Id. at at 127, 134-140）。

(182) Id. at 131.

コマンド＆コントロール規制や市場ベース規制に必然的に勝っているとみなしているのではない。特定の問題にもっとも適した規制の型は，状況のプラグマティックな評価による。しかし長期的にみて，再帰的環境法は，伝統的方法の有用な補完物以上のものを提供するであろう」と反論するのである(183)。

(4) 自己規制手法に対する批判

オーツなどにみられる自己規制手法の過度な賛美に対しては，当然ながら多くの批判がある。曽和教授は，ワーハン（憲法，行政法）およびブレガー（国際関係法，行政法）の見解を検討しているので，ここではスタインツオーとレクトシャッフェンの論文を取り上げよう。

スタインツオー論文は，（もっぱらプロジェクトXLの功罪を議論したものなので限定が付くが）自己規制手法が十分な成果をあげるためには，EPA，産業界，それに全国的環境団体・地域団体の合意形成に向けた真摯な努力が必要であると説く(184)。しかし，それぞれの組織が大きな問題をかかえており，現状は期待薄である。とくに自己規制的取組みの鍵をにぎるのが産業界であるが，企業のトップの意識と，環境

(183)　Orts, Reflexive Law, supra note 173, at 1234.「それは政府による直接の検査や法執行に頼る現在の規制枠組みに対するプラグマティックな代替策を提示する。証券規制と同じく，再帰的環境法は，第1に情報開示，第2に法執行に立脚する」(Id.)。See also Cass R. Sunstein, Informational Regulation and Informational Standing, Akins and Beyond, 147 U. Pa. L. Rev. 613, 626 (1998)（情報的規制の第1の長所は，政治的安全装置を作動させ，市民が継続的監視役となるのを認めることである），Warren A Braunig, Reflexive Law Solutions for Factory Farm Pollution, 80 N.Y.U. L. Rev. 1505, 1507 (2005)（情報の生産と普及は，消費者，隣人および利害関係者による圧力を創造し，コマンド＆コントロールが存在しない場合に，会社に対してその汚染の削減を即座に促す）。

(184)　Rena I. Steinzor, Reinventing Environmental Regulation: The Dangerous Journey from Command to Self-Control, 22 Harv. Envtl. L. Rev. 103, 183, 201 (1998).

保護を最優先課題と考え，そのために厳しい規制が必要であるという世論[185]との間には大きな落差がある。すなわち，「法人行動の主たる動機は，いまだ利潤と損失にあり，もっと驚くべきは，法人経営者には，たとえ必要な手当を怠ると費用がより増大することが明らかであっても，短期の利潤を減少させるが長期の利益が明らかな投資を提案する機会をとる余裕がほとんどない」[186]からである。

「EPA は，その義務の性質と範囲を規制される主体の裁量に委ね，企業の自己規制に依存した事業を支援することで，自らを再構築しようと奮闘してきた。これらの努力は，〔企業からの〕もっとも強力な批判を沈静化させるのに失敗しただけではなく，EPA の支持者をも遠ざけた。プロジェクト XL および他の再構築イニシアティブに対する企業の反発は，抑制ぎみで，どっちつかずなものであるが，全国的および地域の環境主義者は，これらの計画を汚染者のためのなれ合い取引を仕上げるためのみえすいた取組みであると声高に非難している」。「伝統的なコマンド＆コントロールから，より柔軟な企業の自己規制システムへの行程は，環境および組織としての EPA に危険をもたらす。もっとも声高な批判をなだめるための短期的政治的ご都合主義が，より情報に恵まれた妥協点に到達するための退屈で費用のかかる取組みに暗い影を落としている限り，より費用が安く，迅速で賢明な代替策は，私たちから逃げ去るだろう」[187]。

(185)　Id. at 156-157, 159-162, 167, 184. 1995 年の ABC・ワシントンポストの世論調査によると，70% の者が連邦政府による環境規制は十分でないと回答した。Id, at 161 n.206.

(186)　Id. at 162. See id. at 159-161. マッキンゼーが世界企業 403 人のトップクラス経営者を対象に実施した調査（1991 年）によると，「自社の能力が高い者は，環境関連部署がキャリア増進にとって魅力的でないと考えている」という設問には賛否が 37% の同数であり，「環境費用が環境上の機会（好機）を上回っており，膨大な環境対策費用が競争を妨げている」という設問には 40% が同意した（Id. at 157)。

(187)　Id. at 200, 202. See also Rena I. Steinzor, Regulatory Reinvention and Project XL: Does the Emperor Have Any New Clothes?, 26 Envtl. L. Rep. (Envtl. Law Inst.) 10527, 10527 (1996).

スタインツオーの分析は，自己規制手法が内包する理論的・構造的欠点よりも，それを実行に移す場合に生じる現実的・実際的な問題を列挙したものである。換言すると，1990年代以降に生じた合衆国の政治的・経済的・ビジネス的状況が大きく変化しない限り，自己規制システムを中心にすえたスマート規制や再帰的環境法は絵空事になりかねないことを，彼女の論文は指摘している。

レクトシャッフェンの批判も，スタインツオーに劣らず「イデオロギー的」(188)なもので，大多数の企業に対して，善き政治的市民として法が求める価値を尊重し，短期的な利潤よりは市場における長期的な名声を求めて行動し，あるいは不法行為訴訟における敗北をさけるために自主的に環境法を遵守するよう求めることは，ほとんど無意味であるという企業批判からはじまる。

くわえて，システム自体に着目しても，環境監査は，企業が法令違反を是正し，違反防止のために適切な措置をとることを保証しておらず，環境マネジメントシステムも，規制される法主体が，適切な訓練，意思決定およびその他のマネジメントシステムを保有することを保証するにすぎず，規制要件の遵守を評価するものではない。ボランタリー枠組みへの参加も限られたものであり，大部分の参加者は大企業である。結局，「少なくとも当面の結論は，経済的に困難な時期には，ボランタリー基準の遵守が後退する可能性がある」とレクトシャッフェンはいうのである(189)。

(188)　Farber, supra note 169, at 70.

(189)　Clifford Rechtschaffen, Deterrence vs. Cooperation and the Evolving Theory of Environmental Enforcement, 71 S. Cal. L. Rev. 1181, 1191-98, 1200-01 (1998).「多くの企業が，現在の環境規制枠組みのいくつかの実体的部分に思想的に反対し，それを非合法とみなしていることは，疑う余地がない。この反対は，ここ5年から10年にわたり，EPAおよび他の規制行政機関に対する激しい批判により煽られてきた」。「いまや（おそらく初めて）規制する者と規制される者が同じ目的と同じ価値システムを共有しており，ボ

これらの激しい企業批判に対し，中道的な立場から楽観的見通しを述べるのがファーバーである。ファーバーは，「自己規制モデルには，事業に対して生まれつき協調的態度をとろうとしない者〔企業批判者・畠山〕が驚くような重要な経験的支持がある」という環境経済学者の論稿を引用し，「これらおよびその他の事実は，自己規制は奇怪な幻想でも万能薬でもなく，企業の善意に頼って伝統的規制を放棄するという決定を正当化するという十分な証拠も見当たら〔ず〕」，「これらの〔企業の環境活動に対するプラスの〕影響の存在は，自己規制を推進するために，もっと多くの取組み（たとえば開示要件の強化）がなされうることを示唆している」と述べる(190)。

ランタリーな法遵守への顕著な依存がその答えである，と主張する理論家はあまりに楽観的である」(Id. at 1193-94)。レクトシャッフェンは，消費者市場を用いて企業の環境行動を促すという取組みにも批判的である。「多数の消費者は製品情報を見届ける時間も関心もなく，もしあっても，企業が法令遵守・不遵守を競って主張している場合の判断は，複雑かつ不確実で入手困難な情報に左右される」からであり，「大部分の（消費者向け製品を販売しない）被規制法主体にとって，環境リーダーとして認知されることから得られる具体的利益はほとんどなく，企業の環境記録を事業の判断基準として用いる事業購入者または供給者はほとんどいない」(Id. at 1196-97) からである。

ロト・アリアザも，企業の自発的取組みの意義を認めるが，その発展性には批判的で，「ボランタリー基準がもっている“法令遵守牽引力”は，おそらく 消費財および他の高度に目につく部門，またはブランドネームの認知が重要な大企業に限定されるだろう」と述べる (Naomi Roht-Arriaza, Shifting the Point of Regulation: The International Organization for Standardization and Global Lawmaking on Trade and the Environment, 22 Ecology L. Q. 479, 531 (1995))。

(190) Farber, supra note 169, at 71-72. ファーバーは，ライアン・マックスウェルの研究に全面的に依拠している。しかし，EPA や州政府が進めた数々の自発的（ボランタリー）環境プログラムの成果に関する評価は，さまざまである。Kathleen Segerson & Thomas J. Miceli, Voluntary Environmental Agreements: Good or Bad News for Environmental Protection?, 36 J. Envtl. Econ. & Mgmt. 109, 109, 129 (1998) は，自発的環境プログラムが環境の質全体にあたえた影響については，肯定・否定の両説があり，さまざまな要素

最後に，環境政治史学者アンドリュースは，グローバル経済下における企業の世界的な取組み事例として，サプライチェーン管理，エクェーター原則（赤道原則），企業行動基準（レスポンシブル・ケア，森林認証，ISO）の3つを取り上げ，つぎのようにいう。

「環境政策の観点からみると，自主行動基準やISO規準のようなマネジメント手続は，たとえば廃棄物や法的責任の軽減，違いを気にする購入者に向けた製品の差異化のように，事業の利己的利益と両立しうる環境問題を解決するための価値ある新しい手段であった。しかし，真の外部性や“共有地の悲劇”のように，明らかに事業の直接的利己的利益の外部で生じる環境影響に対する効果を，これらの手段に期待することはできなかった。そのため，それらは大気環境基準を定めた明確な法的基準や，排出許容量および他の環境影響を制限する執行可能な達成基準の代替物ではなかった」と(191)。

8　協働ガバナンス論

(1)　フリーマンの協働ガバナンス論

1990年代末から2000年頃の行政法・環境法理論に，オーツ論文以上に大きな影響をあたえたのが，フリーマンの一連の論稿である。彼女の業績は多岐にわたるが，ここでは彼女のデビュー作であり，かつ

に応じて異なるとし，Nicole Darnall & Stephen R. Sides, Assessing the Performance of Voluntary Environmental Programs: Does Certification Matter?, 36 Policy Stud. J. 95 (2008) は，(個々のプログラムの成果ではなく) プログラム全体の総合的環境成果を評価すると，自発的環境プログラム参加者よりは，非参加者の方が多くの環境成果を達成したとしている。なお，自発的環境プログラムの効率性や効果性の検証は，環境経済学，環境経営学，環境政策学の格好のテーマで，インターネットなどを通して多数の文献を入手することができる。ここに掲げたのは，ごく一部である。

(191)　Richard N. L. Andrews, Managing the Environment, Managing Ourselves: A History of American Environmental Policy 380-383, 383 (3d ed. 2020).

もっぱら環境規制のあり方を題材にした1997年の論稿「行政国家における協働ガバナンス」を中心に，彼女の主張の一部を紹介しよう[192]。

フリーマン論文は，従来の行政法・環境法理論を政治的多元主義理論に基づく利益代表モデルととらえ[193]，それに代わる新たな「説明方法および規範モデル」として「協働ガバナンス」モデルを定置することからはじまる。

「利益代表（理論）は，行政裁量問題を最終的に解決するにあたり，多元論的正統性理論に依拠している。多元主義の語彙は，規制のため

(192)　Jody Freeman, Collaborative Governance in the Administrative State, 45 UCLA L. Rev. 1 (1997). フリーマンは，2006年，Massachusetts v. EPA, 549 U.S. 497 (2007) で前国務長官オルブライトのアミカス・キュリィ（法廷助言者）を務め，2009年から2年間はオバマ政権下でエネルギー・気候変動問題補佐官およびブラウナーEPA長官のアドバイザーを務めたリベラル派法学者である。理論的には，伝統的な政府規制の役割を限定し，政府・事業者・市民間の協議による環境管理を重視する協働ガバナンス理論の代表的論者として知られる。

(193)　スチュワートは著名論文「アメリカ行政法の変革」のなかで，1880年代以降の行政法理論を「立法者意思伝達モデル」と名付け，それに対抗する「利益代表参加モデル」の可能性と限界をさまざまに議論した (Stewart, supra note 65)。その背景にあるのが，政治は自己の利益を追求するものであり，政治過程は多様な利益集団が自己の利益を最大化するための交渉のプロセスであると考える多元主義的政治理論である（杉野・前掲（注78）88-92頁に詳しい）。

しかしその後，利益集団参加は手続が煩雑であり，しかも参加者による議論は必ずしも合理的な結果をもたらさない（力の強い集団による議論の支配，自己の主張への固執など）という批判が強くなってきた (Freeman, supra note 192, at 18-19)。サイデンフェルドは，政治的多元主義を，「今日の問題は，公衆の利益に関する代表の欠如ではなく，一時的で気まぐれな思いつきと，選挙政治以上に不当な影響力を行使する力をもった徒党に対する過剰な反応である」と正面から批判する (Mark Seidenfeld, A Civic Republican Justification for the Bureaucratic State, 105 Harv. L. Rev. 1511, 1541 (1992))。

の交渉や交渉による許可のような最近の行政過程で生じたダイナミックスを十分にとらえることができない。さらに，規制政策は行政機関の決定を引き延ばし，妨害する力をもつた代表集団によって取り決められた交渉および交換の結果であるべきであると想定する利益代表の規範的主張にも限界がある。

私は，つぎのように主張する。すなわち，有効性と正当性という目標は，行政過程は問題解決の訓練であり，そこでは規則制定プロセスのすべての段階に対して当事者が責任を分担し，解決策は一時的なものであり，国家は積極的役割をさまざまに果たすと考えるモデルによって，よりよく達成される。協働ガバナンスのなかに利益代表の要素があると証明することは疑いもなく可能だが，私は2つを区別し，利益代表は行政官庁の裁量を統制するのにとどまるが，協働は適応的な問題の解決に焦点をあてるよう要求することを強調する」(194)。

フリーマンは，さらに政治的多元主義モデルを批判し，1980年代後半に有力になった「公民的共和主義」論にも批判的検討をくわえる。「公民的共和主義」については，すでに多くの論稿があるので，詳しい紹介は必要ないだろう(195)。もっとも著名な論者は政治哲学者サンデルであるが，それにいち早く感応し憲法理論化したのはサンス

(194)　Freemen, supra note 192, at 5-6.

(195)　公民的共和制理論は，政府参加と熟議による意思決定の側面からアメリカの行政組織（官僚制）を再評価し，議会や裁判所の役割の縮小を主張することで知られる。また「熟議」とは，従来の当事者対抗主義的な権力参加とは異なり，参加者が信頼できる情報に基づき整理された論点について討議し，自身の意見に修正を加えながら最終的に全体的合意をめざすプロセスである。しかし，「熟議」の実現には個々の行政領域の問題に精通した専門行政官による情報の選択，論点整理，討論の進め方に関するアドバイスなどが不可欠であり，専門行政機関への依存が一層強まる。以上について，大沢秀介「共和主義的憲法理論と単一執行府論争」法学研究68巻1号147-150頁(1995年)，那須耕介「可謬性と統治の統治――サンスティーン思想の変容と一貫性について」平野仁彦・亀本洋・川濱昇編『現代法の変容』286-293頁(有斐閣，2013年) など参照。

ティーン[196]およびサイデンフェルドである[197]。

しかしフリーマンによると，共和主義は熟議的官僚制に広範な権限を委任するための新たな理由を提供するが，ルール設定の情報基盤をどう改善するか，ルールの適応をどうするか，規制的解決策を評価するメカニズムをどう創設するかなど，健全な統治に貢献するであろう特定のプロセスに関する洞察をほとんど示さず，熟議がどのように規制プロセスの実施および強制のステップを改善できるのかもほとんど分析しない。さらに問題なのは，「共和主義が，行政官が部内者で利害関係者が部外者であるという公私二分論において，利益代表モデルに荷担し続けているやにみえることである。それ故，官僚プロセスにおける熟議には大きな価値があるが，官僚は明らかに温存され，広範な公衆参加という共和制的野心は，党派への関心で覆われている」と彼女はいうのである[198]。

フリーマンによると，協働ガバナンスモデルの特徴は，(1)情報共有と熟議による問題解決志向，(2)意思決定手続のすべての段階への参加，(3)目標と解決方法の見直しを予定した条件付き解決，(4)伝統

---

(196) 森脇敦史「キャス・サンスティーン」駒村圭吾ほか編『アメリカ憲法の群像 理論家編』256-257頁（2010年，尚学社），大沢・前掲（注195）151-153頁，160頁，172-174頁，那須・前掲（注195）286-288頁。杉野・前掲（注78）101-104頁の詳しい説明も参照。

(197) Seidenfeld, supra note 193, at 1528-1533. 杉野・前掲（注78）98-101頁。「サイデンフェルドは，啓発的熟議と党派への抵抗という官僚制の潜在能力が，行政機関への広範な権限委任を理論的に正当化すると主張する」（Freemen, supra note 192, at 20）。See also Seidenfeld, supra note 82, at 500-501.

(198) Freemen, supra note 192, at 21. このフリーマンの主張に対抗してか，サイデンフェルドは「私は，協働（コラボレーション）の助けになりうる個々の規制の文脈を差し置いて，協働が規制国家にとって機能する構造を提供するという主張には常に懐疑的であった」と反論し，公益団体が参画する協働および協調（cooperation）は，限られた条件のもとでのみ成功しうることを縷々説明する（Seidenfeld, supra note 82, at 412-413, 427-428, 434-458）。杉野・前掲（注78）100-101頁の記述も参照。

的な公私二分論を超えた役割と活動の見直し，(5)複数利害関係者間の交渉の主宰者および推進者として柔軟に関与する行政機関の5つである(199)。

また，（いくつかの欠点や限界点はあるが）実際にこの協働の要素を内包し，協働の仕組みの光明となりそうなのが，(a)交渉による規則制定と(b)プロジェクトXLの2つである。そこでフリーマンは，(a)について，（化学物質施設のバルブやポンプから漏出する）有害・揮発性化合物の規制基準の策定と鋼鉄構造物建設現場における転落防止安全基準の策定を，(b)について，ベリーコーポレーション（オレンジジュース製造会社）XL協定とインテルコーポレーションXL協定を検討事例に取り上げ，それぞれに(1)から(5)の要件を当てはめ，問題点を洗い出し，個別に解決策を探るのである。

その結論は，「規制のための交渉やプロジェクトXLなどの最近の複数当事者による意思決定過程の実験は，行政過程のすべての段階に対するより直接的なアクセスと責任を提供するものであり，裁量統制手段に対する有望な代替案である。それは，問題の解決を促進し，より質のよいルールを生み出し，非政府グループの能力を利用する説明責任のメカニズムを創造する」というものである(200)。

(199)　Freemen, supra note 192, at 19–22. より詳しくは，id. at 22–33; 杉野・前掲（注78）95–98頁参照。

(200)　Freemen, supra note 192, at 97. See also id. 97–98. フリーマンは，別の論稿でも協働型意思決定モデルを称賛し，「規制（のための）契約は，正しい条件のもとで，説明責任の強力な手段を提示できる。交渉による規則制定，プロジェクトXL，それにHCP（生息地管理計画）のすべてが，公開性とバランスのとれた利益代表の要件を満たしている。これらは，地域グループ，専門家，NPO，その他さまざまな団体を含む多様な利害関係者にアクセスを提供する。さらに，これらは情報開示メカニズムとして，また潜在的なモニタリング装置として役立つ。第三者監視人は許可・計画・プロジェクト協定にアクセスでき，取組みが協定の文言に適合しているかどうかを監視するのを助ける。また規制契約は，行政機関がその影響を拡大するのを可能にし，

(2) 協働ガバナンス論の問題点

フリーマンの主張する協働ガバナンス論の問題点は，(1)公民的共和主義（熟議民主主義モデル）は，政治的多元主義（利益代表モデル）に代わる新しいガバナンス理論たりうるか，(2)交渉による規則制定やプロジェクト XL は，協働モデルにふさわしい革新的な実践事例といえるのか，(3)協働モデルは，真に実行可能で，個々の政策判断の内容および環境全体の質を高めたのか，むしろ伝統的な規制モデルの修正を試みるのが先決ではないか，などである。

まず(1)について，ここでは，行政官僚への権限委任，司法審査の縮小を説く公民的共和制行政法理論(201)には反対も強く，依然として多くの研究者が，伝統的アメリカ行政法の華である住民参加と司法審査の役割を高く評価し，その発展（改善）を主張していることを指摘しておこう(202)。(2)については，すでに本書 177 頁，252 頁で取り上げたので，ここでは(3)の問題に焦点をあてよう。

行政機関を弱体化させるのではなく，それを強化する手段となりうる」と主張する（Jody Freeman, The Contracting State, 28 Fla. St. U. L. Rev. 155, 207（2000））。

(201) なお，サンスティーンは，立法者や裁判官よりは官僚の方がより熟議に適しているとするが，官僚の意識は党派的圧力に脆弱なので，行政意思決定に対する執行的・立法的・司法的監視の役割は失われないという（Freeman, supra note 192, at 20 n. 55）。サイデンフェルドも，当初は，アメリカの行政組織は公民的共和制モデルに適合しており，比較的良く機能しているが，より一層の住民の声を聞く仕組みが必要であるとの楽観的な見通しを述べていた（Seidenfeld, supra note 193, at 1515-16, 1532-33, 1541-43, 1554-62, 1571-76）。

(202) Richard B. Stewart, Essay, Administrative Law in the Twenty-First Century, 78 N.Y.U. L. Rev. 437, 444（2003）; William Funk, Public Participation and Transparency in Administrative Law, 61 Admin. L. Rev. 171, 171-172（2009）; Robin K. Craig & J. B. Ruhl, Designing Administrative Law for Adaptive Management, 67 Vand. L. Rev. 1, 28-30 nn.104-109 (2014); 大沢・前掲（注 195）149-150 頁。

協調的アプローチは政治的人気に由来する

まず，協働モデル（協調的アプローチ）に対する鋭い批判をあびせたのが，ハリソン（カナダ・ブリティシュ・コロンビア大学政治学部）である。

「協調的アプローチへの関心は，環境目的達成の有効性とはほとんど関係がない。政府が政策手段を選択するときは，一般に多様な政策目的のバランスをとる。それ故，協調的アプローチの選択は，環境保護の高い水準の達成という欲求よりは，規制が企業競争力に対してもっている柔軟性のないインパクトへの関心によって，より強く動機付けられる。あるいは，財政赤字削減に高い優先順位をおく政府は，単に予算上の制約に直面し，もはや規制プログラムを継続する余裕がないという理由で，協調的アプローチを選ぶこともできる」，「協調的アプローチの重視は，行政上の有効性よりはその政治的人気を部分的に反映している。強力なビジネスの利益に規制のコストを課したがらない政治家は，協調的で非規制的なアプローチを選択することができる。協調的アプローチを，環境目的または他の政策目的（ただし再選目的を除く）にほとんど関係がないという理由で，採用することも可能である」(203)。

ハリソンの主張は，カナダ，オランダ，ドイツ，OECD加盟国などを視野に入れたもので，アメリカのケースに全面的に該当するわけではないが，協調的アプローチが好まれる背景には，環境法執行（予算）の不十分さ，産業界の抵抗と圧力，政治的人気取りなどの要因があるという指摘は，おそらく的はずれではない(204)。

(203)　Kathryn Harrison, Talking with the Donkey: Cooperative Approaches to Environmental Protection, 2(3) J. Indus. Ecology 51, 53 (1998). なお，ハリソンは，協調的（cooperative）アプローチという概念をたて，ボランタリーアプローチをその下位概念に位置づけている（Id. at 52, 56–57, 68)。

(204)　やや古いが，Rob Baggott, By Voluntary Agreement: The Politics of Instrument Selection, 64 Pub. Admin. 51 (1986) は，英国における自発的協定の実践例を詳しく分析した古典的論文である。バゴット（ハル大学）によ

公民的環境主義者は不都合な現実を隠している

スタインツオーは，フリーマンらの主張を「公民的環境主義」(civic environmentalism) と大ぐくりにし[205]，再度，その非現実性と実行不可能性を強く主張する。

「なるほど，大部分の公民的環境主義者は理想主義的で誠実である。しかし，その提案を実行する際の好ましくない細部を無視するという彼・彼女らの判断は，その理想が，まったく異なる政治的目標をもった強い政治勢力によって，いとも簡単に取り込まれることを可能にする。公民的環境主義者が，彼らの理論を実際に機能させるうえでの困難な問題に取り組まない限り，彼らはその理想のさけられない破綻について責任をおうべきである。“説明責任”と“公衆参加”は，公民的環境主義の可能性に関する一連の著作の遠回しな言い方である。これらの目標を，企業および政府との交渉による取引のためのショーウィ

ると，自発的協定は，とくにしばしば論争のある政策を是認 (sanction) するために用いられるが，それは自発的協定が行政的手段としてよりも政治的側面においてより重要であり，「一方で政治的反対を最小限にするために利用でき，他方で国に法律制定の責任を課すことなく，一定の利害に関する重要な便益を詮議できる」という，政府にとって役に立つ妥協的解決策だからである。「もっとも重要な要素は，そこに含まれる諸利害のもつ力と影響力である」(Id. at 59, 63, 66)。

(205) スタインツオーによると，「公民的環境主義は公民的共和主義の現代的リバイバル版であり，その起源は，市民と政府の関係に関する合衆国憲法起草者間の抗争にまで遡る政治運動である。公民的共和主義者は，国家と州の関係に関するトマス・ジェファソン的認識の信奉者であり，政府とくに中央政府の役割は限定され，公共的問題は，情報をあたえられ，積極的に関与する公民（市民）によって運営されると考える。この公民は，集団を共通善を共有する理念に基づき行動するよう鼓舞することで，各個のメンバーの利己的利益をよく克服する。換言すると，民主主義は，社会にとって最善の草の根の解決レベルにおける協働的交渉を通して達成される。この理論の中心にあるのは，啓発された公民の間の合理的対話が共通善の内容とそれを手にするのに必要な手段を発展させるという信念である」(Rena I. Steinzor, The Corruption of Civic Environmentalism, 30 Envtl. L. Rep. (Envtl. Law Inst.) 10909, 10910 (2000))。

ンドウ・ドレス以上の形で達成するためには，公民的環境主義者が一様に無視している時間と資金への深い関与が必要である」(206)。

スタインツオーは，公民的環境主義を実際に機能させるうえでの障害を幅広く指摘するが，もっとも強調するのが，協議に参加する市民には，企業の代弁者と比較して複雑な環境上の技術的問題に関する情報が決定的に不足しており，さらに実際に環境問題に関する有益な知見を保有し，熟議に参加し，公共的価値とその実現手段を発見しうるように議論を導くことができる理想的公民などほとんど存在しないということである。

「結局，チェサピーク湾近郊の田園地帯に住む上流階級で高学歴の人びとが，どのようにして，その予備の時間を湾の自然美を保存する方法を議論するために使うよう動機付けられるかを想像することはできる。しかし，都心部のシングルマーザーが，どのようにして大気汚染と子供のぜんそく発症を関連付け，大気をいかに浄化するのかを，ディーゼルバスの製造者，廃棄物焼却炉や発電設備の所有者，州や自治体の官僚，それに結束した技術専門家の紛うことなき軍団と，高度に技術的な用語で討論する論争的な集会で，おそらく無制限の時間をボランティアで消費するよう動機付けられ，そのための資源を有すると想像することは，もっと困難である」(207)。

---

(206)　Id. at 10909. なお，杉野・前掲（注78）107-108頁の指摘参照。

(207)　Steinzor, supra note 205, at 10920-21. 公民的環境主義者の特徴は，全国規模環境団体の専門家を嫌忌し，地域の活動家や市民の役割を強調することである。スタインツオーによると，公民的環境主義者は，「職業的環境主義者は“利害関係団体”のメンタリティの虜になり，地域の取組みを柔軟かつ建設的に取り込むことを排除する。唯一の信頼できる公益代表者とは，組織グループと友好関係をもつが，それによって生計をたてようとしない平均的市民である」と主張するが，他方で，「公民的環境主義者は，だれが商業的利益を代弁するのか」ということを考慮しない。そこで彼女は，「もし，組織化された環境グループの専門家が協議から排除されるべきならば，重工業，農業，木材・製材，小規模事業，土地開発，銀行等々を代弁することで生計をたてている専門家はどうなのか。公民的環境主義者は，商業的代表者

スタインツオーの主張は，ユートピア的な公民的環境主義に比較すると，おそらく真実に近い。彼女の結論は，「もし公民的環境主義者が述べる理想どおりに運用されるなら，公民的環境主義が（とくに短期的には）より高価な代替案となるであろうことは疑う余地がない」[(208)]という辛辣なものである。

根本的改革には法改正が必要である

コルニーシー・アレンは，クリントン政権が鳴り物入りですすめたコモンセンス・イニシアティブ（CSI）（本書170頁）を，「CSIにおけるEPAの限られた成功は，合意による政策決定のいくつかの欠点を明示しており，合衆国における重要な規制改正を達成するためには，明確な立法的授権が必要なことを示唆している」，「CSIから得られた主たる教訓は，高度に詳細な実定法の束によって統治された規制システムの根本的変化は，これらの制定法の改正または合意なくしては実現しないということである」と評し，CSIなどのイニシアティブだけで規制改正を達成できるというのは本末転倒であるとする。そのうえ

はいかに選出されるべきか，または参加のための基本ルール規範について議論しようとはしない。その結果，地域協議会において，これらの商業的代弁者が支配的影響力をもつことは自明の理である」と憤る（Id. at 10918-19）。

サイデンフェルドは，さらに全国規模の環境団体だけではなく，地域環境団体なども地域住民の意見を公平に代弁するのが困難であると主張する（Seidenfeld, supra note 82, at 446-452, 454）。なお，フリーマンも，現状では，交渉による規則制定およびプロジェクトXLにおける地域住民や環境団体の参加に課題があることは認めている（Freeman, supra note 192, at 77-82）。

(208)　Steinzor, supra note 205, at 10921.「地域グループの活躍の場を対等にするために財政的支援が必要なのと同じように，効果的な達成ベース基準を〔企業に対して〕課すのに必要な情報を収集し，組織化するためには非常に高額な費用が必要だろう」(Id.)。「近隣住民団体は，規則の執行に加わることで（構成員が）もっとも利得を得るはずであるが，規則制定委員会の交渉に参加する相当額の費用を負担し，組織化を阻害する経済的要因を克服するのは難かしいであろう」(Seidenfeld, supra note 82, at 454 & n.182)。

で,「CSIのような熟議に基づく部門ごとの取組みは，新しいアイディアを生み出し，漸進的な変化をあたえ，または規制政策プロセスに含まれる変化にフィードバックするという有益な目的には役立つが，合意形成が，根本的に“より清浄で，より安価で，より賢明な”規制システムへのルートを提供するという期待はすべきではない」と断言している(209)。

最後に，ファーバーの意見を取り上げよう。すでにで説明したように，ファーバーは，環境法再構築のありうるシナリオとして，(1)一方的自己規制モデル，(2)双方的交渉モデル，(3)多面的ガバナンスモデルの3つを示し（本書296-297頁），(1)にレスポンシブル・ケア，EPA33/50プログラムを，(2)にHCPの一部，プロジェクトXLを，(3)に，チェサピーク湾協定，フクロウ保護のためのアップルゲート・パートナーシップ（オレゴン南西部），HCPアプローチを取り入れたサンフランシスコ湾地域プログラムを当てはめる(210)。

---

(209)　Cary Coglianese & Laurie K. Allen, Building Sector-Based Consensus: A Review of the EPA's Common Sense Initiative 1, 14 (John F. Kennedy School of Gov't Faculty Research Working Paper No. RWP03-037, 2003). See also Charles C. Caldart & Nicholas A. Ashford, Negotiation as a Means of Developing and Implementing Environmental and Occupational Health and Safety Policy, 23 Harv. Envtl. L. Rev. 141 (1999)（交渉による規則制定が，(1)環境・健康・安全上のアウトプットの改善を促したか，(2)技術の変化をもたらしたかの2点を詳細に検証)。

(210)　Farber, supra note 169, at 72, 77-78. (1)の実例にあげられるレスポンシブル・ケア（RC）は，1970年代にカナダの化学会社がはじめたボランタリーな取組みで，1984年のボパール化学工場事故の後に，世界各国の化学会社が参加する大プロジェクトに発展した。RCは10の原則，6の実践コード，コード毎の100以上の管理細則から構成されており，「世界で見付けることができる，もっとも洗練された，かつ広範な自己規制レジーム」と評されている（Fiorino, supra note 161, at 105)。ただしファーバーは，「プログラムは野心的だが，その効果はいまだ不明確である」としている（Farber, supra, at 68-69)。

しかしファーバーは，(1)は，最近大企業等を中心に効果をあげているが，企業の善意に依拠するもので，伝統的な規制の放棄を正当化するほどの結果はみられず，(2)には，事業が全国基準に適合しているかどうかの判定が難しく，透明性と説明責任について疑念が残るという[211]。

さらに(3)には，協議に参加する私企業，連邦機関，地方政府，環境グループのそれぞれに問題があり，「端的に，新ガバナンス構造には，実行可能性，透明性，および説明可能性について深刻な懸念が存在する」。そのためファーバーは，ニューガバナンス体系が伝統的な民主主義的規範を反映し，真のガバナンス体系へと発展するどうかは不透明であり，かつ憶測にすぎず，「この発展に対する実際上・規範上の障壁は強大である」と結論付ける[212]。

(3) 成功した自然資源管理

協働ガバナンス論は，環境規制の内容（実体）よりは，環境意思決定のあり方（手続，プロセス）に着目し，とくに地域住民や利害関係者に決定権限の一部を移譲することを提言するものである。批判者が

---

(211) Farber, supra note 169, at 74-76. なお，ファーバーの最終結論は，「双方的交渉モデルが，少なくとも近い将来において，他の2つのモデルよりも，規制の再構築問題の本質に近づいている」（Id. at 80-81）というものである。

(212) Id. at 74-75. ファーバーによると，(3)には「企業が直近の経済的利益を追求するために，規制者との協議が環境の質を犠牲にしてなされる可能性がある」，「常連参加者間のブローカー取引へと誘惑されがちで，交渉力のあるグループに引っ張られ，規制が緩和されるおそれがある」，したがって「セーフガードがなければ，協働ガバナンスは，単に規制の虜の最悪の事例を持続化させるだけである」，「最悪のシナリオの場合，単に連邦官僚による無制限の裁量を行使するための最前線を提供する」，「地方政府が主要な役割を担う範囲で，地方の利益が全国的利益に優先する」，「多くの公益団体は資金不足で，効果的な参加のためには公的資金が必要である」などの問題があるという（Id. at 74-75）。

いうように，協働ガバナンス論を環境行政全般に適用するには障壁が大きいが，例外的に協働ガバナンス論の成功例とされている分野が自然資源保護である[(213)]。そこで，自然資源管理における協働的法執行の発達に着目し，厳格なルール・オブ・ローによる支配から協働的（合意的）法執行への移行，および法律家の役割の変化を主張するのがカークカーネンである。

カークカーネンは，1970年代から続いた「ルール・オブ・ロー訴訟戦略」（環境訴訟によるルールの執行）が環境問題の多様化に適応できず，事業者，環境団体，裁判官の役割にも，変化が生じつつあるとし[(214)]，つぎのようにいう。

「クリントン政権は，トップダウン型規則制定と法執行が複雑な環境問題の解決手段としてもっている限界を明確に認識しており，公的アジェンダとして代替策の探求に真っ正面から取り組んだ。EPAのより目に付くいくつかの“再構築”の効果は微々たるものであるが，クリントン政権は，エヴァーグレーズ，チェサピーク湾，サンフランシス

(213)　Id. at 73.「ガバナンスモデルのもっとも興味深い実例が地域レベルで自発的に出現した。……たとえば，ニシヨコジマフクロウ論争の最中，市民グループが，環境主義者，木材関係者，および地方政府代表者を含むアップルゲート・パートナーシップを結成した。このパートナーシップは，地方流域の紛争を解決するのにきわめて明確に成功したが，より対立の激しい伐採計画については交渉による解決に失敗し，パートナーシップは連邦政府が後押しする“適応的管理”計画への参加者へと変わった。このプロセスは（少なくとも地域的には）ある程度の成功をおさめた」(Id.)。

(214)　Bradley C. Karkkainen, Environmental Lawyering in the Age of Collaboration, 2002 Wis. L. Rev. 555 (2002). カークカーネンは，スタインツオーの企業批判（本書303頁）とは逆に，近時の企業の環境意識や取組みの変化を評価する。「多くの主導的企業やいくつかの産業界は，理由はさまざまであるが，戦いから転換することを選択した。主導的企業は野心的達成目標と内部的環境マネジメントシステムを構築し，多くの事例で，彼らの環境上の成果を記録し開示するための自主報告に熱心に取り組んでいる」(Id. at 561)。また，環境団体による訴訟戦略にかつての勢いはなく，裁判官も環境訴訟に冷淡になりつつあるという（Id. at 559-561, 566-567)。

コ湾デルタ地域，南カリフォルニア・コースタルセージ・スクラブ地域，太平洋岸北西部の古齢林と流域，それにより広く公有地や脆弱な湿地などのいくつかの場所で，統合的・協働的・地域的エコシステムマネジメントと流域管理を環境・自然資源政策の最重要事項とすることに向け，大きく踏み出した。規制企業や土地所有者はそれに好意的であり，環境上の便益を主張する〔環境主義〕者はより消極的かもしれないが，協働的アプローチに向けた動きが続くことに疑いの余地はない。この動きは，もはや環境政策の辺境地域にあるのではなく，“ルール・オブ・ロー”訴訟が環境法を定める時代の終わりを告げるかもしれない地殻変動を示している」(215)。

環境法の重鎮ターロックは，「現在の流域実験は，渓谷流域や小河川のような小さな地理的区域に集中している。合衆国にはこのような流域イニシアティブが無数に存在する。……これらの取組みは，厳格なコマンド＆コントロール規制を，より柔軟な協働ガバナンスプロセスで補足するための多数の実験の一例である。協働ガバナンスは，一般に限られた利害関係者集団の間の合意を精巧に作ることを追求する」と述べ(216)，ラスバンドも「流域管理には多くの異なる意味があ

---

(215) Id. at 562-564. カークカーネンその他は，これより2年前の論稿で，有毒化学物質排出目録（TRI），レスポンシブル・ケア（RC），チェサピーク湾プログラム，集水域・生態系保全規制のためのHCPなどを実践例として，「事業所，工場，地域エコシステム管理機関などの地域ユニットが，環境保護の目標とそれに到達する方法を定めるための自治権を共有し，それと引き替えに，地域ユニットは計画と進捗状況を中央機関に報告し，中央機関は取組みをモニターし，地域ユニットが作成した情報をプールする」というモデルを示した。彼らは，これに「新マディソン主義」（neo-Madisonian）という名称を付している（Bradley C. Karkkainen, Archn Fung & Charles Sabel, After Backyard Environmentalism: Toward a Performance-Based Regime of Environmental Regulation, 44 Am. Behav. Scientist 690, 690-691, 706 (2000)）。なお，1970年以降の30年を「ルール・オブ・ロー訴訟戦略」の時代と名付けたのは，A. Dan Tarlock, The Future of Environmental “Rule of Law” Litigation, 17 Pace Envtl. L. Rev. 237, 241（2000）である。

(216) Dan Tarlock, Putting Rivers Back in the Landscape: The Revival of

るが，万能で基準化されたトップダウンの成果よりは，柔軟で，応答的で，さまざまな利害関係者のボトムアップな合意形成プロセスへの包摂，すなわちコマンド＆コントロール規制よりは交渉と合意を強調するプロセスを一般に意味する」，「これらのアプローチは流域管理で試みられ，成功している」と述べる(217)。これらを含め，とくに住民参加型流域管理を協議的手法の成功例として位置づけ，評価する論稿は，ほとんど枚挙に暇がない。

エコシステムマネジメントがあたえた影響

流域管理とならび協働ガバナンス理論の下支えをしたのが，当時各地で試みられたエコシステムマネジメントである（正確にいうと，エコシステムマネジメントの一形態が流域管理である）。ターロックが「エコシステムマネジメントは保全生物学の重要性を増大させた。というのは，保全生物学は生物学的回廊によって結ばれた存続可能な断片からなる献呈品であり，実体的管理原則の源泉だからである。エコシステムマネジメントは，国の基準を実験的な“目的駆動型”戦略で置き換えるという考えを支持することにより，主要な資源管理原則である適応的管理（アダプティブ・マネジメント）の重要性を大きくした」(218)

Watershed Management in the United States, 6 Hasting W.-Nw. J. Envtl.. L. & Pol'y 167, 193 (2000) [hereinafter Putting Rivers Back].「利害関係者の協議は，伝統的なコマンド＆コントロール規制の代替策である」，「1990年代において，水資源管理のキャッチフレーズは集水域であり，それは陸軍工兵隊を含む連邦および州の水資源行政機関の第一義的目標であり続けている。……EPA，森林局および工兵隊を含む多数の連邦行政機関が，集水域計画の考えに転換した。基本的考えは，トップダウンの規制を利害関係者プロセスと自主的協定に取り替えることである」(A. Dan Tarlock, A First Look at a Modem Legal Regime for a "Post-Modern" United States Army Corps of Engineers, 52 U. Kan. L. Rev. 1285, 1317-18 (2004))。

(217)　James R. Rasband, The Rise of Urban Archipelagoes in the American West: A New Reservation Policy?, 31 Envtl. L. 1, 64 (2001).

(218)　Tarlock, Putting Rivers Back, supra note 216, at 192.

と評するように，（流域管理を含む）地域密着型の自然資源管理は，保全生物学と適応的管理を結び付たエコシステムマネジメントの実施方法としても，重要な意義を有するものであった[219]。

レーザーは，伝統的規制アプローチとエコシステムベースマネジメントの違いを，つぎのように要約する。

「理論上，エコシステムベースマネジメントは，しばしば伝統的規制アプローチに帰せられる多くの失敗を補填できる。問題が景観（または流域）規模で把握されることから，改善方法は，細切れのまたはローカルな解決策よりはもっと包括的ものに，また一律の全国的規制よりはもっと調整されたものになるだろう。景観規模の計画策定は，複数の行政機関相互の連携と管轄を促進することもできる。エコシステムベースマネジメントの提唱者は，計画策定に対するトップダウンの規制的アプローチよりは，協働的アプローチの方が（利害関係者間で買埋めするので）より効果的で実行可能な解決策を生み出すであろうと信じている。さらにその提唱者によれば，柔軟で適応的な管理は，新しい情報に対応し，法律によって要求された最低限を超える結果を実践面でもたらすはずである」[220]。

(4) 協働ガバナンスモデルの歴史的位置づけ

クライザ・スーザーは，フリーマン，カークカーネン，ターロックらが主張する協働ガバナンスモデルを，アメリカ環境法史のなかに，つぎのように位置づける。

「1960年代，70年代の環境法は，官僚機構に行為強制的な要件を課し，行政機関の法令遵守を監視するために市民訴訟を備えることによって，虜になった行政機関と利益集団リベラリズムの病理を回避することを部分的に企図していた。……協働の受け入れは，一連の目的，

(219) J. B. Ruhl & Robert L. Fischman, Adaptive Management in the Courts, 95 Minn. L. Rev. 424, 425-436 (2010); Karkkeinen, supra note 214, at 562 n. 32.

(220) Layzer & Rinfret, supra note 97, at 96.

すなわち，優先順位の議論のための空間の開放，“規制の不合理”の回避，公共政策形成における住民の知見および自身の生産工程に関する事業者の知識の利用，および持続可能性倫理を構築する際の多様な利害をもつ市民の関わりという広範な目標に向け，“トップダウン”意思決定に特有の紛争を軽減し，行政職員と利害関係者を引き入れることをめざしていた」。「協働の目標には価値があり，これらの実験は，いくつかの事例ではめざましい成果があった。しかし，……協働プロジェクトは，公的権限と私的利害の適切なバランス，交渉において競合する要求の適切な主張および重み付けの確保，柔軟さや交渉を取り入れた規制枠組みにおける法の統合性の維持などの基本的問題に直面している」(221)。「取組みへの期待にもかかわらず，協働の推進は，政治的発展の地層および複数の成長した経路に埋め込まれた“強固な権力組織”に直面し，グリーンな国家の迷路をたどる“込み入った進路”に入り込んだことを，多くの文書が証明している。トップダウン規制の批判者は，協働が手続面および実体面の改善をもたらすことができるという強力な論拠を作り出したが，彼らは，これらのアプローチが，（もしもこれが広く採用されたなら）交渉枠組みのなかで私的利害と公的権限をいかに効果的にバランスさせることができるのかという政治構造または公共哲学の中心的問題を，どのように成功裡に議論できるのかを，いまだ証明していない」(222)。

いささか引用が長くなったが，ひとくちでいうと，スーザー・クラ

(221)　Klyza & Sousa, supra note 1. at 223-224.

(222)　Id. at 225. 自然資源管理以外の，大気汚染，水質汚濁，有害廃棄物処理などの分野で，協働ガバナンスモデルが規制的手法にまさる成功をおさめうるかどうかは，依然として未知数である（See Dennis A. Rondinelli, A New Generation of Environmental Policy: Government-Business Collaboration in Environmental Management, 31 Envtl. L. Rep.（Envtl. Law Inst.）10891, 10891, 10896-97（2001)）。ただし，ターロックは，水質汚濁ではあっても，小規模な流域水道組合が，全国第1次飲料水基準を満たすことを条件に，濾過＋塩素殺菌システムに代わる別の水源の利用を協議し，選択するなどの仕組みの導入は十分可能であるとする。この措置は，1996年SDWA改正（42 U.S.C. §300-9-1(b)(7)(c)）で取り入れられた（Tarlock, Putting Rivers Back, supra note 216, at 192）。

イザの主張は，協働的アプローチは理論的には多々美点があるが，グリーンな州における実践例をみても中身は一長一短で，総じて公益と私益のバランシングに問題があり，官僚制の弊害や（強い集団が力をもつという）利益集団リベラリズムの病理をいまだ克服できず，法制度や行政組織もそれに対応しきれていないということである。したがって，次世代アジェンダへの過度な依存は，「重要な点で，1960年代にセオドア・ロウィが彼の古典的著作『自由主義の終焉』で批難し，現代環境法構造を構築した者によって攻撃された，古くさくて不名誉な“法なき政策”形態への回帰ではないか」というのが，彼らの終局の問題提起なのである(223)。

9　環境規制改革の「失われた世代」

(1) 理念なき自発的取組みの推進

自発的（ボランタリー）取組みはW・ブッシュ政権になるとさらに拡大され，EPAの内外には「自発的プログラム」が溢れかえるに至った。その状況は，すでに本書191-194頁で説明したとおりである。しかし，ブッシュ政権の自発的プログラムは，種類が多く，内容も玉石混淆で不均一であったために，研究者の理論的関心をひくことはなかった。

コルニーシー・ナッシュによると，クリントン政権初期の自発的取組み（EPA33/50プログラム，プロジェクトXL）については研究者の関心も高く，事業終了後も成果を検証する論稿が絶えないのに対し，ブッシュ政権のパフォーマンス・トラック（PT）については，「W・ブッシュ政権下のEPAの礎石」，「自発的環境保護におけるEPAの

---

(223)　Sousa & Klyza, supra note 152, at 377.「ロウィは，曖昧な制定法の文言は，行政機関に広範な権限をあたえ，個別事案で制定法が意味するものについて交渉の機会を創り出し，一般に公共的利益を犠牲にして組織的利益に有利に働くと主張した」(Klyza & Sousa, supra note 1, at 181)。

最善の努力」と称されたにもかかわらず，2014年頃にいたるまで，独立した体系的学術研究は皆無という状態であった(224)。コルニーシー・ナッシュの論稿は，その点で貴重な成果である。

同論稿は，PTの実績について，PTはいくつかの企業において環境上の改善をもたらしたと確実にいえるが，合衆国の大多数の施設・工場はそれに参加せず，EPAなどの政府機関は自発的プログラムへの参加を勧誘するたびに実体的・手続的要求を引き上げたために，企業は参加意欲を挫かれてしまった，したがって「PTのようなプログラムが，企業の環境上の成果を大幅に変化させることはほとんどありそうもない」，「自発的プログラムは，おそらく最近の数十年における環境法制定を妨げてきた“行き詰まり”に直面し利用しうる代案にすぎず，しかも非常に不満足な代替案であり，新たな環境規制に向けたパラダイムシフトや“もうひとつの道”への誘導物ではなく，その穴埋めである」(225)という最終的結論を下している。

ただし，同論稿はPT等の運用実態や成果を実証的に検討したものであって，それを法理論化し，あるいは対峙する理論を提示するというものではない。

(2)「行き詰まりを打破する」プロジェクト

このプロジェクトは，シェーンブロッド，スチュワート，ワイマンが共同リーダーとなり，「環境を保護し，グリーンテクノロジーを強化し，経済を推進するための，より賢明で柔軟な規制プログラムについて超党派の提言」をおこなうことを目的に(226)，イデオロギーを異

---

(224)　Cary Coglianese & Jennifer Nash, Performance Track's Postmortem: Lessons from the Rise and Fall of EPA's "Flagship" Voluntary Program, 38 Harv. Envtl. L. Rev. 1, 6, 10-11 (2014).

(225)　Coglianese & Nash, supra note 224, at 11-12, 83-84.

(226)　NYU Law, Breaking the Logjam: A Constructive New Approach to Improving U.S. Environmental Law, https://www.breakingthelogjam.org/

にする40名の法律学者が参集した。参加者は,「どれ位の量の環境が保護されるべきかではなく,環境を保護するために政府はいかに組織されるべきか」という法的・制度的質問に対する各自の提言を提出し,2007年秋にセミナーが,2008年3月28-29日に全体会議が開催された。その大部な記録はニューヨーク大学環境法ジャーナル17巻1号(2008年)に2回に分け登載されている。

イエール大学「次世代プロジェクト」(1997年)が,イエール森林・環境学スクールメンバーによる学際的取組みであったのに対し,ニューヨーク大学ロースクールの取組みは,全国の環境法学者を糾合したところに特色がある。主催者は,プロジェクトのねらいを,「約20年にわたり,政治的分裂とリーダシップの欠如が,退化した法律と規制戦略が重荷になった合衆国の環境保護を放置してきた。その結果,わが国は新たに生じた問題だけではなく,多数の差し迫った古い環境問題を,効果的にまたは断乎として処理するのに失敗している。それ故,政治的停滞を打破し,ますます複雑化する環境上の挑戦に適合した環境保護のための革新的戦略が緊急に必要である」と意気込む[227]。

スチュワートは,環境規制の強化と厳格な法執行を掲げる研究者に配慮し,「この規制戦略は伝統的規制戦略に全面的に取って代わるのではなく,それを効果的に補完するものである。重要なのは,選択されたアプローチいかにかかわらず,環境上の成果を達成するためには健全な法執行と厳密な成果の検証が必要なことであ〔り〕」,さらに,「この気候変動と大気汚染に対する統合アプローチは,健康保護を向上させ,費用を節約し,技術革新を加速し,その結果,経済を推進し,

(last visited Apr. 21, 2020).

(227) Carol A. Casazza Herman, David Schoenbrod, Richard B. Stewart, & Katrina M. Wyman, Breaking the Logjam: Environmental Reform for the New Congress and Administration, 17 N.Y.U. Envtl. L. J. 1, 1-2 (2008).

グリーンテクノロジーを呼び起こすための〔オバマ政権の〕新しいプログラムと対立するのではなく，そのプログラムと共働する」ものであるという[(228)]。

これらの討議をふまえ，プロジェクトチームは5つの提案（気候変動・大気汚染，海洋環境保護，水・土地・野生生物，核廃棄物，立法・行政制度の革新）をまとめ，オバマ政権が発足した直後の2009年2月にこれを公表し，さらに3月9・10日，議会に対する説明をおこなった。チームがもっとも力を注いだ（と思われる）気候変動・大気汚染について，報告書は「温室効果ガスを削減し，同時に現在CAAによって規制されているもっとも重要な伝来的汚染物質を制御するためにキャップ＆トレード・プログラムを採用すること」を提言している[(229)]。

(3) セカンドベスト論の登場

2009年1月，オバマ政権が発足し，環境規制システムの機能不全を一新するような立法改正への期待が高まった。しかし，共和党保守

(228) NYU Law News, Breaking the Logjam issues report calling for revamping of CAA, https://www.law.nyu.edu/news/LOGJAM_REPORT (last visited Apr. 21, 2020).

(229) David Schoenbrod, Richard B. Stewart, & Katrina M. Wyman, Breaking the Logjam: Environmental Reform for the New Congress and Administration, Project Report 8, 9-14 (Feb. 2009). 2010年，シェーンブロッドら3名の編者は，さらに提言を整理し，これを単行本として出版した。そのなかで，彼らは，環境改革を領導する4つの原則として，(1)(2)より一層強く市場ベースアプローチに準拠し，費用便益分析を量的・質的に強化すること，(3)州および地方政府により多くの責任（権限）を移譲すること，(4)規制アプローチの細分化を廃し，より全体論的で多元的な規制を導入することを提唱する（David Shoenbrod et al., Breaking the Logjam: Environmental Protection That Will Work xii (2010)）。しかしこれらの提言は，(4)を除くと（また，気候変動に対する積極的関与を説く箇所を除くと），1990年前後になされたスチュワートらの主張への回帰（先祖返り）ではなかろうか。

派グループが，オバマ政権の看板公約である「クリーンエネルギー安全保障法案」を廃案に追い込んだことで，研究者が議会に対して抱く期待は完全に潰えてしまった。その結果，研究者の期待は，議会ではなく，大統領府やEPAに向かうことになった。その傾向を顕著に示したのが，2013年のツェルマーの論稿である。同論稿には，環境規制システムの改正を執拗に妨害し，逆にシステム破壊を企む共和党保守強硬派，とくに上院共和党に対する批判があふれている。

> 「近年，立法活動に対する組織的妨害が勢いを増した。この変化のなかでもっとも問題なのが，政治活動資金制限の撤廃，強力で非妥協的なシングルイッシュー利益集団の成長，それに合衆国上院におけるフィリバスター（議事妨害）の増大である。上院は，立法がクリアすべき“もっとも高いハードル”となった。……ここ数十年，上院はフィリバスターおよび関連の手段を恒常的に用いることで，超多数決主義者のごとく振る舞っている」[230]。「しかし，議会が無頓着な一方で，連邦行政機関は，ある場合には不備を補完し，より革新的な，場合によっては議会に期待される以上に進歩的な解決策を念入りに作りあげてきた」[231]。

大統領府や連邦行政機関のこうした取組みを肯定的に評価したうえで，ツェルマーは，行政機関が「非立法的手段」によってなしうる取組みとして，規則制定に対する市民請願の活性化，大統領命令のより効果的な利用，および法執行努力の迅速化の3つの水路（方法）を相互に連携させた「連水輸送戦略」(portaging strategies) を提案し，それを「セカンドベスト」とするのである[232]。

---

(230) Sandra Zellmer, Treading Water While Congress Ignores the Nation's Environment, 88 Notre Dame L. Rev. 2323, 2367 (2013).

(231) Id. at 2325. ツェルマーは，その一例として，第2期オバマ政権が掲げた野心的な温暖化対策をあげる（Id. at 2391）。

(232) Id. at 2327, 2384, 2398.「気候変動や非特定汚染源のような悩ましい問題に取り組むための“ファーストベスト”な選択は包括的・立法的改正である

ケースも，翌2014年，ほぼ同じ内容の論稿を投稿したが，ケースが強調するのは，1970年代から1990年代初頭にかけ，議会はつぎつぎと環境法規を制定し，その執行をEPAなどに命じながら，法執行に必要な人員・予算を削減し続けたことである。そこでケースは，EPAなどの連邦行政機関がとった窮余の策が，州への権限移譲（実際は丸投げ），民間企業との協働，自発的行動の奨励などであったというのである(233)。

他方で，行政府が試みた規制改革の失敗は，ある意味予想されたことでもあった。というのは，さまざまな規制改革は，議会が法律で定めた伝統的規制システムに対する革新的な代替的アプローチを追求し，議会が授権していない規制の柔軟性を描いたものであったからである。したがってプログラムは常に不安定，不透明で，参加する企業も（企業全体からみると）ごくわずかであった。

このような革新的プログラムに法的根拠をあたえ，実行に必要な予算を配分し，改革を支援するのが議会の役割である。しかし，議会は

が，より進歩的な環境行動に取り組むための行政機関への権限付与は，実行可能な“セカンドベスト”の代替策を提示している」(Id. at 2327)。なお，「連水輸送戦略」というフレーズは，E. Donald Elliott, Portage Strategies for Adapting Environmental Law and Policy During a Logjam Era, 17 N.Y.U. Envtl. L. J. 24, 24, 26-27 (2008) によるものである (Id. at n.19)。ただし提言の内容は相当に異なる。

(233)　Case, supra note 142, at 90-92.「行政機関は，伝統的規制責任への対応に利用できるすでに不十分な資源よりも，もっと少ない資源によって規制改革イニシアティブを執行し，追求することを，長く要求されてきた。最近の例では，乏しい行政資源への関心が，パフォーマンス・トラックやクライメート・リーダーを終了するというオバマ政権下のEPAの決定の主たる要因であった」(Id. at 91-92)。「しかし残念なことに，数十年にわたりこれら執行部門による環境規制改革または“再構築”イニシアティブに精力と資源が投下されたにもかかわらず，その結果は，多くの研究者によって，せいぜい良くてまずまず (modest) の利益しか生み出さなかった，とあまねく酷評されている」(Id. at 89-90, & n.304)。

党派的対立に明け暮れ，なにもしなかった。「議会は継続中のイニシアティブに対する十分な資源の提供を拒否し，規制改革プログラムの支援を怠った」。「かくして，改革イニシアティブの財政的支援の失敗は，議会が環境規制改革の“失われた世代”に実質的に加担した理由のひとつとみなされなければならない。規制改革プログラムの実験から得られた強固で有意義な結果は，長年にわたる議会の不作為によって消散してしまった」[234]。

最後にケースは，ツェルマーが立法府の無策に失望し，行政府による改革の推進を提言したのを批判し，あくまでも立法府が改革の主導権をとるべきであるという。すなわち，「“セカンド・ベスト”戦略の追求は，包括的・立法的改革というおそらく実現不能な“ファースト・ベスト”選択の夢を待ち望む間に，執行部門の政策決定者や環境支持者に対し，限定的な改革を認めるものであり，……よくてもきわめてわずかな利益を生産し続けるだけである。しかし，それは環境規制改革の“失われた世代”を無期限に拡大するもの」であり，「議会は，第一義的政策決定者として，個々の環境上の挑戦に適合した最善の手段を発見するために，1970・80年代に改革主義者によって繰り返された挑戦を受けとめるべきである。ある問題については，伝統的環境規制アプローチが最善の代替策であり，他の問題については，“次世代”代替規制メカニズムが，より効率的，効果的で望ましい戦略となろう」と[235]。

10　排出枠取引は生き残れるか

1990年CAA改正法により硫黄酸化物排出枠取引システムが法制度化されたことにより，その実証的効果をめぐる議論が隆盛をきわめる一方で，環境規制改革の手法としての市場ベース規制の意義につい

(234)　Id. at 91-92, 93-94.
(235)　Id. at 97-98.

ては，議論が一段落するはずであった。しかし実態は逆で，むしろその後も，排出枠取引をめぐる議論は引きも切らなかった。これには2つの政治的背景がある。

第1は，1995年以後，上下両院を共和党が支配し，環境規制改革に火が付いたことである。「最近の反規制機運（感情）のなかで，市場ベースの環境改革が急増し，もてはやされるであろうことは明らかであった」[(236)]。

第2は，研究者の関心の変化である。1990年前の排出枠取引議論は，アメリカ・カナダ間の酸性雨被害論争を念頭に，アメリカ国内の硫黄酸化物をいかに減らすかが論点であった。しかし酸性雨対策が一段落すると，新たな争点となったのが，酸性雨とは比較にならない程に複雑で，規模の大きな気候変動問題であった。

アメリカ政府の気候変動対策は方向が定まらず，さらに京都議定書からの離脱というブッシュの愚行（2001年）は，アメリカ国内外の研究者に強いショックをあたえた。にもかかわらず，気候変動問題に対する研究者の関心は衰えず，とくに2008年の大統領選挙が近づくと，温暖化対策としての排出枠取引論議が再燃した[(237)]。「市場ベースの改

---

(236)　Stephen M. Johnson, Economics v. Equity: Do Market-Based Environmental Reforms Exacerbate Environmental Injustice?, 56 Wash. & Lee L. Rev. 111, 165 (1999). ジョンソンは，続けて「しかしながら，自由市場において，低所得住民が清浄な大気，清浄な水，および類似の環境上・公衆健康上の資源を，富裕な住民や汚染者から購入する十分な財政的資源をもつことは決してないだろう」（Id.）という。

(237)　代表的なものとして，Gary Bryner, Reducing Greenhouse Gases Through Carbon Market, 85 Denv. U. L. Rev. 961 (2008)（温室効果ガス排出費用の内部化の方法として炭素取引を提唱），Robert N. Stavins, A Meaningful U.S. Cap-and-Trade System to Address Climate Change, 32 Harv. Envtl. L. Rev. 293 (2008)（合衆国の温室効果ガス排出を削減し，キャップ＆トレード・システムへの一般的批判に応えるために，同システムの検証を提唱）を掲げておこう。その他，International Framework - Sabin Center for Climate Change Law, columbiaclimatelaw.com › climate-law-

革は，ほとんど衰えることなく，規制政策論議とくに最近の炭素排出規制に関する議論における主要なプレーヤーであり続けている」(238)。

「市場への移行」ワークショップ

こうしたなか目をひくのが，環境法学者フリーマン，環境経済学者コールスタッドが中心となり，2003年8月，サンタバーバラで開催されたワークショップである。成果は本文469頁（+索引）の重厚な論文集にまとめられ2007年に出版された。

この企画は，環境規制，とくに長期間議論されてきた「コマンド&コントロール対市場ベース環境規制」論争をテーマに，法学者と経済学者が同一の問題を異なる観点から議論するというもので，政策的提言を意図したものではないとされる(239)。

一般的に手続的安定性や公正性を重視する法学者がコマンド&コントロールを，規制費用の削減や効率を重視する経済学者が市場ベース規制を主張するであろうことは，容易に想像できる。問題は，両者がどこまで歩み寄れるのかである。しかし，フリーマン・コールスタッドによる総括論文（第1章）は，「この論文集のいくつかの章は，市場的手法は命令的規制（prescriptive regulation）よりも，より効率的で効果的であるという主張を支持している。とくに取引スキームは，大気汚染規制の文脈において相対的によく機能しているようにみえる。他の論文は，コマンド&コントロール批判の少なくともいくつかは誇張であり，的はずれであると主張する。実際，命令的規制は，批判

---

bibliography-2には，その頃公表された排出枠取引に関する文献が多数列挙されている。

(238) Short, supra note 36, at 673 & n. 228.

(239) Jody Freeman & Charles D. Kolstad, Moving to Markets in Environmental Regulation: Lessons from Twenty Years of Experience, at preface (2007). 環境法の側からは，フリーマンのほかに，ルール，サールズマン，ファーバー，ジョンストン，ジェラード，ドリーゼンが寄稿している。

者がしばしば主張するほど一律的でも硬直的でもない。いわゆるコマンド＆コントロールシステムは，交渉と調整によって満たされているといっても決して過言ではない」，「市場ベース手法の最大の成功例は，合衆国における有鉛ガソリンの段階的廃止がそうであるように，詳細に検討すると命令的（prescriptive）手法と市場的手法の混合物である。ヨーロッパにおけるいくつかの成功例は，手法の選択よりは背景にある規制レジームまたは政治文化の側面に，より多くの理由がある可能性がある。適切なコントロールをみずして，市場ベース手法がそれらの政策が成功した真の理由であるという結論をくだすのは困難であろう」と全体を要約している(240)。

両者の溝をうめるのは簡単ではないようである。なお，筆者（畠山）にはこの結論がしごく妥当に思える。個々の論文の内容は，別途取り上げることにしよう。

---

(240)　Id. at 14, 15. 1990年CAA改正法の目玉である二酸化硫黄排出枠取引の実績評価は，経済学者と法律学者とで大きく異なる。ハリントン・モーゲンスティーンは，「本章の事例研究は，合衆国酸性雨プログラムの起源，制度，成果を概観し，個々のボイラーで実験後になされた技術の変化，市場の組織化，および漸進的向上を含むイノベーションを強調しており，その大部分は，おそらくより命令的なアプローチのもとでは生じなかったものである。2000年までの実際の排出削減は，予測よりは低いコストで，予定された削減量を超えた」と評価するが（Id. at 97-98. See slso id. at 23-24, 50-52, 72），ドリーセンは，「酸性雨プログラムの前と後における二酸化硫黄抑制技術のイノベーションを詳細に比較した研究は，排出枠取引システムがイノベーションを誘導するうえでより優れていることを，“二酸化硫黄抑制技術のイノベーションの歴史は支持していない”と結論付けている。酸性雨プログラムは，たとえば天然ガス発電または再生可能エネルギーのような，多数の，よりクリーンな技術の相当量の拡大や創造を生み出さず，真に画期的で抜本的なイノベーション（たとえば石油セルの新しいデザイン）も生み出さなかった。このことは，有意義なイノベーションの推進にとって，単なる取引プログラムの存在以上のなにかが重要でありうることを示唆している」と主張する（Id. at 452-453）。

市場ベース規制論の凋落

「酸性雨プログラムの成功に引き続き，多数の国が気候変動の文脈を超えてまで環境上の取引アプローチを採用し，合衆国内ではそれが最有力な規制戦略になった」[241]。しかし，提唱者の熱意とは裏腹に，「市場アプローチの成長はいくぶんか（somewhat）限られたものであり，市場アプローチが拡大するという展望も不確実である」[242]。

第1の理由は，市場ベースアプローチが，とくに伝統的規制論者や環境団体から，法制度上，運用上，さらに倫理上の手厳しい批判をうけたことである。「おそらくこれらの批判が原因で，環境法における市場メカニズムに向けた動きは遅遅として進まず，1990年CAA改正法における酸性雨条項が，20年以上にわたる提言と激しい論争を経て法律に明記された唯一のマーケット条項となった」[243]。

第2に，市場ベースアプローチが，（一部の企業を除き）多くの企業にとって魅力と安定性に欠けたことである。「市場ベース手法は限られた範囲でのみ用いられ，企業はこの手法が規制状況における継続的要素かどうかに確信がもてなかった。そのため，大部分の企業が，この手法が提供する費用節減を完全に利用するために，内部構造を再編成しようとしなかった。逆に，大部分の企業は，経験を積んでいる組

---

(241) David M. Driesen, Alternatives to Regulation?: Market Mechanisms and the Environment, in Oxford Handbook on Regulation 17, 20 (Martin Cave et al. eds., 2009).「排出枠取引は短期的な費用対効果を極大化したが，必ずしも長期的な技術の進歩にはつながらなかった」(Id)。

(242) Michael P. Vandenbergh, An Alternative to Ready, Fire, Aim: A New Framework to Link Environmental Targets in Environmental Law, 85 Ky. L. J. 803, 856 (1997).「包括的で全国規模の大気汚染物質取引プログラム，地球規模の二酸化炭素取引，およびさまざまな租税誘因措置やデポジット制度などの多くの市場インセンティブの利用は，大部分が未開発で，広く試みられることはなかった」(Id. at 858)。

(243) Id. at 856-858, 858.

織を温存し，市場ベース手法が認めた戦略的決定ではなく，コマンド&コントロール規制への適合費用を軽減しようとした」[244]。

第3に，排出枠取引が厳格規制論者（進歩派）からだけではなく，規制反対論者（中間・保守派）からのより一層激しい反発にさらされたことである。いまや多くの論者が，「酸性雨プログラムが成功した大きな理由は，合衆国議会が排出物の大幅削減を命令するキャップを課し，最高水準の継続的モニタリングを要求したから」であり，「その有効性は，効果的な政府のモニタリングと法執行に基づいている」[245]と主張している。とりわけ「汚染権取引アプローチは，必然的にコマンド&コントロール許可システムの市場ベース変種であり，財産の一種である取引可能な汚染の“権利”を割り当てることによって，それにコース主義的要素を付け加えた」[246]ものであるという主

(244)　Robert Stavins, Market-based Environmental Policies, in Freeman & Kolstad, supra note 239, at 27. 杉野・前掲（注78）49-50頁も，排出枠取引への懸念が高まった理由として，排出枠の配分をめぐる対立と膨大な行政・事業者コストをあげる。

(245)　Driesen, supra note 241, at 18; Douglas A. Kysar & Bernadette A. Meyler, Like a Nation State, 55 UCLA L. Rev. 1, 12 (2008).「排出量取引と排出税は，施設が排出する汚染物質量の恒常的なモニタリングに対する検査官を必要とする（Shapiro & McGarity, supra note 130, at 748-749)。「経済的誘因システムは，測定可能で，賦課，還付もしくは許可割当の基礎となる汚染物質またはリスクへの寄与の定量的指数を必要」としており，「政府による汚染物質量または発生するリスクの正確なモニタリングを想定している」（Richard B. Stewart, Controlling Environmental Risks Through Economic Incentives, 13 Colum. J. Envtl. L. 153, 161, 166（1988））。なお，杉野・前掲（注78）37頁，50頁は，オバマ政権が構想した排出量取引制度は，1990年CAA改正法のそれとは異なり，個別施設への直接規制（数量規制）を伴わない制度であり，そのため実効性に疑念があったとしている。

(246)　Orts, supra note 173, at 1244.「市場ベース変種は，汚染総体のレベルを決定するためにコマンド&コントロール方法に依拠している。政府は取引の軌道を維持し，汚染総体の上限を設定しなければならない」(Id. at 1244-45)。杉野・前掲（注78）37頁，43-51頁。

張に，政府規制反対者はいたく満足したのである。

11　プライベート・ガバナンス論は救世主たりうるか

正統派規制改革論者の錦の御旗であったキャップ＆トレード法案が第111議会で廃案となり，環境規制システムや環境法理論を再構築するという研究者の熱意が潰えるなか，急速に勢いを増したのが「プライベート・ガバナンス」論である。

環境問題への取組み主体を，公的組織ではなく，個人，および企業，事業者団体，民間組織，環境団体などの民間機関（private authority）に求め，これらの主体の取組みによって環境を改善するという着想は，1990年のオストロム（ノーベル経済学賞受賞者）の画期的著書に刺激され，環境社会学者や国際政治学者の間で急速に拡大したもので[(247)]，これまで幾多の取組みが議論されてきた[(248)]。

---

(247)　オストロム（2009年ノーベル経済学賞受賞）は，1990年の著書（Elinor Ostrom, Governing the Commons: The Evolution of Institutions for Collective Action）のなかで，コモンプール資源（CPR）を長期的に維持できるのは，国家が確立した2つの制度（中央集権国家およびその創造物である財産権）であるというハーディンの主張（Garrett Hardin, The Tragedy of the Commons, 162 Sci. 1243（1968））に反論し，小規模な自己管理機関によるコモンプール資源管理の可能性と，それが成功する条件を明らかにした。彼女らの主張を簡潔に説明した Thomas Dietz, Elinor Ostrom & Paul C. Stern, The Struggle to Govern the Commons, 302 Sci. 1907（2003）は4500回以上閲覧された。

(248)　たとえば，Jessica F. Green, Rethinking Private Authority: Agents and Entrepreneurs in Global Environmental Governance（2013）は，多数の文献をもとに，民間組織が単独で，または政府・国際機関と共同で取り組んだ多様な環境汚染対応の成果を論証した労作として，とみに名高い。その他，国際環境法分野における非政府組織の活動と意義を論じた多数の文献が，Vandneberg, infra note 250, at 146–147, 162–163; Light & Orts, infra note 257, at 3-9などに列挙されている。邦語論文としては，山田高敬「公共空間におけるプライベート・ガバナンスの可能性 多様化する国際秩序形成」国際問題586号49頁（2009年）がある。

そこで，このプライベート・ガバナンス論を環境法の領域に持ち込み，新たに「プライベート環境ガバナンス」法を主張するのが，ロバーツやヴァンデンバーグである。

まずロバーツは，プライベート・ガバナンス制度を，「政府なきガバナンスであり，個人，地域，企業，民間機関およびその他の主体が，国家またはその補助機関の直接の介入なくして自己の利益を管理（govern）するためのルールまたは組織である」と定義し，啓発，サプライチェーン契約，CSR（社会活動），SRI（社会的責任投資），CoC（行動規範），EMS（環境マネジメントシステム），自主的規準などのプライベート・ガバナンス制度が，規制的手法に代わり，規制活動の5つの段階（政策目標の設定，規制基準の交渉，基準の適用，モニタリング，および強制執行）で，どのような役割を果たしうるのかを詳細に検討する。そして結論として，プライベート・ガバナンス制度は，上記5つの段階のすべてにおいて政府と同等の役割を果たすことはできないが，「効果的ガバナンスは，単一の制度が，規制プロセスのすべての段階において正規の政府に代替することを求めない。プライベート・ガバナンス制度は，鍵となる連結点で正規の政府を補完し，または正規の政府に代わる能力によってネットワークを形成し，もしくは仕組みをまとめることができる」というのである(249)。

ヴァンデンバーグも，ロバーツと同様，プライベート環境ガバナンスを，「非政府主体による活動であって，コモンプール資源（CPR）の利用の管理，公共財の供給の増大，環境上の外部性の減少，または環境的アメニティのより正当な分配などの伝統的な政府の目標の達成を意図したもの」と定義する(250)。

---

(249)　Tracey M. Roberts, Innovations in Governance: A Functional Typology of Private Governance Institutions, 22 Duke Envtl. L. & Pol'y F. 67, 67, 69, 133 (2011).

(250)　Michael P. Vandenbergh, Private Environmental Governance, 99

「環境上の選好は，それが連邦，州または地方などの政治的プロセスを通してではなく，社会的選択または市場におけるプライベートな相互作用を通して示されてきた。その成果が，法人や世帯の環境上重要な行動に法的および非法的な影響をあたえる新モデルであるプライベート環境ガバナンスである。私人対私人の相互作用は，いまや法人および世帯の行動に，ひいては環境の質に影響をあたえる多数の環境要件を作り出している。これらの新しいプライベート環境ガバナンス活動は，伝統的に公的規制枠組みによって担われてきた，基準設定，実施，モニタリング，強制執行，および是正の役割を担う」(251)。

しかし，非政府主体による環境活動の意義・役割については，すでに，オーツ，フリーマン，ロベール（Lobel）などの浩瀚な議論が先行しており，とくに目新しい主張ではない(252)。そこでヴァンデンバーグは，環境法律関係から国・州・自治体などの公的機関の役割を徹底的に放逐することで，新しい環境ガバナンスモデルの違いを強調する。すなわち，「プライベート環境ガバナンス」と名付けた活動の共通の特徴は，「伝統的な政府の目標を達成するための要件を私的（プライベート）当事者が創設し，執行することである。政府機関は，これらの私的要件の作成や執行を促し（encourage），または抑制する（discourage）ことができるが，これら私的要件の結果に実質的な範囲で参加し，または統制することはない」(253)。

ヴァンデンバーグは，まず環境私法を「プライベート環境ガバナンス」から除外する。というのは，「公法的および私法的見解に共通の特徴は，環境問題を扱うために必要な強制権力の源泉は国家にある」

Cornell L. Rev. 129, 146, 147 n.73 (2013). ヴァンデンバーグはいくつかのローレビューに同趣旨の論稿を投稿しているが，引用を省略する。

(251) Id. at 133.

(252) 本書 298 頁，308 頁，Orly Lobel, The Renew Deal: The Fall of Regulation and the Rise of Governance in Contemporary Legal Thought, 89 Minn. L. Rev. 342, 371-376, 381-385, 424-431 (2004).

(253) Vandenbergh, supra note 250, at 147.

という認識であり，「政府が強制権力の源泉であり，実定法が主要な手段である」という点で両者に違いはないからである[254]。

同様の観点から，ヴァンデンバーグは，伝統的市場ベース規制論を，「経済学者は市場的解決を好むが，環境上の集合行為を解決するのに必要な強制権力を提供でき行動者（アクター）は政府であることが暗黙の前提である」として拒否する。さらにニューガバナンス論および協働ガバナンス論も，「ニューガバナンス論者は，民間機関を集合行為問題を解決するのためのガバナンス活動の創設者または強制権力の源泉として認めようとはせず，再帰的法論者も，環境損害を削減するための基底にある圧力が政府規制または不法行為制度に起因するとみなしており，プライベート・ガバナンスが強制的かつ柔軟な追加的代替案を提供しうることを理解していない点で，強制権力のさらなる源泉を見失っている」と批判する[255]。

そのうえで，ヴァンデンバーグは，森林認証，MSC エコラベル（海のエコラベル），貸付基準，エクェーター原則（赤道原則），持続的パーム油に関する円卓会議（RSPO）認証，グリーンビルディング基準，LEED 認証（Leadership in Energy & Environmental Design），クリーン開発メカニズム，サプライチェーン契約など，一般にエシカル・ト

(254)　Id. at 146. ヴァンデンバーグによると，環境私法とは政府が財産権を創設し，司法手続（不法行為請求訴訟）によって集合行為の弊害を解決できるという自由市場主義者の主張で，「環境問題の原因の厳格な分析および優先的なタイプの解決策を提示するが，解決策は私的市場の失敗を是正するための公的行動を一般的に要求する」(Id. at 145)。それに対し，環境公法は「私法学者によって提供される環境問題および解決策の分析的で整然とした見解を提示せず」，なにより問題なのは，環境公法が「集合行為問題を処理するための強制機関の源泉は政府であり，それ故，環境保護のためには公的ガバナンスが必要〔であり〕」，「国家の適切な対応は，民主的プロセスを通じて法律および規則を制定することである」という前提から出発することである(Id. at 145)。

(255)　Id. at 145, 146, 172, 173-174.

レード（倫理的取引）の基準とされているものを，国の介入・干渉を徹底的に排除したプライベート環境ガバナンスの具体的手法として掲げるのである。

すべての民間活動は公的な法基盤に支えられている

しかし，ヴァンデンバーグの主張には，2つの問題がある。

第1は，プライベート環境ガバナンス概念のあいまいさ，不徹底さである[(256)]。彼が掲げる具体例は，その多くが既存の法システムの枠内に存在するものであり，その点では国家の介入を完全に排除したものではない。すなわち，「プライベート環境ガバナンスの表面上の“プライベート”な性質」にもかかわらず，「このアプローチは，独立に組織された事業組織や非営利組織の設立，運営および保護を承認する公的な法的基盤，およびこれらの主体が交流の自由を享有する一般社会空間（政治学者が“市民社会”とよぶもの）を含め，プライベートに組織された世界を構成している公的な法的基盤を当然視している」

(256)　ライト・ヴァンデンバーグは，「私たちは，プライベート環境ガバナンスと，“再帰的”法，“協働”ガバナンス，“ニュー”ガバナンス，政府の“ボランタリー基準”などの関連領域とを区別する。これらの代替案においては，政府が重要な役割を保持している。たとえば，協働ガバナンスや再帰的法では，政府が，環境基準の作成や強制に重要な役割を果たしている」という（Sarah E. Light & Michael P. Vandenbergh, Private Environmental Governance (Encyclopedia Chapter), at 4, http://ssrn.com/abstract-=2645953 (last visited May 9, 2021)）。しかし，「重要な役割」という基準は，はなはだ曖昧である。さらにライト・ヴァンデンバーグは，EMAS をプライベート環境ガバナンスモデルから除外する。EMAS は，私的当事者が参加を選択できる「ボランタリープログラム」として政府が創設し，私的企業がそれを採用することを促す（encourage）からである（Id.）。しかし，「政府が創設し」という違いはあるが，ヴァンデンバーグは，プライベート環境ガバナンスについて，「政府機関は，これらの私的要件の作成や執行を促し，または抑制することができる」（前注 253 が付された本文）と述べていたのではないのか。

からである[257]。

第2は，プライベート環境ガバナンスの有効性，実効性である。なるほど，上記の手法の一部が，従来の国家機関や国際機関がなしえなかった重要な成果をあげたことは否定できない。しかし，これらの取組みの中身は（歴代政権が試みたあまたのボランタリープログラムと同じように）千差万別であり，目標・規制基準設定の適正さ，執行の実効性，監視体制の整備，不履行に対するサンクションなど，すべてのステージについて多くの問題があり，その成果も功罪相半ばするというのが一般的な受けとめであろう[258]。

ライト・オーツが主張するように，パブリック・ガバナンス手法とプライベート・ガバナンス手法を規制の各ステージごと比較検討し，欠点を相互に補う体系を追求するのが，もっとも現実的な方向といえる[259]。

ヴァンデンバーグもその点は理解しているようである。実定環境法と政府活動は依然重要であるが，「実定環境法モデルは，多くの環境問題における唯一のアクターではなく，ベストなアクターでもない。プライベート環境ガバナンスはもっとも急を要する多くの環境問題にとって驚くほど重要」であり，「研究，教育および実践において具体的で一貫性のある領域として扱われるべきである」，というのが彼の

(257)　Sarah E. Light & Eric W. Orts, Parallels in Public and Private Environmental Governance, 5 Mich. J. Envtl. & Admin. L. 1, 12 (2015).

(258)　Robert Falkner, Private Environmental Governance and International Relations: Exploring the Links, 3 Global Envtl. Pol. 72, 84-85 (2003); Roberts, supra note 249, at 133.

(259)　Light & Orts, supra note 257, at 11-12.「公的および私的な選択肢を備えた多層的でグローバルな環境ガバナンス枠組みの影像は，公的規制のみに基づいた伝統的パラダイスに比べ，さもなくば扱いにくい環境問題を取り上げるためのより一層の柔軟性と制度的権限を約束する」(Id. at 1)。See also Roberts, supra note 249, at 140-144.

主張の結論である[260]。

12　伝統的環境規制システムは復活するか

トランプ政権が推し進めた環境規制改革は，(1)過剰で，過度に複雑で，企業にとって負担が重すぎる連邦規制の緩和，(2)州権の回復と規制権限の州への移譲（devolution）の2つにつきる。しかし，これらの政策はコマンド＆コントロール規制を批判する論者が長きにわたり主張してきたもので，とくに目新しくはない。結局，トランプ政権の主張には論理性も一貫性もなく，法学者の積極的な関心をひくようなものは，なにひとつなかった[261]。

これに対して，バイデン政権の環境政策は，基本的にオバマ政権の環境アジェンダを引き継ぐもので，連邦政府が主導する1970・80年代型の環境規制システムの強化を予想させる。では，これを契機に，法学者の関心は，ふたたび伝統的な環境規制手法（コマンド＆コントロール規制システム）へと向かうのだろうか。

伝統的環境規制論者の規制改革論

ワーグナーは，2000年の論稿で，技術ベース基準に基づく汚染規制アプローチを，もっとも重要かつ将来も私たちを主導するであろう

(260)　Vandenbergh, supra note 250, at 163, 198–199.

(261)　研究者の関心は，トランプがEPAの廃止を試みるのではないか，レーガン政権時のようなスキャンダラスな人事によって環境規制システムを破壊するのではないか，それにオバマ政権が制定したクリーン電力プラン規則とWOTUS（連邦政府の水域）規則に対して中西部諸州が提起した大規模な集団訴訟に，トランプ政権がどう対応するかなどにあった。Robert V. Percival, Environmental Law in the Trump Administration, 4 Emory Corp. Governance & Acct. Rev. 225, 225–227, 230–232 (2017). See also Elizabeth Glass Geltman, The New Anti-Federalism: Late Term Obama Environmental Regulations and the Rise of Trump, 93 N. Dakota L. Rev. 243, 249–259 (2018).

イノベーションであると評価し，しかし「ごく少数の環境法学者を除くと，この古くさい基準に花束をなげる者はだれもいない。皮肉なことに，実際は技術ベース基準がますます多くの環境法規に徐々に組み入れられるにつれ，学界におけるその評判は，それに（反）比例して低下した」という(262)。

彼女によると，技術ベース基準の使用を公然と支持する法学者は，ドリーセン，ラーテン，シャピロ，マガリティなど5指にみたない(263)。このカウントはやや狭きにすぎるように思うが(264)，伝統的な技術ベース基準規制が学界で「不人気」なのは，疑いようのない事実であろう。第2・第3世代改革論議が興隆をきわめるなか，伝統的規制論者は，1970・80年代に制度の枠組みが成立した厳格規制システムを，どのように擁護したのか，ここでは，マガリティ，ドリーセン，ワーグナーの3人の主張を簡潔に取り上げよう。

まずマガリティによると，「規制および規制改革に関する学術論文は，市場の失敗，規制のミスマッチ，および破綻した市場の修復方法に関する精巧な分析のうえに成り立っている。多くの規制改革研究者

(262)　Wagner, supra note 93, at 84.「以下の論稿で，ワーグナー教授は，環境法における彼女のひいきのイノベーションとして，汚染抑制に対するこれまで不人気なアプローチ，すなわち技術ベース基準を選択している」（ローレビュー編集者による冒頭の要約文）（Id. at 83)。なお，ここでいう技術ベース基準は，ワーグナーが「コマンド＆コントロールは，“環境劣化および産業汚染”に対する“最有力な政府対応”であり，合衆国における対応は，ほとんどが技術ベース基準という形式をとっている」と注で述べるように（Id. at 85 n.7)，伝統的なコマンド＆コントロール規制と同義である。

(263)　Wagner, supra note 93, at 85 n.8.

(264)　マガリティの「頑迷な保護主義者」リスト（McGarity, supra note 131, at 1497, 1506）から，アーシュフォード，グリックスマン（Robert Glicksman)，ハウク，ラザレス，プラター，サゴーフ（Mark Sagoff）などの環境法学者をここに加え，さらにパーシヴォル，シュレーダー（Christopher Schroeder)，トメイン（Joseph P. Tomain)，ハインツァリング，スタインツオー，シンデン（Amy Sinden）なども追加すべきであろう。

は，障害のない市場を有限な資源を配分するための最善の方法とみなし，すべての政府介入について，ある特定の市場の失敗の効果的な是正措置として正当化されることを要求する」。これが彼のいう「破綻した市場」パラダイムである。

しかし，この「破綻した市場」論は，議会が保護立法を制定した理由を説明していない。すなわち，議会は歴史的に，労働安全・衛生・環境保護に関する連邦規制立法の大部分を，他人の行動によって悪影響を被った市民を保護するために制定したのであって，その保護の合理性は，多くの規制改革者が私的取決めに対する政府介入の合理的根拠として掲げる「破綻した市場」論の枠を超えるものであったからである(265)。

さらにマガリティは，レーガン政権時および1995年前後の規制改革論者のイデオロギーに注目する。すなわち，「現在および過去の規制改革論者は，規制の根拠である市場の失敗に焦点をあてることがほとんどなく」，現実の規制改革論と「破綻した市場」論は実際は連動していないからである。上記の改革論議の主たる争点は，規制改革論者が主張するような「市場の失敗と手法のミスマッチ」ではなく，レッセフェール思想対政府規制思想の対立であったという(266)。いか

(265) McGarity, supra note 131, at 1464, 1466-67.「議会がCWAを制定したときに，審議が“外部性”や“スピルオーバー”に関する討議で満たされることはなかった」(Id. at 1466)。

(266) Id, at 1467, 1469.「多くの保守的規制改革論者は，19世紀後半を通してこの国を支配した事業主導のレッセフェール思想への全面的回帰を思い描いている。彼らのロビイストや議会のより穏健な同調者は，特定の接点における慎重さや妥協を主張できはするものの，全体的目標は，単に1960年代の遺産だけではなく，これまでのニューディールを含む活動的政府の高まりの遺産を撲滅することにある」(Id. at 1469)。マガリティは，過去20年の間，環境保護等が重要な成功をおさめなかったという批判に対し，汚染規制法は環境の質における着実な向上をもたらしたと反論し，部分的に所期の成果を達成できなかった原因は，規制に対する抵抗，抵抗の克服を不可能にする資

にも，マガリティらしい立論である

そのうえで，マガリティは自らを「頑迷な保護主義者」と名付け，特徴として，(1)シンボリックな立法の支持，(2)財産権制約の強化，(3)市場における消費者選好を最善とする市場ベンチマークの拒否，(4)経済的利益に対する弱者・被害者利益の優先，(5)不確実性への敬意，費用便益分析の拒否，(6)定量的リスク評価や費用・経済分析が引きおこす分析麻痺（インフォーマル規則制定手続の硬直化）への危惧，(7)市場誘導アプローチへの懐疑，(8)合意的・自発的アプローチへの疑念，(9)官僚組織（OMB）による中央集権的管理への不信，(10)州・地方政府への権限委譲の不安の10項目をあげるのである(267)。

個別・具体のテーマによって，あるいは論者によって，「頑迷な保護主義者」が主張する論点は異なるが，この特徴付けは，現代の規制擁護者の主張を最大公約数的に示したものといえる。

コマンド&コントロールという言葉のマジック

ドリーセンは，市場ベース規制手法および費用便益分析について多数の批判的な業績を残しているが，ここでは1998年の論稿を取り上げる。

彼は，まずコマンド＆コントロール規制と経済的インセンティブ手法を対峙させる二分法（dichotomy）を批判する。すなわち，ドリーセンによると，現在の環境法は特定の技術の使用を命じてはおらず，環境成果の水準〔のみ〕を特定することで行政機関や被規制者に十分な判断の枠を確保しており，「ごく限られた例外を除き，真のコマン

源の不足，規制の増大要求とは裏腹の規則制定予算の削減などにあり，19世紀的レッセフェールモデルへの回帰は，規制プログラムの恩恵を損傷し，問題を劇的に拡大するだけであるという（Id. at 1514）。

(267)　Id. at 1514-27. なお，杉野・前掲（注78）104-105頁がマガリティの公民的共和主義批判に触れている。参照されたい。

ド＆コントロール規制を要求していない」[268]。

他方で，経済的誘因プログラムは伝統的な環境規制の存続を前提に制度設計されており，「責任感のある排出枠取引提唱者は，伝統的規制の継続を認める健全な理由を有している」。結局，伝統的規制と従来の経済的インセンティブ・プログラムとの間に，決定的な差異はない[269]。そこでドリーセンは，従来の2分法は誤りであるのみならず，伝統的規制に対する偏見を含んだものなので，2分法を破棄すべきであるというのである[270]。そのうえで，彼は，伝統的規制手法と経済

(268) David M. Driesen, Is Emissions Trading an Economic Incentive Program?: Replacing the Command and Control/Economic Incentive Dichotomy, 55 Wash. & Lee L. Rev. 289, 297-299, 309 (1998).「環境法は，とくに達成基準，すなわち特定の技術の使用ではなく，環境上の達成水準を特定するという形式を奨励している。達成基準は，汚染者にいかにして従うかの選択を許すことによって，イノベーションを奨励している」(Id. at 297-298)。「伝統的規制は，通常は法令遵守方法を命令および統制しておらず，法執行を容易にするために，空間的に特別の要件を定めている」(Id, at 309)。See also Wagner, supra note 93, at 90-91.

(269) Driesen, supra note 268, at 310, 319.「伝統的規制および排出枠取引は，いずれも政府命令が設定した排出枠への適合を確保するため，金銭的ペナルティの威力に依存している。さすれば，両者はおそらく経済的誘因プログラムとみなされるべきではない。いずれも政府の命令に依存しているからである。あるいは，両者はおそらく経済的誘因プログラムとみなされるべきである。いずれのシステムにおいても金銭的ペナルィが決定的な経済的インセンティブを提供しているからである」(Id. at 290)。

(270) Id. at 309, 313.「批判はいくつかの真実を含むが，同時に伝統的規制を不当に貶める歪曲さと，経済的インセンティブに関する誤解をうむ議論も含んでいる」(Id. at 296)。「伝統的規制は一義的に達成基準から成り立っており，……コマンド＆コントロールという誤った形容辞ではなく，“伝統的規制”という表現を用いることが可能である。規制企業のロビイストは，正確さを無視し，“コマンド＆コントロール”という表現を用いるが，それは伝統的規制の政治的正統性を貶めるのを助けるからである。学界の提唱者は排出枠取引が伝統的規制に全面的に取って代わることができないことを承知しており，それ故，伝統的規制を不当に貶める用語法を回避すべきである」(Id. at 309)。

的インセンティブ（とくに排出枠取引）の長所・短所を，つぎのように整理する。

「伝統的規制に対するお定まりの批判は，伝統的規制の欠点を誇張し，強みを無視している。伝統的規制は，十分に厳格なときにはイノベーションを促すが，しからざるときは，そうではない。伝統的規制は，そうすることが金銭を節約し，または法執行に対する“クッション”を提供するときは，法令への適合を上回るためのインセンティブを提供するが，クッションを超えるために追加的金銭を支出するための継続的インセンティブは提供しない。伝統的規制は，少なくとも議会ではなく行政官がおこなう決定については，複雑な行政意思決定という問題をかかえている。一律基準は，公正で行政的には効率的であるが，汚染発生源にとっては経済的に非効率となりうるだろう」。

「〔排出枠取引論者は〕いまや20年になる排出枠取引が，実際にイノベーションを推進し，または伝統的規制が生み出したような排出削減をもたらしたのかという問題に，しばしば十分に目を向けていない。不幸なことに，排出枠取引およびその先例の歴史は，それが伝統的規制を上回るイノベーションまたは環境上の成果を喚起したという証拠を明らかにしていない」(271)。

結論として，ドリーセンは，多くを政府の意思決定や金銭的ペナルティに依拠した排出枠取引＋伝統的規制の組合せではなく，「削減を確実にするために，積極・消極の誘因のみに依拠した純粋な経済的誘因プログラム」が必要であり，「自由市場のもつ競争的ダイナミックに匹敵するように企画されたプログラムと適切に企画された汚染税が，継続的イノベーションと向上に対する経済的インセンティブを創造する」というのである(272)。

(271)　Id. at 309, 313.

(272)　Id. at 338, 350. しかし，環境税が政府の介入や金銭的ペナルティを排除した「純粋な経済的誘因プログラム」といえるかどうかには疑念が残る。さらにドリーセンが認めるように，環境税は議会や住民によるコントロール方法に問題があり（Id. at 347-349），環境税の実際の効果の検証も相当に困難

このドリーセンの論稿は，伝統的規制システムに対する規制改革論者の批判に逐一反論し，さらに従来の経済的インセンティブ手法（おもに排出枠取引）の実績・効果にも理論的・経験的検証をくわえた非常に有意義なものである。しかし，その結論が環境税の導入に落ち着いたのは，意外であった。

最後に，伝統的規制手法である技術ベース基準の「勝利」を高らかに主張するワーグナーの論稿を取り上げよう。

まずワーグナーは，イノベーション手法を，環境規制プログラムの根幹または基礎を形成する「基礎的イノベーション」と，現行の規制アプローチに追加され，または，希にそれに代替する「2次的（3次的）イノベーション」に区別し，同稿では，もっぱら前者を議論するという[273]。そのうえで，ワーグナーは，なにが「基礎的イノベーション」手法として適切かを議論する。

まず，技術ベース基準には「規制される主体は，公衆の健康または環境が危険に曝されているときは，最善または最善に近い努力をつくさなければならない」という道徳的メッセージが含まれる。この命令は予防原則の精神に類似するもので，「技術ベース基準は，不確実性

である。なお，ドリーセンは，本論稿とほぼ同じ趣旨を，David M. Driesen, The Economic Dynamics of Environmental Law 56-70（2003）でも述べている。彼の提唱する「経済ダイナミック」論とは，限定合理性，経路依存性，適応効率性の概念を用い，効率的市場形成における法の役割を論じるものである。

(273) Wagner, supra note 93, at 86-87.「基礎的イノベーション」に区分されるのは，技術ベース規制，「合理性」基準（費用便益要件），達成（成果）基準，インセンティブ・アプローチ（市場，税），不法行為ルール，計画策定，情報開示要件などである（Id. at 87 n.14）。各種の手法を「基礎的」および「2次的」に区分したのは，従来の議論が，ともするとひとつ手法が環境規制アプローチ全体を専占すべきかどうかのごとき議論がなされてきたが（本書258-262頁に記したラーテンとアーカマン・スチュワートの論争参照），まずは，なにを基礎的イノベーションとするかの議論が重要だからである（Id. at 87 & n.15）。

がきわめて大きなことから，規制が正当化される状況を特定し，適切な規制形式を詳しく説明するという２つの証明を予防の提唱者に求めるのではなく，望ましくない汚染が存在し，汚染を削減するために強い努力が必要であるという推定によって，このばかげた考えを跳び越える」のである。

ワーグナーによると，「技術ベース基準は，一般的に特定の外部性を引きおこすすべての施設が“最善をつくす”ことを命じることからはじまり，しばしば，いまの状況下では最善（ベスト）は必要ないと施設が主張する余地さえ残さない。このアプローチの背後にある理論は，したがってコスト無視であり，さらに極端に非効率でもありうる」のである(274)。

さらにワーグナーは，技術ベース基準と，安全ベース基準，費用便益ベース基準，さらに市場ベースアプローチ，自発的協定・情報開示アプローチなどを比較し，規則制定の簡易・迅速さ，執行可能性と予測・アクセス可能性，企業間競争や新規参入に対する影響の公平性，抑制技術の進歩に対する適応性（補正または代替の容易さ）の点で，技術ベース基準いかに優れているのかを，脚注に示した詳細な分析によって明らかにしている(275)。

---

(274)　Id. at 92-93, 93 n.36.

(275)　Id. at 94-107. 最大の争点は，市場ベース論者（スチュワート，アーカマン，ティーテンバーグ）が声高に主張するように，市場ベースアプローチが技術ベース基準（コマンド＆コントロール規制）に比べ，（はるかに）効率的といえるかどうかにある。ワーグナーは，「市場ベース研究論文を注意深く調べると，大部分の研究はシミュレーションで行われ，多数の疑わしい仮説や 注意書きによって定量化されている」と指摘し，Cole & Grossman, supra note 93, at 888-889, 891-892; Lisa Heinzerling, Selling Pollution, Forcing Democracy, 14 Stan. Envtl. L. J. 300, 310 (1995) を引用する。前者は，自身の理論モデルおよび他者の実証研究を引用し，コマンド＆コントロールアプローチは，多くの場合に市場ベースアプローチよりも，より効率的であると主張し，後者は，排出枠市場がコマンド＆コントロールアプローチに比

むすびに，ワーグナーは基礎的イノベーション装置としての技術ベース基準の優位性を，つぎのように再確認する。

「過去30年以上にわたり，技術ベース基準が汚染レベルの削減において果たしてきた重要な役割を考慮するなら，それらが環境法のほとんどすべての側面に雑草のごとく侵入したことは決して偶然ではないことが，直ちに明らかになる。重大な科学的不確実性が自然および公衆の健康に対する人の影響に関する政策論をとりまいていることを考えると，技術ベース基準の早めに対処する（finger-in-the dike）アプローチはもっとも信頼できる汚染抑制方法を提供し続ける」，「技術ベース基準を利用するための条件は整っており，それはすぐに変化しそうもない。条件が万一変化しても，技術ベース基準は，環境基準ベース規制，市場，その他のインセンティブベースアプローチなどの2次的規制戦略によって微調整することができる。……私たちは，このもっとも単純で信用できる環境手段を用いて到達できた恩恵を追い越し，または使い切っておらず，それ故，革新を急ぐあまり，それを忘れないことを望む」(276)。

べ大幅に効率的であるという経験的主張は“条件付き”であると主張する（Wagner, supra, at 93 n.36）。また，ワーグナーは，「多くの市場ベース研究は，重要な現実を無視している」（Id.）と主張し，論者の非現実的ないくつかの前提を批判するが，そのなかでは，とくに排出枠取引における「ホットスポット」の発生が最大の問題であろう（Id. at 105 n. 82）。この問題も後日検討したい。

(276) Wagner, supra note 93, at 85, 113.

第4章　まとめ

アメリカ合衆国における1970年代以降の環境政策（環境規制）の展開は，常に規制改革論議と背中合わせであった。環境問題は，表層的な現象をなぞっても多種多様であり，どのような環境問題にも通用するような単一のまたはベストな解は存在しない。したがって環境政策の進展に合わせ改革が議論されるのはある意味当然であり，日本やヨーロッパ諸国でも，断片的に環境規制の改善や改革が語られてきた。しかし，日本やヨーロッパ諸国に比較し，アメリカにおける環境規制改革論の激しさと多様さは異常に思える。

アメリカでは，なぜこうも熱心に環境規制改革が議論されるのか，(1)その背景，(2)論議の推移とその特徴，(3)その帰結と現況，および(4)それを受容する環境法理論の全体的特徴，などを検討したいというのが本書の執筆動機である。本書は，主として上記(1)(2)を議論した。したがって，本格的なまとめは(3)(4)の検討をまたなければならない。そこで以下に記すのは，中間的なまとめである。

1　漂流するグリーン国家

1970年1月1日にNEPAが法律となってから半世紀（50年）が経過した。この間の環境政策の流れは，本章で詳細にふれたところであるが，端的に，1970年代に構築され1980年代に強化された環境法の基本構造は，1980年代のレーガン政権時の規制緩和，ギングリッチが下院を支配した1995年当時の猛撃，2000年代のW・ブッシュおよび2010年代後半のトランプ政権時の揺れ戻し（反動）を経験したが，議会，環境保護団体，先進的な州などの取組み，および裁判所のブレーキ作用が働き，基本構造が決定的なダメージを被ることはなかった。環境政治学者クライザ・スーザーは，これを「グリーンドリフト」と名付けたが，過去50年の環境保護体制は，あちこち海洋を漂いながらも，軌道を大きく外れることなく維持され，運用されてきたのである[(1)]。

環境政策の方向（方針），内容，実施体制の大枠または詳細を決定し，それを恒久的・安定的に執行するために立法を整備する責務と権能は，いうまでもなく立法府にある。実際，1960年から1980年代の合衆国議会は，数々の主要環境法規を超党派で制定し，さらに，それを現代化するうえで，大きなリーダーシップを発揮してきた。

しかし，議会は1995年以降，ほとんど機能を喪失してしまった。多くの論者が，本来の機能を停止し，党派的抗争にあけくれる議会の状況を，「グリードロック」（膠着状態，機能障害，行き詰まり，破綻，

---

(1) 環境政策決定における「グリーンドリフト」（green drift）とは，アメリカ政治における保守主義の増加，共和党の政治的強さ，および地球温暖化のような主要な問題において環境主義者が被った敗北にもかかわらず，認識が可能な，「環境主義者によって支持される政策を指示する，ゆっくりとした，かつたどたどしい全体的動き」を意味し（Christopher McGrory Klyza & David J. Sousa, American Environmental Policy: Beyond Gridlock 271 (updated and expanded ed. 2013) [hereinafter Beyond Gridlock]），「1964年から1980年の間の環境保護に向けた一連の驚くべき勝利のなかで創造された政策レジームであって，現代環境政策決定の基本構造を設定し，また重要な点で環境上の諸利益に特権をあたえたグリーン国家の最上層」を表現している（Christopher McGrory Klyza & David Sousa, Beyond Gridlock: Green Drift in American Environmental Policymaking, 125 Pol. Sci. Q. 443, 444, 460-461 (2010) [hereinafter Green Drift]）。クライザ・スーザーは，他の進歩的・革新的な運動とは異なり，環境保護運動にはグリーンドリフトが働き，「環境主義の死」などありえないという。その最大の理由は，環境保護の恩恵が，一部の者ではなく，すべての者に及ぶからである（Id. at 443-446）。ただし，この概念については，保守主義者の反環境運動の影響を過小評価しているという批判があり，環境政治学者の間で議論が続いている。

自ら招いた無力さ，荒廃など）と表現している[2]。

> 「基本的な立法枠組みが1970年代に完成して以降，合衆国には多くの生態的，技術的，社会的および政治的な変化があった。しかし議会はほとんど重要な改正をせず，1990年以後も，国の汚染防止法改正のための有意味な行動に失敗した」。「立法府における政策決定の空白は，われわれの基本的環境条項を，それがもちうる以上に効果のないものにした。たとえば2010年にメキシコ湾のBPディープウォーター・ホライゾンで原油が流出したときでさえ，議会は対応に失敗した」。「もしも今日の議会が現行法の改革の呼びかけを再開したなら，喫緊の環境問題の解決をめざした包括的で将来を考えた立法を可決するよりは，力をもった企業が嫌う条項をおそらく廃止するだろう」[3]。

そこで，議会に代わって環境政策のリーダーシップを担ったのが歴代の大統領（府）である。大統領は立法権限を有しないが，実際は環境政策の方向と内容を決定し，一度決定された政策の優先順位の見直しを指示し，古物法などの法律による権限を一方的に行使し，および確固とした信念に基づき規則制定権を行使することができるなど，グリーン国家を深くかつ幅広くを運営するためのシステムにおいて，他のいかなる部門よりも優位な地位にあるからである[4]。

さらにグリーン国家の一翼をになったのが裁判所である。過去50年にわたり裁判所がグリーン国家形成に果たした役割を総括するのは難しいが，後ろ向きないくつかの最高裁判所判決を除き，裁判所（とくに控訴裁判所）は，議会の意思にほぼ忠実に環境法規を解釈し，そ

---

(2) Klyza & Sousa, Beyond Gridlock, supra note 1, at 19–29.

(3) Sandra Zellmer, Treading Water While Congress Ignores the Nation's Environment, 88 Notre Dame L. Rev. 2323, 2324, 2325 (2013).「1970年代以降，さらに1990年以降，多くが変わった。議会における環境問題の極度に党派的な特質は，現代社会が直面する問題に適合した包括的で思慮深い改革はありそうもないことを示している」(Id. at 2325)。

(4) Klyza & Sousa, Beyond Gridlock, supra note 1, at 11, 19–21, 265.

の実体法部分の維持に協力してきたといってよい(5)。

2　成功した環境政策

> 「1970 年代以降の記録文書は，合衆国政府が公共政策を通して重大な環境上の利益を生み出したことを説得的に証明している。疑いもなく，もしも 1970・80 年代に実施された政策があるべき場所になければ，環境は今日もっと悪くなっていただろう」(6)。「〔1970 年代に形成された〕政策の大部分は，意図したものを達成するうえで際だった成功をおさめた。後の批評家は技術ベース規制を“コマンド & コントロール”，“万能薬・フリーサイズ”対策などと軽蔑的に語っているが，それは現実に，道理のある，執行可能で，実務上最善の規制技術の導入を遅れた企業に対し強制してきた。企業・自治体の大気や水への排出量は著しく低下し，廃水の放出もしかりである。大気質は，大部分の汚染物質について目立ってきれいになった。自動車排出物は劇的に低下し，大気鉛排出物は数あるなかでもっとも劇的に低下した」(7)。

環境政治学者クラフト・ヴィーグおよびアンドリュースがいうように，1970・80 年代にとられた強固な規制措置が，合衆国の環境改善（環境の質の向上）に大きく寄与したことは，規制的手法を支持するかしないかにかかわらず，大多数の環境法学者が了解するところといってよい。「議会では環境問題に関する極端な党派主義と政治主義の時

---

(5)　Id. at 141-142, 175-176. ただし，連邦最高裁判所や控訴裁判所が環境法システムの安定化に果たした役割については，さまざまな議論があり，評価が分かれる。たとえば，Rosemary O'Leary, Environmental Policy in the Court, in Environmental Policy: New Directions for the Twenty-First Century 125-144（Norman J. Vig & Michael E. Kraft eds., 7th ed. 2010）は，環境問題に対する裁判所の現況に相当に批判的である。

(6)　Michael E. Kraft & Norman J. Vig, Environmental Policy over Four Decades, in Vig & Kraft eds., supra note 5, at 23.

(7)　Richard N. L. Andrews, Managing the Environment, Managing Ourselves: A History of American Environmental Policy 252（2d ed. 2006）. See also Klyza & Sousa, Green Drift, supra note 1, at 448-450.

期が長く続いたにもかかわらず，議会が初期に築いた連邦環境規制システムはあるべき場所に留まった。1970年代初頭以来，このシステムは，いろいろな方法で汚染を削減し，環境の質を向上させるうえで（十分ではないが）大きな成功をおさめたと信じられている」のである[8]。

この点は，規制改革を強く主張する論者も共通して認めるところである。たとえばアーカマン・スチュワートは，「環境法の根本的改革を主張することで，われわれは1960年代末と1970年代初頭に怒濤のごとく連邦法規を制定した世代の非常に大きな成果を悪くいうつもりはない」と述べ[9]，サンスティーンも，「もっとも広く，工業的汚染から生じた健康・安全問題は大きく減少した。かくいうことは，非常に重大な環境問題が残っていることをきっぱりと否定するのではない〔が〕，……もし1970年代の環境規制がなければ，環境問題はもっと悪くなっただろう」という[10][11]。

---

(8)　David W. Case, The Lost Generation: Environmental Regulatory Reform in the Era of Congressional Abdication, 25 Duke Envtl. L. & Pol'y F. 49, 61 (2014). See also Klyza & Sousa, Green Drift, supra note 1, at 444-448.

(9)　Bruce A. Ackerman & Richard B. Stewart, Reforming Environmental Law, 37 Stan. L. Rev. 1333, 1364 (1985).

(10)　Cass R. Sunstein, After the Rights Revolution: Reconceiving the Regulatory State 78-79 (1990).「規制は一般的に不成功なことが証明されたという見解は，あまりに粗雑である。実際，環境保護は巨大な利益を生み出した。規制的統制は，二酸化硫黄，一酸化炭素，鉛および二酸化窒素などの主要な汚染物質の水準および量を大きく減少するのを助けた。……もっと重要なのは，合衆国内の大多数の都市が，今や大気質目標に適合していることである。1982年には約1億の人が未達成地域に住んでいたが，1994年の数値は約5400万人である」(Cass R. Sunstein, Free Markets and Social Justice 272 (1997))。

(11)　同様の指摘は，Marc Allen Eisner, Governing the Environment: The Transformation of Environmental Regulation 67, 71-72 (2007); Daniel J. Fiorino, The New Environmental Regulation 62-63 (2006); Michael P. Vandenbergh, An Alternative to Ready, Fire, Aim: A New Framework to

歴年の環境政策およびその基盤である環境基本法制に対する国民の支持も，今のところは堅調といってよいだろう。政治の表層をたどると，歴代の共和党政権の誕生や，反環境保護を掲げる保守系議員の跳梁跋扈にみられるように，反環境主義者の働きかけが次第に浸透し，国民全体の環境保護に対する熱意や関心は低下しているようにみえる。しかし多くの研究者は，アメリカ国民の環境保護意識は依然として高く，最近，さらに高まっていると主張する。

たとえば，政治史学者ターナ・アイセンバーグは，1994年以降も，「国は環境保護のためになんらかの行動をすべきである」という設問に対する賛成が71%を下ったことはないというピュー・リサーチセンターの世論調査を引用し，意見がわかれるのは，「そのために何をすべきか」，とくに「環境の質と経済成長のいずれを優先させるべきか」という問いに関してであるという(12)。

ギャラップ調査は，1985年から上記の調査を実施しているが，1990年代には，環境保護を優先させるべきであるとする者（「環境保護優先者」という）が，1991年の71%を最高に，常に60%を越えていた。2000年以降はそれが50〜60%に低下したが，それでも2009〜2013年（の大不況時）を除き，環境保護優先者が経済成長優先者を上回っており，2019年にはその差が35%（環境保護優先者65%，経済成長優先者30%）にまで拡大した(13)。

Link Environmental Targets in Environmental Law, 85 Ky. L. J. 803, 814-817 (1997) などにもみられる。

(12) James Morton Turner & Andrew C. Isenberg, The Republican Reversal: Conservatives and the Environment from Nixon to Trump 215 (2018).

(13) Id. at 215. See also News Gallup, Lydia Saad, Preference for Environment Over Economy Largest Since 2000, https://news.gallup.com/poll/248243/ (last visited Aug. 26, 2021)。ただし，2009〜2013年間においても，メキシコ湾石油流出事故直後の2010年3月には，環境保護優先者が経済成長優先者を一時的に上回った。また分析者は，失業率が上がると経済

政治学者の長年の観察から，アメリカ人が選挙投票にあたり環境問題を判断基準のトップに据えることはまれであるといわれる(14)。しかしマスキーを大統領候補に押し上げた1970年代初頭の環境主義のうねり，ギングリッチの「アメリカとの契約」に対する世論の厳しい反撥（本書66頁），およびトランプ政権の破壊的な環境政策に対する広範な批判のように，環境問題が国民の政治行動を促す可能性は，常に残されている(15)。

3　環境をとりまく状況の変化

しかし，今後も環境政策の展開においてグリーンドリフトが機能し，環境主義者に優位な制度がしばらく続くという保証はない。というのは，環境法の基本構造に大きな欠点はなくても，月並みな表現ながら，アメリカの環境をとりまく状況はこの50年間で大きく変化したからである(16)。

成長優先者が増えるという相関関係があるという。

(14)　Turner & Isenberg, supra note 12, at 215.「〔環境保護に対する〕一般的支持は高いが，環境保護世論研究者の大部分は，この争点と投票との関連は低いとみている。政府の業績または公職候補者を評価する際に，環境問題を優先順位のトップにあげる市民はほとんどいない」，「世論は基本的に現状の政策を支持し，新規のリベラルなインセンティブ，またはESA（種の保存法）やスーパーファンドの法改正を求める保守派を強く支持しないように思われる」(Klyza & Sousa, Beyond Gridlock, supra note 1, at 24)。

(15)　NBCニュース・ウォールストリートジャーナルの共同調査（2017年9月）によると，トランプ政権の主要政策（医療保険，人種問題，北朝鮮，移民，経済，環境・地球温暖化）のなかで，もっとも評価が低いのが環境・地球温暖化への取組み（24%）であった（Turner & Isenberg, supra note 12, at 215–216)。

(16)　以下の記述は，Richard J. Lazarus, The Making of Environmental Law 161–165（2004）の記述に，若干の説明を追加するものである。ラザレスは，(1)環境問題の質的変化，(2)環境をとりまく経済・社会体制の変化，および(3)企業や人びとの環境意識の変化の3つをあげる。

第1は，1970年代に主流をしめた大気汚染，水質汚濁，有害廃棄物汚染などの伝統的公害対策や，1980年代に関心が高まったベンゼン，アスベスト，PCBなどの有毒物質規制が進んだことによって，環境問題の中心が，酸性雨・オゾン層破壊などの越境汚染問題を経由し，異常気象，大規模災害，地球規模の種の絶滅，海洋汚染などへと拡大したことである。

さらに国内では，深刻化する社会の対立・分断を解消するために，環境保護の恩恵を広く全国の中・低所得層におよぼす「環境正義」の実現が緊急の課題になっている。ターナ・アイセンバーグの言をかりると，「1970年代の黄金時代環境法に対して，国の山積した環境上の挑戦の範囲と規模に効果的に対応する基盤として役立つよう期待することはできない。たとえば炭素課税による気候変動への取組み，製品スチュアードシップの要求による消費者製品企業の改革，環境正義を国の主要環境法における第一義的考慮事項とするように命じることによる環境的公正の確保など，立法上の行動がもっとも切望されている」(17)。

第2は，環境政策に係わる利害関係者の変化である。伝統的な環境規制は，石炭・石油産業，精錬製鋼業，化学産業，火力発電所，自動

(17) Turner & Isenberg, supra note 12, at 215.「何十年もの間，いわゆる“コマンド&コントロール”規制は，たとえば煙突や排水溝からの排出物，埋立地での廃棄物処理，有害化学物質の搬出，および類似の具体的で特定が容易な環境汚染源をターゲットにした環境法のなかの低い木の果実を摘み取ってきた」，「しかし，大部分の規制領域の前に横たわる未来は，扱いにくい側面と解決が困難な原因をもった問題であふれている」(J. B. Ruhl, Regulation by Adaptive Management—Is It Possible?, 7 Minn. J. L. Sci. & Tech. 21, 21-22 (2014))。

ナノテクノロジー汚染のように，1970年代初頭に想定しなかった新たな問題が生起しつつあることは疑いがない。See Macchiaroli Eggen, Nanotechnology and the Environment: What's Next?, Nat. Resources Env't, Winter 2012, at 51.

車製造業などの重厚長大産業が対象であった。しかし，これらの古典的な汚染産業は（自動車製造業を除き），もはやアメリカ産業の主流ではない[18]。産業の中心は，情報通信，サービス，流通などの非汚染産業に移りつつあり，これらの企業においては環境汚染対策がさほど重い負担ではないばかりか，むしろグリーン投資が，企業のイメージアップや売り上げに貢献するのである。

さらに公害防止産業や廃棄物処理産業が巨大産業へと成長したこと，良好な環境や生態系が，水源保護，漁業，エコツーリズム，不動産業などにもたらす恩恵（エコシステム・サービス）が再評価されたことも，企業が環境関連部門を新たな事業分野として着目する契機となった[19]。

第3に，上記の産業構造の変化にともない，企業の環境意識にも大きな変化が生じた。企業は1970年代および1980年代にはおしなべて環境規制の強化に反対で，環境規制の緩和や改革を強く支持した。しかし，1990年代後半になると，企業が団結してこのような改革を支持する機会は大幅に減少した。というのは，1990年代中期までの間に，有力な経済業界は，これらの厳しい環境規制に適合するために何十億ドルではなくても，何百万ドルを投資してきたからである。

> 「企業は高価な汚染制御システムを購入し，製造施設内の製造工程を改修し，環境保護問題を取り上げ，企業の配慮事項からそれら（およ

---

(18)　重厚製造部門が合衆国経済にしめる割合は1990年代中葉には大きく低下し，サービス部門が国内総生産の75%，雇用者の80%をしめている。1970年には労働者の4人に1人が製造部門に雇用されていたが，1990年代末には8人に1人にまで減少した（Lazarus, supra note 16, at 163）。アンドリュースは，トランプ政権が中部石炭州の雇用確保を理由に石炭火力発電所への環境規制を緩和し続けたにもかかわらず，トランプ政権時に多数の石炭火力発電所が閉鎖された事実に注目する（Andrews, supra note 7, at 402–404（3d ed. 2020）。天然ガス，シェールガスの増産により，大量の温室効果ガスを排出する石炭火力や，もともとコスト高であった核発電（原発）は経済的に立ちゆかなくなったのである。

(19)　Lazarus, supra note 16, at 162–163.

びその職務）を排除しないことを第1の任務とする高度に訓練された技術者，科学者，それに法律家を組織内部に雇用した。1990年代末には，国のもっとも有力な企業部門の大企業は，大部分が環境法を彼らの事業組織内に内部化した。そこで，広範なイノベーションや改革作業を必要とするような不安定化や法的不確実性を（とくに新規参入者に既存の会社にまさる競争上の優位をあたえるような場合には）当然には歓迎しなかった。……確かなことは，これらの会社は新たなより厳しい環境統制を歓迎しなかったが，他方で現在の規制基準や規則の不確実な変更も警戒したのである」[20]。

「要約すると，規制される側は，学者と称する者や反環境主義者の多くがかつて主張した現代環境保護法に対する一枚岩の反対を，もはや表明しなかった。事業側の指導者は，いまや環境保護要件を含む規制システムにおける勝ち組の人たちであった。彼らは，その要件にもかかわらず，またその要件によって，いかに利得を得るのかを次第に学んだ。彼らは他者に対する競争上の優位性をもつ従業員を指導し，より清浄な大気・水・土地の経済的優位性を享受し，汚染制御設備とサービスを販売し，そして消費者の環境上の不安や願望に目を向けた市場を開発した。ある者は，環境保護に対する強い個人的信念さえいだいている。良くも悪くも，環境法の大改革を叫ぶ者が〔1990年代に〕ついに強力な政策決定上の地位を手に入れたまさにそのとき，彼らがその擁護者であると称した規制される側は，もはやこのような根本的改革を一律に歓迎しはしなかったのである」[21]。

ラザレスの上記の主張は1990年代から2000年初頭を念頭においたもので，記述としてはやや古いが，議会の無策やトランプのパリ協定離脱に失望し，勝ち組企業が自発的な温暖化対策を活発化させたこと

(20) Id. at 161-162. 公害防止はもはや一流企業にとって大きな負担ではなく，これらの産業は，むしろ企業イメージ，商品の高い品質，労働環境の確保などの観点から，良好な大気，清浄な工業用水，高品質の原料，豊かな自然環境などを欲し，政府による強い規制を歓迎した。土壌汚染対策法システムによって用地取得に伴う企業のリスクが軽減されたことなども，産業界全体が規制緩和に懐疑的になった要因に数えられる（Id. at 162-163）。

(21) Id. at 165.

から顕著なように[22]，上記の傾向は近年さらに強まったといえるだろう。

第4に，1960年代前半には，いっこうに進まない州の環境対策への不満が高まり，連邦政府の役割強化を求める声が圧倒的であった（本書8頁）。しかし，1990年代中頃より，連邦議会や歴代政権の「決められない政治」に見切りをつけ，太平洋岸州および大西洋岸北東部州の多くや一部の自治体が，独自に大気汚染，水質汚濁，有害物質などの規制に乗り出す事例が大幅に増えている。とくに地球温暖化対策については，その傾向が顕著である[23]。

ここ半世紀の間に，先進的な州や一部の自治体は環境政策の形成と実践について知見と経験を積み重ね，いまや連邦政府に劣らない環境活動主体になったといえる[24]。

---

(22)　Judith A. Layzer & Sara R. Rinfret, The Environmental Case: Translating Values into Policy 412-413 (5th ed. 2019); 岩澤聡「気候変動対策とエネルギーをめぐる動向」21世紀のアメリカ総合調査報告書84-85頁（国立国会図書館調査及び立法考査局調査資料2018-3）など参照。

(23)　Barry G. Rabe, Racing to the Top, the Bottom, or the Middle of the Pack?, in Vig & Kraft, supra note 5, at 46-47（10th ed. 2018); Klyza & Sousa, Beyond Gridlock, supra note 1, at 234-237, 259-260; Layzer & Rinfret, supra note 22, at 198-199; 岩澤・前掲（注22）82-83頁など参照。

(24)　Rabe, supra note 23, at 37-46. デーウィット・ジョーンは，約30年前に「活発な州は一部に偏っているが，ほとんどすべての州が連邦が課す要件を超える措置をとっており，いくつかの州は多くの分野で連邦をリードしている」と指摘したが（Dewitt John, Civic Environmentalism: Alternatives to Regulation in States and Communities 80（1994)），それがようやく大きな動きになったといえる。民間シンクタンク Resource Renewal Institute の州政府の環境保護能力ランキング（2001年）によると，トップ5は，オレゴン，ニュージャージー，ミネソタ，メーン，ワシントン，ワースト5は，アラバマ，ワイオミング，ニューメキシコ，アーカンソー，それにオクラホマであった（Klyza & Sousa, Beyond Gridlock, supra note 1, at 230)。

さらに一部の研究者は，州よりも一部の自治体の実験的取組みに着目し，地方自治組織の草の根民主主義的役割と環境規制を結合させた「民主的実験

第5に，住民・消費者の行動にも大きな変化がみられる。従来，住民・消費者は，国の安全対策・環境政策の受益者であり，せいぜい一部の環境団体や環境活動家の支援者にすぎなかった。しかし，いまや多くの住民・消費者が，環境改善の費用を負担し，自発的に行動しまたは公共機関の施策に協力している。ラザレスは，住民はおしなべて，かつてのような大気汚染や水質汚濁が再現することを望んでおらず，むしろより質の高い製品（自然・有機の野菜，労働・環境基準を満たした国外工場で生産された製品，森林認証をうけた木材を用いた住宅など）を指向し，厳しい規制と経済的コストの追加をむしろ受け入れつつあるという(25)。

4　環境規制改革論のゆくえ

民主・共和党を問わず，歴代の政権は，強力な権限を有する議会に対抗し，さまざまな規制改革を試みてきた。レーガン政権は，規制緩和特別委員会の審査や大統領命令12291による規制審査を利用し，手荒な規制緩和を試みたが，得られた成果はわずかなものであった。レーガン政権が進めた規制改革を積極的に評価する環境法学者は，ほとんど見当たらない。

H・W・ブッシュ政権も同じ道を踏襲したが，得られた成果は微々

主義」（democratic experimentalism）規制モデルを主張している（Charles Sabel et al., Beyond Backyard Environmentalism, in Beyond Backyard Environmentalism 3, 6-9, 14-15（Joshua Cohen & Joel Rogers eds., 2000). See also John, supra, at 272)。しかし気候変動のような広域的・包括的な対策が求められる問題に対して，州および自治体のモザイク的な対応がどこまで効果的かは，さらに慎重に検討する必要がある。See, e.g., Jonathan B. Wiener, Think Globally, Act Globally: The Limits of Local Climate Policies, 155 U. Pa. L. Rev. 1961, 1962-63, 1979（2007).

(25)　Lazarus, supra note 16, at 164.「何百万人のアメリカ人が，これらの製品に進んでプレミアムを支払い，進んで環境破壊的とみなされるいくつかの製品の購入を差し控えた」(Id.)。

たるものであった。ブッシュ政権の最大の業績は，1990年CAA改正法によって排出枠取引制度を導入したことである。この取引市場の創設は，効率的規制改革論者の長年の夢をかなえるとともに，EDFなどの環境保護団体の一部を伝統的規制手法から離脱させる役割をもった(26)。

既存の環境規制システムを大きく修正したのが，クリントン政権である。クリントン政権は議会保守派の機先を制することをもくろみ，新たな環境規制再構築プログラムを矢継ぎ早に実行し，これまでの環境行政スタイルを大きく変化させた。環境法学者の多くはこれを歓迎し，交渉による規則制定，環境協定，環境ラベル，環境情報開示，EMSなどを支持する論文や報告書が激増することになった。しかし，その後の多くの論文が，この一連の改革は一般的に期待はずれであったと結論付けている（本書179頁，187頁）。

W・ブッシュ政権は，クリントン政権プログラムの多くを受け継いだが，その中身は，環境規制を後退させるために自発的取組事業を都合良くつまみ食いしたものであった。しかし2001年の9.11同時多発テロ以後，環境法研究者が規制改革を議論する機運はとだえ，自発的情報開示，EMS，業界の自主規制などを議論する論文のみが残ることになった(27)。

---

(26)「市場ベース規制が，20年以上にわたり最有力な環境規制パラダイムであった。〔1980年から2005年の間に〕排出枠取引およびその他の財産ベース枠組み，規制税，およびインセンティブ枠組みを含む壮麗な価格ベース手法が725の各種の論文で議論された。とくに酸性雨の削減を意図した硫黄酸化物排出枠取引プログラムを含む重要なCAA改正法が可決された1991年前後には，市場ベース規制に関する議論が著しく増加した」(Jodi L. Short, The Paranoid Style in Regulatory Reform, 63 Hastings L. J. 633, 673 (2012))。

(27)「市場ベース代替策が全体的に研究者からの最大の注目を集めたが，2004年には，自己規制を議論するローレビュー論文が市場ベース改革を論じる論文を上回り，もっとも重要な上昇を示した。注意すべきは，上昇が1996年まではみられず，その後急激に上昇し続けたことである」(Id. at 673)。

唯一の希望が，キャップ＆トレードと名を変え，取引対象を二酸化硫黄から温室効果ガスへと変更した排出枠取引プログラムであった。気候変動問題に対する研究者の関心は依然として高く，キャップ＆トレードは，アメリカ研究者が自国内での経験をふまえ，国際舞台で優位に議論を展開できるカードのひとつであったからである。しかし，オバマが政権の命運をかけたクリーンエネルギー法案は議会上院で廃案となり，それが合衆国内で実現する可能性はついえた。

こうして舞台には，1970・80年代に民主党・共和党穏健派が超党派で構築した伝統的規制システムが，ほとんど手つかずのままに残った。新たな環境政策課題をみすえ，従来の規制システムが弾力性を発揮するのか[28]，あるいは規制改革論がふたたび花を咲かせるのか，フォローアップは，アメリカ環境法学者の今後の追究をまちたい。

しかし，それでも疑問は残る。日本やヨーロッパ諸国に比べ，アメリカの環境法学者，環境政策学者は，（それが十分な成果をあげたにもかかわらず）なぜにこうも声高に環境規制手法の欠点を議論し，経済的アプローチ，合意的アプローチ，自発的取組アプローチなどの採用にこだわるのか。そこには，単なる環境規制手法の優劣比較という政策論的枠組みをこえ，環境法学者がより一般的に共有する法理論枠組み，さらには背景にある法文化の違いがあるように思われる。そこで，その違いの要因の一端を解明するのが，筆者のつぎの課題である。

---

(28) 環境法学者の有力なグループは，現在も新自由主義的規制改革を排し，規制的手法による環境目標の達成を主張している。Christopher H. Schroeder and Rena Steinzor, A New Progressive Agenda for Public Health and the Environment: A Project of the Center for Progressive Regulation (2005); Sidney Shapiro & Joseph Tomain, Achieving Democracy: The Future of Progressive Regulation (2015) など。

（追記）再校に際し，以下の文献を前注23に追加する。下村英嗣「アメリカ合衆国の気候変動適応の法政策」環境法研究13号36-38頁（2021年），剣持麻衣『気候変動への「適応」と法』46-56頁（勁草書房，2022年）。

事項索引

〔あ行〕

〔か行〕

〔た行〕

〔な行〕

〔は行〕

〔ま行〕

〔や行〕

〔ら行〕

〔わ行〕

〈著者紹介〉

畠山 武道（はたけやま　たけみち）

1967（昭和 42）年北海道大学法学部卒業，1972（昭和 47）年北海道大学大学院法学研究科博士課程修了（法学博士）。北海道大学法学部助手，立教大学法学部専任講師，同助教授，同教授，北海道大学法学部教授，上智大学大学院地球環境学研究科教授，早稲田大学大学院法務研究科教授。2015（平成 27）年より北海道大学名誉教授。

〈主要著作〉『アメリカの環境保護法』（北海道大学図書刊行会，1992 年），『自然保護法講義〔第 2 版〕』（北海道大学出版会，2005 年），『アメリカの環境訴訟』（北海道大学出版会，2007 年），『考えながら学ぶ環境法』（三省堂，2013 年），『環境リスクと予防原則　I　リスク評価』（信山社，2016 年），『環境リスクと予防原則　II　予防原則論争』（信山社，2019 年）

〈現代選書〉

アメリカ環境政策の展開と規制改革
──ニクソンからバイデンまで──
〔アメリカ環境法入門 3〕

2022（令和 4）年 4 月25日　第 1 版第 1 刷発行

©著　者　畠　山　武　道
発行者　今井　貴・稲葉文子
発行所　株式会社　信　山　社
〒113-0033　東京都文京区本郷 6-2-9-102
Tel 03-3818-1019　Fax 03-3818-0344
笠間才木支店　〒309-1611　茨城県笠間市笠間 515-3
Tel 0296-71-9081　Fax 0296-71-9082
笠間来栖支店　〒309-1625　茨城県笠間市来栖 2345-1
Tel 0296-71-0215　Fax 0296-72-5410
出版契約 No.2022-3436-01011

Printed in Japan, 2022　印刷・製本 ワイズ書籍(M)／渋谷文泉閣
ISBN978-4-7972-3436-7　C3332　¥3,200E　分類 323.916 環境法
p.392　3436-01011：012-080-020

「現代選書」刊行にあたって

物量に溢れる，豊かな時代を謳歌する私たちは，変革の時代にあって，自らの姿を客観的に捉えているだろうか。歴史上，私たちはどのような時代に生まれ，「現代」をいかに生きているのか，なぜ私たちは生きるのか。

「尽く書を信ずれば書なきに如かず」という言葉があります。有史以来の偉大な発明の一つであろうインターネットを主軸に，急激に進むグローバル化の渦中で，溢れる情報の中に単なる形骸以上の価値を見出すため，皮肉なことに，私たちにはこれまでになく高い個々人の思考力・判断力が必要とされているのではないでしょうか。と同時に，他者や集団それぞれに，多様な価値を認め，共に歩んでいく姿勢が求められているのではないでしょうか。

自然科学，人文科学，社会科学など，それぞれが多様な，それぞれの言説を持つ世界で，その総体をとらえようとすれば，情報の発する側，受け取る側に個人的，集団的な要素が媒介せざるを得ないのは自然なことでしょう。ただ，大切なことは，新しい問題に拙速に結論を出すのではなく，広い視野，高い視点と深い思考力や判断力を持って考えることではないでしょうか。

本「現代選書」は，日本のみならず，世界のよりよい将来を探り寄せ，次世代の繁栄を支えていくための礎石となりたいと思います。複雑で混沌とした時代に，確かな学問的設計図を描く一助として，分野や世代の固陋にとらわれない，共通の知識の土壌を提供することを目的としています。読者の皆様が，共通の土壌の上で，深い考察をなし，高い教養を育み，確固たる価値を見い出されることを真に願っています。

伝統と革新の両極が一つに止揚される瞬間，そして，それを追い求める営為。それこそが，「現代」に生きる人間性に由来する価値であり，本選書の意義でもあると考えています。

2008年12月5日　　　　信山社編集部